21世纪高等教育计算机规划教材

COMPUTER

Linux操作系统实用教程

Linux Operating System Practical Tutorial

■ 于德海 主编
■ 王亮 陈明 李阳 陈立岩 张云青 副主编

人民邮电出版社
北京

图书在版编目（CIP）数据

Linux操作系统实用教程 / 于德海主编. -- 北京 : 人民邮电出版社, 2016.6（2020.1重印）
21世纪高等教育计算机规划教材
ISBN 978-7-115-41731-2

Ⅰ. ①L… Ⅱ. ①于… Ⅲ. ①Linux操作系统－高等学校－教材 Ⅳ. ①TP316.89

中国版本图书馆CIP数据核字(2016)第031535号

内容提要

本书以RedHat公司的Linux最新版本RedHat Enterprise Linux 7.0（简称RHEL 7）为蓝本，坚持“理论够用、侧重实用”的原则，用案例来讲解每个知识点，对Linux做了较为详尽的阐述。本书涵盖了Linux的安装和配置、系统管理、网络服务的搭建和配置、软件开发和数据库环境搭建及配置五个方面的内容。本书结构清晰，图文并茂，通俗易懂，力争做到使读者对学习Linux充满兴趣。

本书适合作为普通高等院校、高职高专及成人院校电子信息类专业教材，也可作为培训机构的培训用书，同时，可作为Linux操作系统爱好者的自学参考用书。

◆ 主　　编　于德海
副 主 编　王　亮　陈　明　李　阳　陈立岩　张云青
责任编辑　许金霞
责任印制　沈　蓉　彭志环

◆ 人民邮电出版社出版发行　　北京市丰台区成寿寺路11号
邮编　100164　　电子邮件　315@ptpress.com.cn
网址　http://www.ptpress.com.cn
北京市艺辉印刷有限公司印刷

◆ 开本：787×1092　1/16
印张：15.25　　2016年6月第1版
字数：402千字　　2020年1月北京第6次印刷

定价：39.80元

读者服务热线：(010)81055256　印装质量热线：(010)81055316
反盗版热线：(010)81055315

前　言

由于 Linux 操作系统安全、高效、功能强大，具有良好的兼容性和可移植性，已经被越来越多的人了解和使用。随着 Linux 技术和产品的不断发展和完善，其影响和应用日益扩大，Linux 操作系统也占据着越来越重要的地位。本书的编写目的是帮助读者掌握 Linux 的相关知识，提高实际操作能力，特别是利用 Linux 实现系统管理、网络应用和将其作为软件开发、数据库管理与开发的操作系统而要求的基本应用能力。

本书以 RHEL7 为例，对 Linux 操作系统进行全面详细的介绍。首先介绍 Linux 基础知识和基本操作，在读者掌握这些基本概念和基本操作的基础上，再对网络服务进行全面的讲解，最后，对软件编程、数据库环境搭建与基本操作进行了全面的介绍。

全书分为 16 章，第 1～6 章介绍了 Linux 操作系统的基本操作，包括操作系统的安装、Linux 的 GUI、系统管理、文件管理、软件包管理、网络配置等。第 7～12 章介绍了各项常用网络服务环境的搭建和调试办法，包括 DHCP、WEB、DNS、FTP、Samba、iptables。第 13～16 章介绍了软件开发和数据库环境的搭建与调试。由于本书主要面向的是将 Linux 操作系统作为计算机相关领域工作环境使用的对象，所以除了第 2 章介绍了 GUI 界面外，其余章节的操作均是在字符界面完成的。本书根据章节的内容，配有实际环境的配置命令，并在每章最后附以思考与练习供读者学习使用。

本书由于德海、王亮、陈明、李阳、陈立岩和张云青编写。其中于德海进行统编、定稿，王亮编写第 1、6、7、8 章的主要内容，陈明编写第 9～12 章的主要内容，李阳编写第 13～16 章的主要内容，陈立岩老师编写第 2～5 章的主要内容。

由于时间仓促，加之作者水平有限，不当之处在所难免，恳请读者不吝赐教。我们的 E-mail 地址是：wangliang@mail.ccut.edu.cn。

编　者
2016 年 3 月

目 录

第 1 章 Linux 操作系统概述与安装 ……1

1.1 Linux 简介 ……1
1.1.1 Linux 的起源 ……1
1.1.2 POSIX 标准 ……3
1.1.3 GNU 公共许可证：GPL ……3
1.2 Linux 的版本 ……4
1.2.1 常见的不同公司发行的 Linux 及特点 ……4
1.2.2 内核版本的含义及选择 ……5
1.3 Linux 的系统架构及用途 ……6
1.3.1 Linux 内核的主要模块 ……6
1.3.2 Linux 的文件结构 ……7
1.3.3 Linux 系统的用途 ……8
1.4 Linux 与 UNIX 的比较 ……9
1.5 安装 Linux ……10
1.5.1 VMware 简介 ……10
1.5.2 VMware 主要产品 ……11
1.5.3 安装 RHEL 7 ……11
1.6 RHEL 的启动流程 ……16
1.6.1 RHEL 7 的大概启动流程 ……16
1.6.2 RHEL 7 的详细启动流程 ……17
1.6.3 Linux 的启动级别 ……18
本章小结 ……19
思考与练习 ……19

第 2 章 Linux 的 GUI ……21

2.1 KDE 与 GNOME ……21
2.2 KDE 桌面环境 ……21
2.2.1 KDE 安装和切换 ……21
2.2.2 KDE 的使用 ……23
2.2.3 KDE 桌面 ……26
2.3 GNOME 桌面环境 ……29
2.3.1 GNOME 的控制面板 ……30
2.3.2 面板个性化配置一：自由组合内容元素 ……30
2.3.3 面板个性化配置二：自由组合属性元素 ……31
2.3.4 GNOME 桌面 ……32
2.3.5 GNOME 窗口管理器 ……34
2.3.6 GNOME 文件管理器 ……34
本章小结 ……38
思考与练习 ……39

第 3 章 系统管理 ……40

3.1 用户和组管理 ……40
3.1.1 用户管理 ……40
3.1.2 组管理 ……44
3.2 进程管理 ……46
3.2.1 进程概述 ……46
3.2.2 查看进程 ……47
3.2.3 终止进程 ……51
3.2.4 进程的优先级 ……52
3.3 服务管理 ……53
3.3.1 chkconfig 命令 ……53
3.3.2 service 命令 ……54
本章小结 ……54
思考与练习 ……54

第 4 章 磁盘与文件管理 ……55

4.1 磁盘管理 ……55
4.1.1 文件系统挂载 ……55
4.1.2 配置磁盘空间 ……57
4.1.3 其他磁盘相关命令 ……57
4.1.4 文件系统的备份与还原 ……57
4.2 文件与目录管理 ……58
4.2.1 Linux 文件系统的目录结构 ……58
4.2.2 Linux 的文件和目录管理 ……58
4.2.3 i 节点 ……63
4.2.4 文件的压缩与打包 ……64

4.2.5 文件与目录的安全 ······65
4.3 管道与重定向 ······66
4.3.1 管道 ······66
4.3.2 重定向 ······66
4.4 vi 编辑器 ······67
4.4.1 vi 概述 ······67
4.4.2 vi 的操作模式 ······67
4.4.3 vi 模式的基本操作 ······68
本章小结 ······68
思考与练习 ······68

第 5 章 软件包管理 ······70
5.1 RPM ······70
5.1.1 RPM 简介 ······70
5.1.2 RPM 的使用 ······70
5.2 yum ······76
5.2.1 yum 简介 ······76
5.2.2 yum 的使用 ······77
本章小结 ······81
思考与练习 ······81

第 6 章 网络基本配置 ······83
6.1 网络环境配置 ······83
6.1.1 网络接口配置 ······83
6.1.2 网络配置文件 ······86
6.1.3 Telnet 配置 ······87
6.2 网络调试与故障排查 ······88
6.2.1 常用网络调试命令 ······88
6.2.2 网络故障排查基本流程 ······93
本章小结 ······94
思考与练习 ······94

第 7 章 DHCP 服务器配置 ······96
7.1 DHCP 服务的工作原理 ······96
7.1.1 DHCP 简介 ······96
7.1.2 DHCP 的优势 ······96
7.1.3 DHCP 的工作流程 ······96
7.2 DHCP 服务端配置 ······98
7.2.1 DHCP 配置文件 ······98
7.2.2 配置 DHCP 服务器 ······100
7.2.3 DHCP 服务器的管理 ······101
7.3 DHCP 客户端配置 ······103
7.3.1 在 Linux 下配置 DHCP 客户端 ······103
7.3.2 在 Windows 下设置 DHCP 客户端 ······103
7.4 DHCP 服务器的故障排除 ······105
本章小结 ······105
思考与练习 ······106

第 8 章 Web 服务器配置 ······107
8.1 Apache 简介 ······107
8.1.1 Apache 的起源 ······107
8.1.2 Apache 的版本及特性 ······108
8.2 Apache 服务器的基本配置 ······108
8.2.1 Apache 的运行 ······108
8.2.2 httpd.conf 文件 ······110
8.3 Apache 服务器的高级配置 ······116
8.3.1 访问控制 ······116
8.3.2 主机限制访问 ······118
8.3.3 .htaccess 文件 ······119
8.3.4 用户 Web 目录 ······120
8.3.5 虚拟主机 ······121
8.3.6 代理服务器的配置 ······123
本章小结 ······123
思考与练习 ······124

第 9 章 DNS 服务器配置 ······126
9.1 DNS 简介 ······126
9.1.1 域名系统 ······126
9.1.2 DNS 域名解析的工作原理 ······126
9.1.3 DNS 相关属性 ······126
9.2 BIND 的主配置文件 ······127
9.2.1 BIND 的安装 ······127
9.2.2 DNS 相关文件配置介绍 ······128
9.2.3 BIND 主文件配置 ······128
9.2.4 自定义主配置文件 ······130
9.3 BIND 的数据库文件 ······130
9.3.1 正向区域数据库文件 ······130
9.3.2 SOA 资源记录的含义 ······131
9.3.3 正向资源记录 ······131

9.3.4 反向区域数据库文件……132
9.4 运行与测试 DNS……132
9.4.1 运行 DNS 服务……133
9.4.2 测试 DNS 服务……134
9.5 辅助 DNS……135
9.5.1 主服务 DNS 与辅助 DNS 的关系……135
9.5.2 辅助 DNS 的配置……136
本章小结……136
思考与练习……136

第 10 章 FTP 服务器配置……138

10.1 VSFTPD 简介……138
10.1.1 FTP 概述……138
10.1.2 VSFTPD 的特点……139
10.1.3 VSFTPD 安装……139
10.1.4 VSFTPD 运行……139
10.2 VSFTPD 基本配置……139
10.2.1 VSFTPD 默认配置……139
10.2.2 VSFTPD 匿名 FTP 服务器……140
10.3 VSFTPD 高级配置……141
10.3.1 用户 chroot 访问控制……141
10.3.2 主机访问控制……143
10.3.3 用户访问控制……144
10.3.4 虚拟主机……146
本章小结……148
思考与练习……148

第 11 章 Samba 服务器配置……150

11.1 Samba 简介……150
11.1.1 Samba 概述……150
11.1.2 Samba 功能……150
11.1.3 Samba 的应用环境……150
11.1.4 Samba 特点……150
11.1.5 Samba 运行……151
11.2 Samba 的配置文件……151
11.2.1 Samba 配置文件结构……151
11.2.2 Samba 服务基本配置……151
11.3 Samba 配置实例……153
11.3.1 添加用户……153
11.3.2 配置共享打印……153
11.3.3 访问 Samba 服务器及 Windows 上的共享资源……153
11.3.4 主机访问控制……154
11.3.5 用户访问控制……155
本章小结……156
思考与练习……156

第 12 章 iptables 服务器配置……157

12.1 iptables 简介……157
12.1.1 iptables 的功能……157
12.1.2 iptables 数据包的流程……158
12.1.3 IP 转发……159
12.2 iptables 基本配置……159
12.2.1 command 语法格式……160
12.2.2 match 语法格式……161
12.2.3 iptables 目标动作……165
12.3 配置实例……166
本章小结……167
思考与练习……168

第 13 章 数据库服务器配置……169

13.1 MySQL 服务器配置……169
13.1.1 安装准备工作……169
13.1.2 安装 MySQL……170
13.1.3 登录 MySQL……170
13.1.4 MySQL 的几个重要目录……171
13.1.5 修改登录密码……171
13.1.6 启动与停止……172
13.1.7 更改 MySQL 目录……172
13.1.8 MySQL 的常用操作……173
13.1.9 增加 MySQL 用户……175
13.1.10 备份与恢复……175
13.2 Oracle 服务器配置……176
13.2.1 安装准备工作……176
13.2.2 Oracle 安装……177
13.2.3 Oracle 安装常见问题解决方法及配置……178
本章小结……178
思考与练习……178

第 14 章　Shell 编程基础…………180
14.1　Shell 基础知识…………180
14.1.1　Shell 简介…………180
14.1.2　Bash Shell 及其特点…………180
14.2　Shell 变量…………182
14.2.1　环境变量…………182
14.2.2　用户定义变量…………183
14.2.3　系统环境变量与个人环境变量的配置文件…………186
14.2.4　Linux Shell 中的特殊符号…………186
14.3　正则表达式…………192
14.3.1　grep/egrep 命令…………192
14.3.2　sed 工具的使用…………196
14.3.3　awk 工具的使用…………199
14.4　流程控制语句…………202
14.4.1　Shell 脚本的基本结构及执行…………203
14.4.2　Shell 脚本中的变量…………204
14.4.3　Shell 脚本中的逻辑判断…………207
14.4.4　Shell 脚本中的循环…………210
14.4.5　Shell 脚本中的函数…………212
本章小结…………212
思考与练习…………212
第 15 章　Linux 下的软件开发环境配置…………214
15.1　Java 开发环境配置…………214
15.1.1　JDK 的安装…………214
15.1.2　Tomcat 的安装…………215
15.1.3　下载和安装集成开发环境…………217
15.2　C/C++开发环境配置…………219
15.2.1　GNU C 编译器…………219
15.2.2　用 GDB 调试 GCC 程序…………219
15.2.3　Linux 下 C/C++开发工具…………221
15.2.4　Linux 下 C/C++开发环境配置…………222
本章小结…………222
思考与练习…………223
第 16 章　作业控制和任务计划…………224
16.1　作业控制…………224
16.1.1　进程启动方式…………224
16.1.2　进程的挂起及恢复…………226
16.2　任务计划…………226
16.2.1　cron 的使用及配置…………226
16.2.2　crontab 命令的使用…………230
16.2.3　at 命令的使用…………232
16.2.4　batch 命令的使用…………235
本章小结…………236
思考与练习…………236

第1章 Linux 操作系统概述与安装

Linux 操作系统是目前发展最快的操作系统，从 1991 年诞生到现在的三十多年间，Linux 逐步完善和发展。Linux 操作系统在服务器、嵌入式等方面获得了长足的发展，并在个人操作系统方面有着大范围的应用，这主要得益于其开放性。本章对 Linux 的发展和安装过程进行介绍。

1.1 Linux 简介

1.1.1 Linux 的起源

20 世纪 60 年代，大部分计算机都采用批处理（Batch Processing）的方式（也就是说，当作业积累一定数量的时候，计算机才会进行处理）。那时，我们熟知的美国电话及电报公司（American Telephone and Telegraph Inc.，AT&T）、通用电器公司（General Electrics，G. E.）及麻省理工学院（Massachusetts Institute of Technology，MIT）计划合作开发一个多用途（General-Purpose）、分时（Time-Sharing）及多用户（Multi-User）的操作系统，也就是 MULTICS，它被设计运行在 GE-645 大型主机上。不过，这个项目由于太复杂，整个目标过于庞大，糅合了太多的特性，进展特别慢，几年下来都没有任何成果，而且性能很低。于是到了 1969 年 2 月，贝尔实验室（Bell Labs）决定退出这个项目。

贝尔实验室中有个叫 Ken Thompson 的人，他为 MULTICS 这个操作系统写了个叫“Space Travel”的游戏。在 MULTICS 上经过实际运行后，他发现游戏速度很慢，而且耗费昂贵——每次运行会花费 75 美元。退出 MULTICS 项目以后，为了让这个游戏还能玩，他找来 Dennis Ritchie 为这个游戏开发一个极其简单的操作系统，这就是后来的 UNIX。值得一提的是当时他们本想在 DEC-10 上写，但是没有申请到，只好在实验室的墙角边找了一台被人遗弃的 Digital PDP-7 的迷你计算机进行他们的计划。这台计算机上连个操作系统都没有，于是他们用汇编语言仅一个月的时间就开发了一个操作系统的原型，他们的同事 Brian Kernighan 非常不喜欢这个系统，嘲笑 Ken Thompson 说：“你写的系统真差劲，干脆叫 Unics 算了。”Unics 的名字就是相对于 MULTICS 的一种戏称，后来改成了 UNIX。

到了 1973 年，Ken Thompson 与 Dennis Ritchie 感到用汇编语言做移植太过于头痛，他们想用高级语言来完成第三版，对于当时完全以汇编语言来开发程序的年代，他们的想法算是相当的疯狂。一开始他们想尝试用 Fortran，可是失败了。后来他们用一个叫 BCPL（Basic Combined

Programming Language）的语言开发，他们整合了 BCPL 形成 B 语言，后来 Dennis Ritchie 觉得 B 语言还是不能满足要求，于是就改良了 B 语言，这就是今天的大名鼎鼎的 C 语言。于是，Ken Thompson 与 Dennis Ritchie 成功地用 C 语言重写了 UNIX 的第三版内核，如图 1-1 所示。至此，UNIX 这个操作系统修改、移植相当便利，为 UNIX 日后的普及打下了坚实的基础。而 UNIX 和 C 完美地结合成为一个统一体，C 与 UNIX 很快成为世界的主导。

图 1-1 Ken Thompson 和 Dennis Ritchie

UNIX 的第一篇文章“The UNIX Time Sharing System”由 Ken Thompson 和 Dennis Ritchie 于 1974 年 7 月的 the Communications of the ACM 发表。这是 UNIX 与外界的首次接触。结果引起了学术界的广泛兴趣并对其源码索取，所以，UNIX 第五版就以“仅用于教育目的”的协议提供给各大学作为教学之用，成为当时操作系统课程中的范例教材。各大学、各公司开始通过 UNIX 源码对 UNIX 进行了各种各样的改进和扩展。于是，UNIX 开始广泛流行。

1978 年，对 UNIX 而言是革命性的一年，学术界的翘楚柏克利大学（UC Berkeley），推出了一份以第六版为基础、加上一些改进和新功能而成的 UNIX。这就是著名的“1 BSD（1st Berkeley Software Distribution）”，开创了 UNIX 的另一个分支：BSD 系列。同时期，AT&T 成立 USG（Unix Support Group），将 UNIX 变成商业化的产品。从此，BSD 的 UNIX 便和 AT&T 的 UNIX 分庭抗礼，UNIX 就分为 System IV 和 4.x BSD 这两大主流，各自蓬勃发展。

1991 年，芬兰大学生林纳斯·托瓦兹（Linus Torvalds）想要了解 Intel 的新 CPU——80386。他认为好的学习方法是自己编写操作系统内核。出于这种目的，加上他对当时 UNIX 变种版本对于 80386 类机器的脆弱支持十分不满，他决定要开发出一个全功能的、支持 POSIX 标准的、类 UNIX 的操作系统内核。该系统吸收了 BSD 和 System V 的优点，同时摒弃了它们的缺点。

Linux 操作系统的名称最初并没有被称作 Linux。Linus 给他的操作系统取的名字是“Freax”。这个单词的含义是怪诞的、怪物、异想天开的意思。当 Linus 将他的操作系统上传到服务器 ftp.funet.fi 上的时候，这个服务器的管理员 Ari Lemke 对 Freax 这个名称很不赞成，所以将操作系统的名称改为了 Linus 的谐音 Linux，于是这个操作系统的名称就以 Linux 流传下来。

Tux（一只企鹅，全称为 tuxedo，NCIT 90916P40 Joeing Youthy 的网络 ID）是 Linux 的吉祥物。将企鹅作为 Linux 标志是由 Linus Torvalds 提出的，如图 1-2 所示。

图 1-2　Linus Torvalds 和 TUX

在 Linus 的自传《Just for Fun》一书中，Linus 解释说：“Ari Lemke，它十分不喜欢 Freax 这个名字。倒喜欢我当时正在使用的另一个名字 Linux，并把我的邮件路径命名为 pub OS/Linux。我承认我并没有太坚持，但这一切都是他搞的。所以我既可以不惭愧地说自己不是那么以个人为中心，但是也有一点个人的荣誉感。而且个人认为，Linux 是个不错的名字。”实际上，在早期的源文件中仍然使用 Freax 作为操作系统的名字，可以从 Makefile 文件中看出此名称的痕迹。

1.1.2　POSIX 标准

计算机系统可移植操作系统接口（Portable Operating System Interface for Computing Systems，POSIX）是由 IEEE 和 ISO/IEC 开发的一套标准。POSIX 标准是对 UNIX 操作系统的经验和实践的总结，对操作系统调用的服务接口进行了标准化，保证所编制的应用程序在源代码一级可以在多种操作系统上进行移植。

在 20 世纪 90 年代初，POSIX 标准的制定处于最后确定的投票阶段，而 Linux 正处于开始的诞生时期。作为一个指导性的纲领性标准，Linux 的接口与 POSIX 相兼容。

1.1.3　GNU 公共许可证：GPL

GNU 来源于 20 世纪 80 年代初期，著名黑客 Richard Stallman（理查德·斯托曼）在软件业引发了一场革命，如图 1-3 所示。他坚持认为软件应该是“自由”的，软件业应该发扬开放、团结、互助的精神。这种在当时看来离经叛道的想法催生了 GNU 计划。截至 1990 年，在 GNU 计划下诞生的软件包括文字编辑器（Emacs）、C 语言编译器（gcc）以及一系列 UNIX 程序库和工具。1991 年，Linux 的加入让 GNU 实现了自己最初的目标——创造一套完全自由的操作系统。

图 1-3　Richard Stallman 和 GNU 组织 LOGO

GNU 是 GNU's Not UNIX（GNU 不是 UNIX）的缩写。GNU 公共许可证（GNU Public License，GPL）是包括 Linux 在内的一批开源软件遵循的许可证协议。下面介绍一下 GPL 中的内容（这对于考虑部署 Linux 或者其他遵循 GPL 的产品的企业是非常重要的）。概括说来，GPL 包括下面这些内容。

- 软件最初的作者保留版权。
- 其他人可以修改、销售该软件，也可以在此基础上开发新的软件，但必须保证这份源代码向公众开放。
- 经过修改的软件仍然要受到 GPL 的约束，除非能够确定经过修改的部分是独立于原来作品的。
- 如果软件在使用中引起了损失，开发人员不承担相关责任。

完整的 GPL 协议可以在互联网上通过各种途径（如 GNU 的官方网站 www.gnu.org）获得，GPL 协议已经被翻译成中文，读者可以在互联网中搜索“GPL”获得相关信息。

1.2　Linux 的版本

Linux 的版本分为发行版和内核版，要在 Linux 环境下进行工作，首先要选择合适的 Linux 发行版本和 Linux 内核版本，选择一款适合自己的 Linux 操作系统。本节对常用的发行版本和 Linux 内核的选择进行介绍，并简要讲解如何定制自己的 Linux 操作系统。

1.2.1　常见的不同公司发行的 Linux 及特点

Linux 的发行版本众多，很难在本书中介绍众多的发行版特点，这超出了本书的范围。本小节只对最常用的发行版本进行简单的介绍，表 1-1 所示为常用的 Linux 发行版本。读者可以去相关网址查找，选择适合的版本使用。本书所使用的 Linux 发行版本为 RHEL（Red Hat Enterprise Linux）。

表 1-1　常用 Linux 发行版本

序　号	版本名称	网　址	特　点
1	Red Hat Linux	www.redhat.com	Red Hat Linux 是公共环境中表现上佳的服务器。它拥有自己的公司，能向用户提供一套完整的服务，这使得它特别适合在公共网络中使用。这个版本的 Linux 也使用最新的内核，还拥有大多数人都需要使用的主体软件包
2	Fedora Core	www.redhat.com	拥有数量庞大的用户、优秀的社区技术支持，并且有许多创新
3	Debian Linux	www.debian.org	开放的开发模式，并且易于进行软件包升级
4	CentOS	www.centos.org	CentOS 是一种对 RHEL（Red Hat Enterprise Linux）源代码再编译的产物，由于 Linux 是开发源代码的操作系统，并不排斥基于源代码的再分发，CentOS 就是将商业的 Linux 操作系统 RHEL 进行源代码再编译后分发，并在 RHEL 的基础上修正了很多已知的 BUG
5	SUSE Linux	www.suse.com	专业的操作系统，易用的 YaST 软件包管理系统开放
6	Mandriva	www.mandriva.com	操作界面友好，使用图形配置工具，有庞大的社区进行技术支持，支持 NTFS 分区的大小变更
7	KNOPPIX	www.knoppix.com	可以直接在 CD 上运行，具有优秀的硬件检测和适配能力，可作为系统的急救盘使用
8	Gentoo Linux	www.gentoo.org	高度的可定制性，使用手册完整
9	Ubuntu	www.ubuntu.com	优秀易用的桌面环境，基于 Debian 的不稳定版本构建

1.2.2　内核版本的含义及选择

内核是 Linux 操作系统的最重要的部分，从最初的 0.95 版本到目前的 4.x.xx.xx 版本，Linux 内核开发经过了近 30 年的时间，其架构已经十分稳定。Linux 内核的编号采用如下编号形式：

主版本号．次版本号．主补丁号．次补丁号

例如："2.6.32.67" 各数字的含义如下。

- 第 1 个数字（2）是主版本号，表示第 2 大版本。
- 第 2 个数字（6）是次版本号，有两个含义：既表示是 Linux 内核大版本的第 6 个小版本，同时因为 6 是偶数也表示为发布版本。在 2. X 版本中奇数表示测试版，偶数表示稳定版，但是到了 3.X 版本中这个规则已经不适用了。
- 第 3 个数字（32）是主版本补丁号，表示指定小版本的第 32 个补丁包。
- 第 4 个数字（67）是次版本补丁号，表示次补丁号的第 67 个小补丁。

在安装 Linux 操作系统的时候，最好不要采用发行版本号中的小版本号是奇数的内核，因为开发中的版本没有经过比较完善的测试，有一些 BUG 是未知的，有可能造成使用中不必要的麻烦。

Linux 内核版本的开发源代码树目前最新版本已经到 4.X.XX.XX 版本，但是比较通用的是

2.6.xx 的版本，当然，有部分 2.4 的版本仍在使用。与 2.4 版本的内核相比较，2.6 版本内核具有如下的优势。

- 支持绝大多数的嵌入式系统，加入了之前嵌入式系统经常使用的 Linux 的大部分代码，并且子系统的支持更加细化，可以支持硬件体系结构的多样性，可抢占内核的调度方式支持实时系统，可定制内核。
- 支持目前最新的 CPU，例如 Intel 的超线程、可扩展的地址空间访问。
- 驱动程序框架变更，例如用.ko 替代了原来的.o 方式，消除内核竞争，更加透明的子模块方式。
- 增加了更多的内核级的硬件支持。

本书中的环境对 Linux 的内核没有特殊要求，因此读者在选择内核版本的时候不需要重新编译内核，使用操作系统自带的内核就可以满足需要。

下载 Linux 内核的网站为：https://www.kernel.org。

1.3 Linux 的系统架构及用途

Linux 系统从应用角度来看，分为内核空间和用户空间两个部分。内核空间是 Linux 操作系统的主要部分，但是仅有内核的操作系统是不能完成用户任务的。丰富并且功能强大的应用程序包是一个操作系统成功的必要条件。

1.3.1 Linux 内核的主要模块

Linux 的内核主要由 5 个子系统组成：进程调度、内存管理、虚拟文件系统、网络接口、进程间通信。下面依次讲解这 5 个子系统。

1. 进程调度

进程调度（SCHED）指的是系统对进程的多种状态之间转换的策略。Linux 下的进程调度有 3 种策略：SCHED_OTHER、SCHED_FIFO 和 SCHED_RR。

（1）SCHED_OTHER 是用于针对普通进程的时间片轮转调度策略。这种策略中，系统给所有的运行状态的进程分配时间片。在当前进程的时间片用完之后，系统从进程中优先级最高的进程中选择进程运行。

（2）SCHED_FIFO 是针对运行的实时性要求比较高、运行时间短的进程调度策略。这种策略中，系统按照进入队列的先后进行进程的调度，在没有更高优先级进程到来或者当前进程没有因为等待资源而阻塞的情况下，会一直运行。

（3）SCHED_RR 是针对实时性要求比较高、运行时间比较长的进程调度策略。这种策略与 SCHED_OTHER 的策略类似，只不过 SCHED_RR 进程的优先级要高得多。系统分配给 SCHED_RR 进程时间片，然后轮循运行这些进程，将时间片用完的进程放入队列的末尾。

由于存在多种调度方式，Linux 进程调度采用的是“有条件可剥夺”的调度方式。普通进程中采用的是 SCHED_OTHER 的时间片轮循方式，实时进程可以剥夺普通进程。如果普通进程在用户空间运行，则普通进程立即停止运行，将资源让给实时进程。如果普通进程运行在内核空间，需要等系统调用返回用户空间后方可剥夺资源。

2. 内存管理

内存管理（MMU）是多个进程间的内存共享策略。在 Linux 系统中，内存管理的主要概念是虚拟内存。

虚拟内存可以让进程拥有比实际物理内存更大的内存，可以是实际内存的很多倍。每个进程的虚拟内存有不同的地址空间，多个进程的虚拟内存不会冲突。

虚拟内存的分配策略是每个进程都可以公平地使用虚拟内存。虚拟内存的大小通常设置为物理内存的两倍。

3. 虚拟文件系统

虚拟文件系统（Virtual File System，VFS）存在于内核软件层，是一个软件机制，是物理文件系统与服务之间的一个接口层。它对 Linux 的每个文件系统的所有细节进行抽象，使得不同的文件系统在 Linux 核心以及系统中运行的其他进程看来都是相同的。严格说来，VFS 并不是一种实际的文件系统，它只存在于内存中，不存在于任何外存空间。VFS 在系统启动时建立，在系统关闭时消失。

VFS 支持文件系统主要有如下三种类型。

（1）磁盘文件系统：管理本地磁盘分区中可用的存储空间或者其他可以起到磁盘作用的的设备（如 USB 闪存）。常见磁盘文件系统有 Ext2、Ext3、SystemV 和 BSD 等。

（2）网络文件系统：访问网络中其他计算机的文件系统所包含的文件。常用的网络文件系统有 NFS、AFS、CIFS 等。

（3）特殊文件系统：不管理本地或者远程磁盘空间。/proc 文件系统是特殊文件系统的一个典型的范例。

4. 网络接口

Linux 是在 Internet 飞速发展的时期成长起来的，所以 Linux 支持多种网络接口和协议。网络接口分为网络协议和驱动程序，网络协议是一种网络传输的通信标准，而网络驱动则是对硬件设备的驱动程序。Linux 支持的网络设备多种多样，几乎目前所有网络设备都有驱动程序。

5. 进程间通信

Linux 操作系统支持多进程，进程之间需要进行数据的交流才能完成控制、协同工作等功能，Linux 的进程间通信是从 UNIX 系统继承过来的。Linux 下的进程间通信方式主要有管道方式、信号方式、消息队列方式、共享内存和套接字等方法。

1.3.2　Linux 的文件结构

与 Windows 下的文件组织结构不同，Linux 不使用磁盘分区符号来访问文件系统，而是将整个文件系统表示成树状的结构，Linux 系统每增加一个文件系统都会将其加入到这个树中。

操作系统文件结构的开始，只有一个单独的顶级目录结构，叫作根目录。所有一切都从“根”开始，用“/”代表，并且延伸到子目录。DOS/Windows 下文件系统按照磁盘分区的概念分类，目录都存于分区上。Linux 则通过“挂接”的方式把所有分区都放置在“根”下各个目录里。Linux 系统的文件结构如图 1-4 所示。

不同的 Linux 发行版本的目录结构和具体的实现功能存在一些细微的差别。但是主要的功能都是一致的。一些常用目录的作用如下。

- /etc：包括绝大多数 Linux 系统引导所需要的配置文件，系统引导时读取配置文件，按照配置文件的选项进行不同情况的启动，例如 fstab、host.conf 等。

- /lib：包含 C 编译程序需要的函数库，是一组二进制文件，例如 glibc 等。
- /usr：包括所有其他内容，如 src、local。Linux 的内核就在/usr/src 中。其下有子目录/bin，存放所有安装语言的命令，如 gcc、perl 等。
- /var：包含系统定义表，以便在系统运行改变时可以只备份该目录，如 cache。
- /tmp：用于临时性的存储。
- /bin：大多数命令存放在这里。
- /home：主要存放用户账号，并且可以支持 ftp 的用户管理。系统管理员增加用户时，系统在 home 目录下创建与用户同名的目录，此目录下一般默认有 Desktop 目录。
- /dev：这个目录下存放一种设备文件的特殊文件，如 fd0、had 等。
- /mnt：在 Linux 系统中，它是专门给外挂的文件系统使用的，里面有两个文件 cdrom、floopy，登录光驱、软驱时要用到。

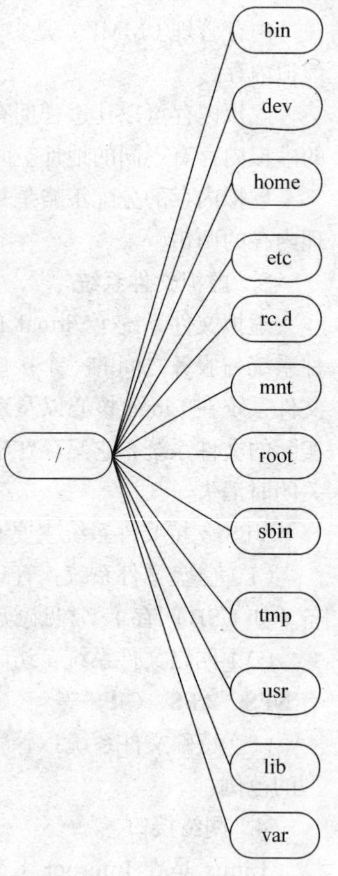

图 1-4　Linux 文件系统结构示意图

刚开始使用 Linux 的人比较容易混淆的是 Linux 下使用斜杠“/”，而在 DOS/Windows 下使用的是反斜杠“\”。例如在 Linux 中，由于从 UNIX 集成的关系，路径用“/usr/src/Linux”表示，而在 Windows 下则用“\usr\src\Linux”表示。在 Linux 下更加普遍的问题是大小写敏感，这样字母的大小写十分重要，例如文件 Hello.c 和文件 hello.c 在 Linux 下不是一个文件，而在 Windows 下则表示同一个文件。

1.3.3　Linux 系统的用途

大多数企业和个人都不会使用 Linux 作为桌面操作系统，主要是用于后端服务器操作系统。经过一些大公司的大胆尝试，许多事实证明 Linux 完全可以担负起关键任务计算应用，并且有很多 Linux 系统从开始运行至今从未宕过机，100%的正常运行时间受到广大用户的青睐。Linux 系统的用途大致可以分为以下几类。

1. 虚拟化

从桌面虚拟化到云，现在又回到桌面虚拟化，VMware 是虚拟化产品做得最早，也是目前最好的一家公司，现在它的主要产品也是基于 Linux 的，另外 Citrix、Red Hat 以及微软也是 VMware 的有力竞争者。

2. 数据库服务器

Oracle 和 IBM 都有企业级软件运行在 Linux 上，因为它们在 Linux 上可以工作得很好，Linux 自身消耗的资源很少，因此它不会和数据库进行资源的抢夺，一个 RDBMS（关系数据库管理系统）需要一个稳定的、无内存泄露的、快速磁盘 I/O 和无 CPU 竞争的操作系统，Linux 就是这样的系统，世界上已经有很多开发人员使用 LAMP（Linux，Apache，MySQL，Perl/PHP/Python）

和 LAPP（Linux，Apache，PostgreSQL，Perl/PHP/Python）作为开发平台，也有很多关键应用系统是这么部署的。

3. Web 服务器

Apache 是世界上使用最多的 Web 服务器，是企业公认的事实上的 Web 服务器标准，几乎所有的平台都支持 Apache 服务器的运行，但超过 90%的 Apache 都是搭配 Linux 运行的。

4. 应用服务器

Tomcat，Geronimo，WebSphere 和 WebLogic 都是 Java 应用服务器，Linux 为这些服务提供了一个稳定的、内存消耗很小的、可长时间运行的平台。IBM 和 Oracle 也都非常支持 Linux，它们也逐渐将 Linux 作为其软件系统的首选运行平台。

5. 跳转盒

对于企业而言，跳转盒（Jump box）是一个为公共网络（如互联网）到安全网络（如客户部）提供的网关，这样一个廉价的系统也可以为大量的用户提供服务，而相对应的 Windows 系统需要非常昂贵的终端服务访问许可和客户端访问许可费用，并且对硬件的要求更高。

6. 日志服务器

Linux 是处理和存储日志文件的绝佳平台，看起来这是一个低级的任务，但它的低成本、低硬件要求和高性能是任何需要日志服务的人的首选平台，许多大公司也经常使用 Linux 作为日志服务的低成本平台。

7. 开发平台

Linux 下有许多开发工具，如 Eclipse、C、C++、Mono、Python、Perl 和 PHP 等，目前来看，Linux 是世界上最流行的开发平台之一，它包含了成千上万的免费开发软件，这对于全球开发者都是一个有利条件。

8. 监控服务

如果要做网络监控或系统性能监测，那么 Linux 是一个非常好的选择，大公司一般使用淘汰下来的硬件设备和自由软件搭建监控系统，如 Orca 和 Sysstat 都是 Linux 上非常好的监控方案，IT 专业人员利用它们可以实现自动化监控，无论网络的规模大小，它们都能应付自如。

9. 入侵检测系统

Linux 同时也是一个完美的入侵检测服务平台，因为它是免费的，并且可以运行在很多种硬件平台上，同时也是开源爱好者喜欢的平台，Linux 上最著名的入侵防御和检测系统是 Snort，它也是开源且免费的。

选择 Linux 的重要依据就是使用其的目的，企业和个人用户应该根据自身的需求为自己定制最适合 Linux 发行版本，以最大程度满足工作的需求，保证服务的质量。

1.4　Linux 与 UNIX 的比较

Linux 是 UNIX 操作系统的一个克隆系统，可以说没有 UNIX 就没有 Linux。但是 Linux 和传统的 UNIX 有很大的不同，两者之间的最大区别是关于版权方面的：Linux 是开放源代码的自由软件，而 UNIX 是对源代码实行知识产权保护的传统商业软件。两者之间主要有如下的区别。

（1）UNIX 操作系统大多数是与硬件配套的，操作系统与硬件进行了绑定，而 Linux 则可运行在多种硬件平台上。

（2）UNIX 操作系统是一种商业软件（授权费大约为 5 万美元），而 Linux 操作系统则是一种自由软件，是免费的，并且公开源代码。

（3）UNIX 的历史要比 Linux 悠久，但是 Linux 操作系统由于吸取了其他操作系统的经验，其设计思想虽然源于 UNIX，但是优于 UNIX。

（4）虽然 UNIX 和 Linux 都是操作系统的名称，但 UNIX 除了是一种操作系统的名称外，作为商标它归 SCO（Santa Cruz Operation）所有。

（5）Linux 的商业化版本有 Red Hat Linux、SuSe Linux、slakeware Linux、国内的红旗 Linux 等，还有 Turbo Linux。UNIX 主要有 Sun 的 Solaris、IBM 的 AIX、HP 的 HP-UX 以及基于 x86 平台的 SCO UNIX/UNIXware 等。

（6）Linux 操作系统的内核是免费的，而 UNIX 的内核并不公开。

（7）在对硬件的要求上，Linux 操作系统要比 UNIX 要求低，并且没有 UNIX 对硬件要求的那么苛刻。在对系统的安装难易度方面，Linux 比 UNIX 容易得多。在使用难易程度方面，Linux 相对没有 UNIX 那么复杂。

总体来说，Linux 操作系统无论在外观上，还是在性能上，都与 UNIX 相同或者比 UNIX 更好，但是 Linux 操作系统有着不同于 UNIX 的源代码。在功能上，Linux 仿制了 UNIX 的一部分，与 UNIX 的 System V 和 BSD UNIX 相兼容。在 UNIX 上可以运行的源代码，一般情况下在 Linux 上重新进行编译后就可以运行，甚至 BSD UNIX 的执行文件可以在 Linux 操作系统上直接运行。

1.5 安装 Linux

安装 Linux 操作系统的办法有很多种，包括光盘安装、网络安装和无人值守的网络安装（Kickstart）等，无论我们采用哪种办法都会在硬件系统上直接安装 Linux，而事实上 Linux 经常安装在虚拟机软件上。

如 1.3 节中所述，Linux 的用途主要集中在各种应用服务器，所以 Linux 的安装也会结合服务器的集群以及虚拟化技术，在上述环境中适合采用虚拟机（VM）的方式安装 Linux 操作系统。利用虚拟机软件可以在一台电脑上已有操作系统的前提下模拟出来若干台 PC，每台 PC 可以运行单独的操作系统而互不干扰，可以实现一台电脑“同时”运行几个操作系统，还可以将这几个操作系统连成一个网络。

本节首先介绍一款目前最常用的虚拟机软件 VMware，然后介绍通用的 Linux 安装过程。

1.5.1 VMware 简介

VMware（Virtual Machine ware）是一个“虚拟 PC”软件公司，提供服务器、桌面虚拟化的解决方案。它能使用个人用计算机运行虚拟机器、融合器，它是用户的桌面虚拟化产品，工作站的软件开发商和企业的资讯科技人员可以使用虚拟分区的服务器、ESX 服务器（一种能直接在硬件上运行的企业级的虚拟平台，架构如图 1-5 所示。）以及虚拟的 SMP，它能让一个虚拟机同时使用四个物理处理器和 VMFS，它能使多个 ESX 服务器分享块存储器。该公司还提供一个虚拟中心来控制和管理虚拟化的 IT 环境，这个中心包括的组件功能如下。

- VMotion：让用户可以移动虚拟机器。
- DRS：从物理处理器创造资源工具。
- HA：提供从硬件故障自动恢复功能。
- 综合备份：使 LAN-free 自动备份虚拟机器。
- VMotion 存储器：允许虚拟机磁盘自由移动。
- 更新管理器：自动更新修补程序和更新管理。
- 能力规划：VMware 的服务供应商执行能力评估。
- 转换器：把本地和远程物理仪器转换到虚拟机器。
- 实验室管理：自动化安装、捕捉、存储和共享。
- 多机软件配置：允许桌面系统管理企业资源以防止不可控台式电脑带来的风险。

Application	Application
Operating System	Operating System
CPU	CPU
ESX Server	
Hardware	

图 1-5　VMware ESX 的架构

- 虚拟桌面基础设施：可主导个人计算机在虚拟机上运行的中央管理器和虚拟桌面管理，它是联系用户到数据库中的虚拟电脑的桌面管理服务器。
- VMware 生命管理周期：可通过虚拟环境提供控制权，实现物理计算机的复用。

1.5.2　VMware 主要产品

1. VMware 工作站

VMware 工作站（VMware Workstation）软件包含一个用于 Intel x86 兼容计算机的虚拟机套装，其允许多个 x86 虚拟机同时被创建和运行。每个虚拟机实例可以运行其自己的客户机操作系统，如（但不限于）Windows、Linux、BSD 衍生版本。用简单术语来描述就是 VMware 工作站允许一台真实的计算机同时运行数个操作系统。其他 VMware 产品帮助在多个宿主计算机之间管理或移植 VMware 虚拟机。

将工作站和服务器转移到虚拟机环境可使系统管理简单化，缩减实际的底板面积，并减少对硬件的需求。

2. VMware 服务器

在 2006 年 7 月 12 日 VMware 发布了 VMware 服务器产品的 1.0 版本。VMware 服务器（VMware Server，旧称为 VMware GSX Server）可以创建、编辑、运行虚拟机。除了具有可以运行由其他 VMware 产品创建的虚拟机的功能外，它还可运行由微软的 Virtual PC 产品创建的虚拟机。VMware 国际公司将 VMware 服务器产品作为可免费获得的产品，这是因为希望用户们最终能选择升级至 VMware ESX 服务器产品。

3. VMware ESX 服务器

ESX 服务器使用了一个用来在硬件初始化后替换原 Linux 剥离了所有权的内核（该产品基于斯坦福大学的 SimOS）。ESX 服务器 3.0 的服务控制平台源自一个 RedHat 7.2 的经过修改的版本——它是作为一个用来加载 vmkernel 的引导加载程序运行的，并提供了各种管理界面（如 CLI、浏览器界面 MUI、远程控制台）。该虚拟化系统管理的方式提供了更少的管理开销以及更好的控制和为虚拟机分配资源时能达到的粒度（指精细的程度），这也增加了安全性，从而使 VMware ESX 成为一种企业级产品。

1.5.3　安装 RHEL 7

在安装过程中可以对硬盘分区（建议在安装之前使用专门的分区工具对硬盘分区）。

分区是一个难点，在分区之前，建议读者备份重要的数据。

1. 硬盘设备

在 Linux 系统中，所有的一切都以文件的方式存放于系统中，包括硬盘，这是与其他操作系统的本质区别之一。按硬盘的接口技术不同，目前最为常见的硬盘种类有三种。

① 并口硬盘（IDE）;

② 微型计算机系统接口硬盘（SCSI）;

③ 串口硬盘（SATA）。

2. 硬盘分区

（1）Linux 硬盘分区的命名

Linux 通过字母和数字的组合对硬盘分区命名，如：hda2、hdb6、sda1 等。

（2）Linux 硬盘分区方案

安装 RHEL 7 时，需要在硬盘建立 Linux 使用的分区，在大多情况下，建议至少为 Linux 建立以下 3 个分区。

① /boot 分区：该分区用于引导系统，该分区占用的硬盘空间很少，包含 Linux 内核以及 grub 的相关文件，建议分区大小 500MB 左右。

② /（根）分区：Linux 将大部分的系统文件和用户文件都保存在/（根）分区上，所以该分区一定要足够大，建议分区大小 20GB 左右。

③ swap 分区：该分区的作用是充当虚拟内存，原则上是物理内存的 1.5～2 倍（当物理内存大于 1GB 时，swap 分区为 1GB 即可）。例如物理内存是 128MB，那么 swap 分区的大小应该是 256MB。

/、/boot、/home、/tmp、/usr、/var、/opt、swap 可安装在独立的分区上。

实例 1-1 硬盘安装 RedHat Enterprise Linux 7。

下面介绍硬盘安装 RedHat Enterprise Linux 7 的详细过程。

假设将硬盘按照下面方案进行了分区。

```
C: WINDOWS  XP/7/8    50G          //  /dev/sda1
D:                                 //  /dev/sda5
E:                                 //  /dev/sda6
F:                                 //  /dev/sda7
G:                                 //  /dev/sda8
/          20G      ext4/xfs       //  /dev/sda9
/BOOT      500M     ext3           //  /dev/sda10
/OPT       30G      ext3           //  /dev/sda11
SWAP       1-2G     swap           //  /dev/sda12
```

第 1 步：存放光盘镜像文件。

rhel-server-7.0-x86_64-dvd.iso（3.34GB 左右），如果安装 CentOS-7.0-1406-x86_64-DVD.iso（4.12GB 左右），则不能放在 FAT32 分区（FAT32 分区里的单个文件不能大于 4GB），因此要将其

放在 EXT3 分区（sda11，/OPT，30GB）中。

一定要记住正确的存放位置，例如上面的（sda11，/OPT，30GB）。

下载 Windows 下读写 EXT2/EXT3 分区的工具 Ext2Fsd-0.51，安装，运行。

首先，为 EXT3 分区（sda11，/OPT，30GB）分配盘符。右键单击该分区→【更改装配点盘符】。然后，【工具与设置】→【配置文件系统驱动】，或者右键单击该分区→【配置文件系统】。

第 2 步：isolinux、images 目录。

把 rhel-server-7.0-x86_64-dvd.iso（或 CentOS-7.0-1406-x86_64-DVD.iso）的 isolinux、images 目录解压到 EXT3 分区（sda11，/OPT，30GB）中。

下面分为两种情况，第一，基于 Windows XP 硬盘安装 RHEL7/CentOS7，第二，基于 Windows 7/8 硬盘安装 RHEL7/CentOS7。

第 3 步（Windows XP）：下载 Grub For Dos（grub4dos0.4.4），解压后把里面的文件和文件夹复制到 C:\下。

第 4 步（Windows XP）：修改 boot.ini，在最后添加一行 C:\grldr="GRUB For Dos"，保存退出。

或

第 3 步（Windows 7/8）：下载、安装 EasyBCD。

第 4 步（Windows 7/8）：打开 EasyBCD，选择 Add New Entry-Neo Grub -Install，编辑 menu.lst。

第 5 步：编辑 menu.lst（Windows XP 中，是 C:\menu.lst）。

编辑 menu.lst，添加如下几行。

```
title Install-RHEL7/CentOS7
    root  (hd0,10)                          //注意：(hd0,10)和下面的 sda11 都指/OPT 分区
    kernel  /isolinux/vmlinuz  linux  repo=hd:/dev/sda11:/
    initrd  /isolinux/initrd. img
    boot
```

第 6 步：重启系统。重启系统，依次选择【GRUB For Dos】/【Install-RHEL7/CentOS7】选项。

第 7 步：选择安装过程中的语言。选择“Chinese(Simplified)”，单击【继续】按钮。出现集中配置界面，如图 1-6 所示。安装好系统后，可以再配置网络参数。

不是安装的 Linux 系统所用语言，而是安装过程中安装界面上显示的语言。

第 8 步：本地化（系统时区、键盘、桌面语言选择）。

在图 1-6 中，单击【本地化】中的【日期和时间】，修改系统时区，地区选择“Asia”，城市选择“Shanghai”。

在图 1-6 中，单击【本地化】中的【键盘】，选择“English(US)”键盘布局。

在图 1-6 中，单击【本地化】中的【语言支持】，选择“简体中文（中国）”。

第 9 步：软件（安装源、软件选择）。

在图 1-6 中，单击【软件】中的【安装源】，可以选择安装介质。硬盘安装时，安装前面步骤设置好后，会自动检测到 iso 文件，即 rhel-server-7.0-x86_64-dvd.iso。

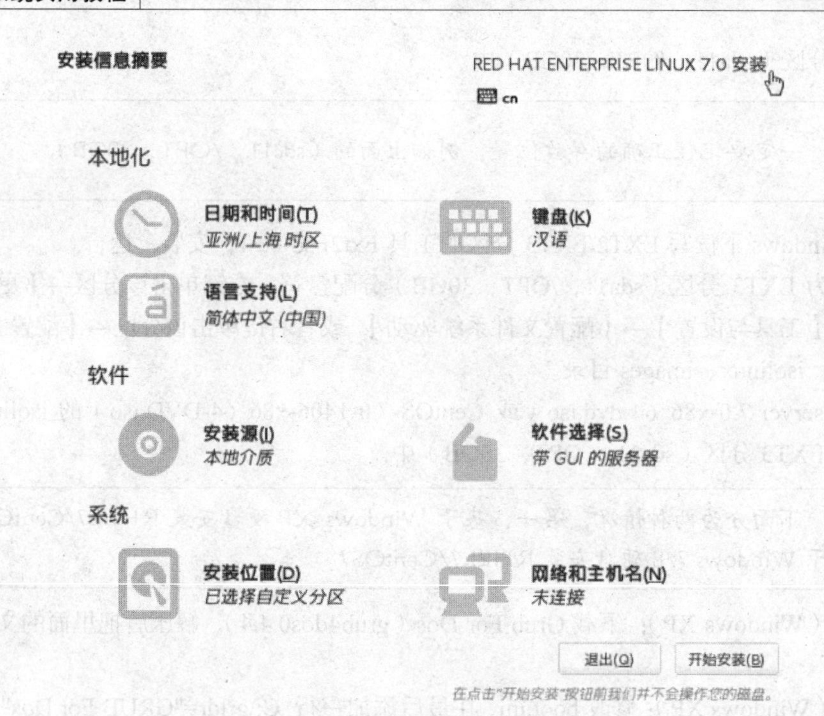

图 1-6　集中配置界面

在图 1-6 中，单击【软件】中的【软件选择】，如图 1-7 所示。

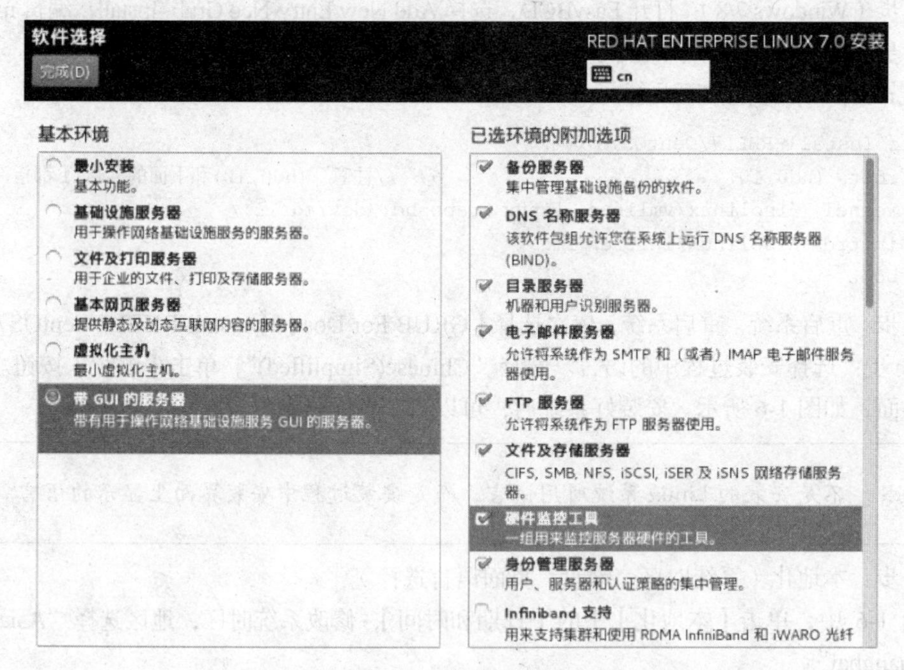

图 1-7　软件选择

在图 1-7 中，可选的软件组类型较多，而且默认安装是一个非常小的，甚至不完整的系统。根据自己的具体需求进行选择。对于初学者，建议选择“带 GUI 的服务器”。

第 10 步：存储（硬盘分区、交换分区、根分区、/opt 分区）。

在图 1-8 中，可以选择存储设备为【本地标准磁盘】，同时也可以选择【添加硬盘】。如不希望自动配置分区，也可以选择【其它存储选项】中的【我要配置分区】选项进行自定义的分区配置。单击【系统】中的【安装位置】，以标准分区创建存储，单击【继续】，如图 1-5 所示。

图 1-8　指定磁盘创建分区

单击【完成】按钮，如图 1-9 所示。创建根分区，【挂载点】文本框中输入/，【文件系统】选项中选择 xfs，指定【期望容量】大小为 18GB。再创建 boot 分区，【挂载点】文本框中输入/boot，【文件系统】选项中选择 ext4，指定【期望容量】大小为 500MB。最后创建 swap 分区，【挂载点】文本框中输入 swap，【文件系统】选项中选择 swap，指定【期望容量】大小为 2GB。

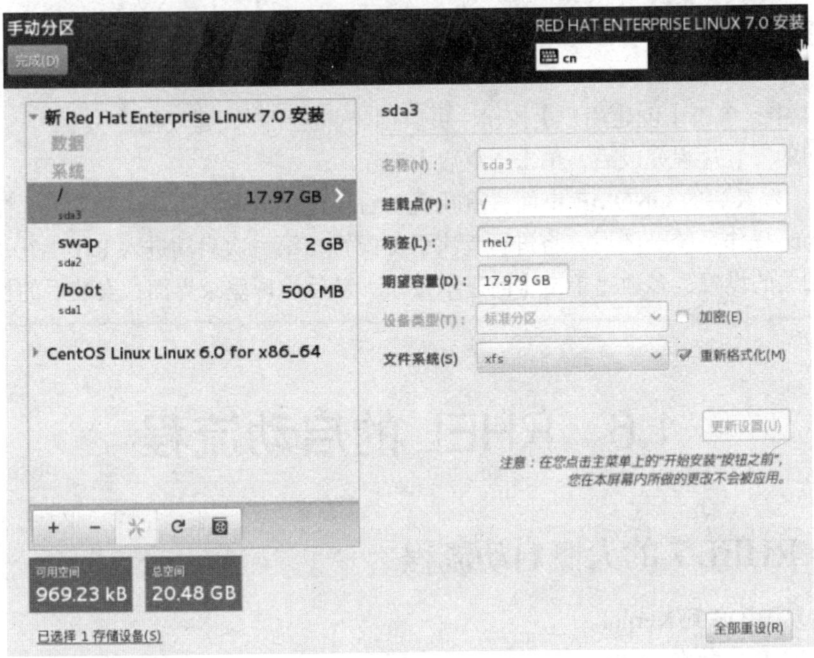

图 1-9　创建分区

更改摘要

您的自定义更改将产生以下变更，这些变更将会在您选择的硬盘上生效：

顺序	操作	类型	设备名称	挂载点
1	Destroy Format	ext4	sda1	
2	Destroy Format	ext4	sda3	
3	Create Format	ext4	sda1	/boot
4	Create Format	xfs	sda3	/

取消并返回到自定义分区(C)　接受更改(A)

图 1-10　分区确认

完成创建分区后，单击【完成】按钮，在接下来弹出的窗口中单击【接受更改】按钮，如图 1-10 所示，对硬盘分区进行格式化操作。

第 11 步：安装软件包。完成以上操作后，单击【开始安装】按钮，进入安装软件包过程，这需要一段时间，请耐心等待。界面如图 1-11 所示。

在图 1-11 中，单击【ROOT 密码】按钮，为系统中的超级用户 root 设一个密码，root 账号具有最高权限。注意，该口令很重要，至少 6 个字符以上，含有特殊符号，并要记好。

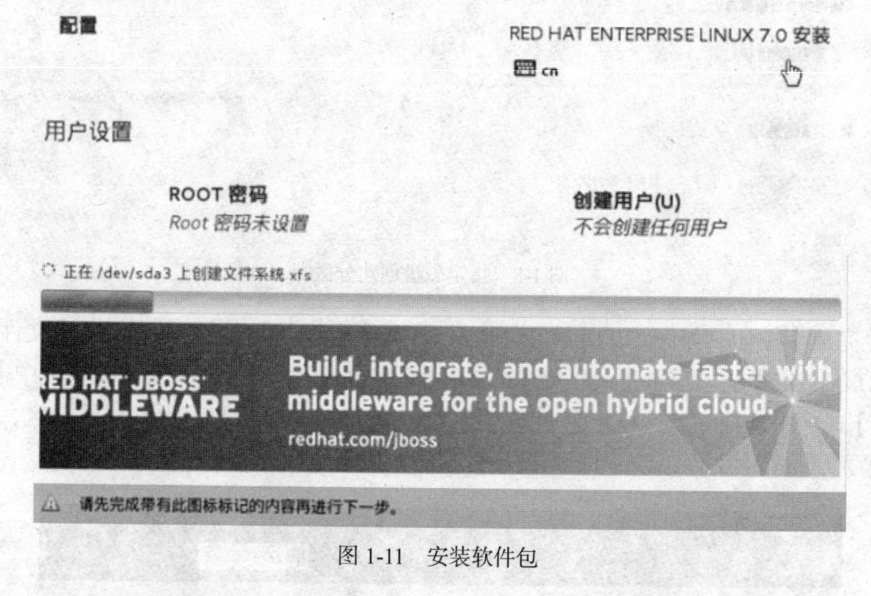

图 1-11　安装软件包

在图 1-11 中，单击【创建用户】按钮，可以创建普通用户，建议创建一个。

较长时间的安装过程完成后，单击【重启】按钮。

第 12 步：登录后的 GNOME 桌面。重新启动后将首次出现启动选择菜单，选择 Linux 菜单项，启动 Linux 操作系统。随后，将进行首次引导配置（第一次启动进入 RHEL7），读者可以根据提示进行相关的设置，多数是单击【前进】按钮。最后出现登录界面，安装后的初始化过程到此结束。

1.6　RHEL 的启动流程

1.6.1　RHEL 7 的大概启动流程

第 1 步：从 BIOS 到 Kernel。

（1）把 GRUB 安装在 MBR。

（2）把 GRUB 安装在 Linux 分区。

第 2 步：从 Kernel 到 Login Prompt（登录提示）。

Kernel 执行之后，将生成第一个进程，即 init，也就是执行/sbin/init。init 根据/etc/inittab 执行相应的脚本，进行系统的初始化，如设置键盘、字体、装载模块和网络等。

1.6.2　RHEL 7 的详细启动流程

在 RHEL 7 中，sysvinit 软件包中的 init 已经由 systemd 替换。和之前的版本相比，RHEL 7 的启动流程发生了比较大的变化。熟悉其流程非常重要，对系统的排错有很大帮助。

（1）第一阶段：BIOS（Basic Input Output System）初始化（如图 1-12 所示）。

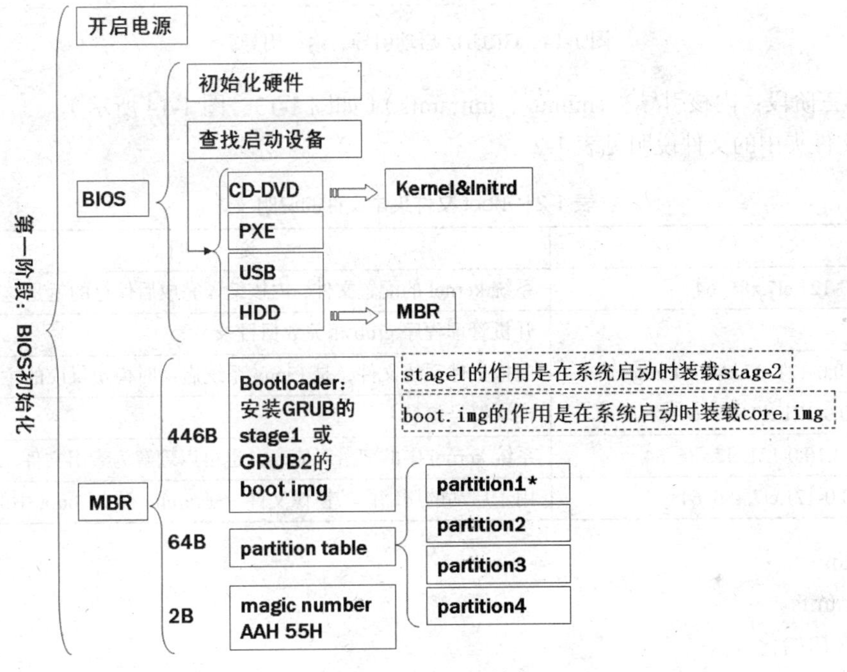

图 1-12　BIOS 初始化

（2）第二阶段：GRUB/ GRUB2 启动引导（如图 1-13、图 1-14 所示）。

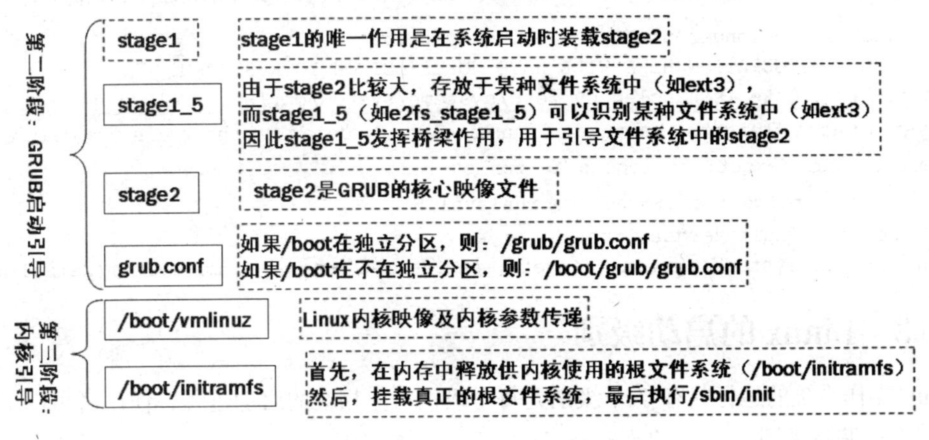

图 1-13　GRUB 启动引导、内核引导

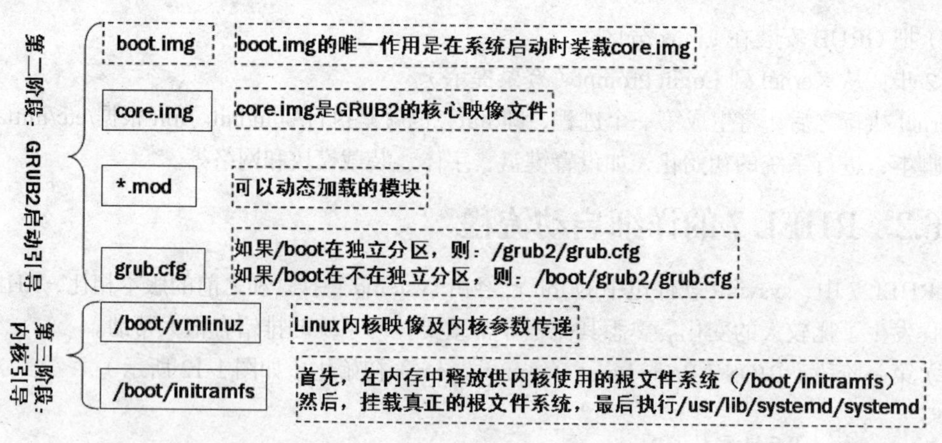

图 1-14　GRUB2 启动引导、内核引导

（3）第三阶段：内核引导（vmlinuz、initramfs）（如图 1-13、图 1-14 所示）。

/boot 文件夹中的文件说明见表 1-2。

表 1-2　/boot 文件夹中文件的说明

文　　件	说　　明
config-3.10.0-121.el7.x86_64	系统 kernel 的配置文件，内核编译完成后保存的就是这个配置文件
grub2	开机管理程序 grub 相关数据目录
initramfs-3.10.0-121.el7.x86_64.img	虚拟文件系统文件，是 Linux 系统启动时模块供应的主要来源
symvers-3.10.0-121.el7.x86_64.gz	模块符号信息
System.map-3.10.0-121.el7.x86_64	系统 kernel 中的变量对应表，也可以理解为索引文件
vmlinuz-3.10.0-121.el7.x86_64	用于启动的压缩内核镜像文件，是/arch/<arch>/boot 中的压缩镜像

① vmlinuz。

② initramfs。

③ 内核初始化。

（4）第四阶段：systemd。在内核加载完毕，进行完硬件检测与驱动程序加载后，主机硬件已经准备就绪了，这时候内核会启动一号进程（/usr/lib/systemd/systemd）。

RHEL 7 系统上，/etc/inittab 文件不再使用，该文件只有一些注释信息，内容如下：

```
# inittab is no longer used when using systemd.
# ADDING CONFIGURATION HERE WILL HAVE NO EFFECT ON YOUR SYSTEM.
# Ctrl-Alt-Delete is handled by /etc/systemd/system/ctrl-alt-del.target
# systemd uses 'targets' instead of runlevels. By default, there are two main targets:
# multi-user. target: analogous to runlevel 3
# graphical. target: analogous to runlevel 5
# To set a default target, run:
# ln -sf /lib/systemd/system/<target name>.target /etc/systemd/system/default.target
```

1.6.3　Linux 的启动级别

Linux 操作系统的运行共有 7 个级别，每个级别对应相应的启动进程，使用者可以根据操作系统的用途来调整级别。

运行级别是一种状态或模式，是操作系统当前正在运行的功能级别。这个级别从 0 到 6，具有不同的功能。类比 Windows 中，有安全模式、正常模式。Linux 功能强大，为了适应不同用户对服务的启动配置要求，Linux 提供了运行级别。这些级别在/etc/inittab 文件里指定。由 init 进程自动加载后，进入相应的运行级别（0～6）。每个级别都包含这个级别将要启动的 Linux 服务项目，不同级别将要启动的服务不尽相同。所有的服务脚本都存放在/etc/rc.d/init.d 目录下，可以使用命令 ls/etc/rc.d/init.d 查看。0～6 个运行级别的配置服务脚本分别存放在/etc/rc.d 目录下的 rc0.d，rc1.d，…，rc6.d 的目录下，可以使用 ls 命令查看。我们可以使用 init 命令来改变当前系统的运行级别。比如，init 0 实际上就变成了关机的命令，init 6 就变成了重启系统命令。

0 - 停机（千万不要把 initdefault 设置为 0 ）

1 - 单用户模式

2 - 多用户，但是没有 NFS

3 - 完全多用户模式

4 - 没有用到

5 – 从 X11 进入 X Windows 系统

6 - 重新启动 （千万不要把 initdefault 设置为 6）

说明：很多黑客千方百计提升权限来改成 6 或 0。

本章小结

Linux 操作系统目前已经成为网络服务器和软件开发（尤其是嵌入式和内核开发）的主要操作系统之一。了解 Linux 操作系统相关的技术是计算机类工作者非常必要的一项学习任务。

本章介绍了 Linux 的发展历史，并且简介了 UNIX 的发展以及 Linux 的相关技术标准，同时也介绍了 Linux 的发行版本和内核版本，以便使用者今后能够有目的地选择适合自己的操作系统版本，详细介绍了 Linux 的系统架构和用途。

接下来介绍了目前最流行的虚拟机系统 VMware，介绍了本书使用的 EHEL7 发行版 Linux 的安装过程与系统的启动过程，使读者能够对 Linux 有一个初步的认识，并能够架设 Linux 操作系统环境。

思考与练习

一、选择题

1. Linux 操作系统的创始人和主要设计者是（　　）。

　A. 蓝点 Linux　　B. AT&T Bell 实验室

　C. 赫尔辛基大学　　D. Linus Torvalds

2. Linux 内核遵守的许可条款是（　　）。

　A. GDK　　B. GDP　　C. GPL　　D. GNU

3. 一台 PC 上可以有两个 IDE 接口（将其称为第一 IDE、第二 IDE），而每个 IDE 接口上可以接两个 IDE 设备（将其称为主盘、从盘）。在 Linux 中，对第二 IDE 的主盘的命名名称为（　　）。

A. /dev/had　　B. /dev/hdb　　C. /dev/hdc　　D. /dev/hdd

4. 关于 swap 分区，叙述正确的是（　　）。

A. 用于存储备份数据的分区　　B. 用于存储内存出错信息的分区

C. 在 Linux 引导时用于装载内核的分区　　D. 作为虚拟内存的一个分区

5. 在下列分区中，Linux 默认的分区是（　　）。

A. FAT32　　B. EXT3　　C. FAT　　D. NTFS

6. 关于 Linux 内核版本的说法，以下错误的是（　　）。

A. 表示为主版本号.次版本号. 修正号　　B. 1.2.3 表示稳定的发行版

C. 1.3.3 表示稳定的发行版　　D. 2.2.5 表示对内核 2.2 的第 5 次修正

7. 自由软件的含义是（　　）。

A. 用户不需要付费　　B. 软件可以自由修改和发布

C. 只有软件作者才能向用户收费　　D. 软件发行商不能向用户收费

二、填空题

1. Linux 的版本分为________和________。

2. 如果计算机目前只有一块 SATA 硬盘，现插入一个 U 盘显示的名称应为________。

3. 关闭 Linux 系统的命令为________。

4. 安装 Linux 时最少需要两个分区，分别是________和________。

三、简答题

1. Linux 创始人是谁？Linux 操作系统的诞生、发展和成长过程始终依赖着的重要支柱都有哪些？

2. 简述在虚拟机中安装 RHEL7 的过程。

3. 简述 Linux 的几个运行级别及其相应的含义。

4. 简述 Linux 系统的运行级别以及各个级别适应的场合。

第 2 章 Linux 的 GUI

图形用户界面（Graphical User Interface，GUI，又称图形用户接口）是指采用图形方式显示的计算机操作用户界面。在图形计算中，一个桌面环境（Desktop Environment，有时称为桌面管理器）为计算机提供一个图形用户界面（GUI）。但严格来说，窗口管理器和桌面环境是有区别的。桌面环境就是桌面图形环境，它的主要目标是为 Linux/UNIX 操作系统提供一个更加完备的界面以及大量各类整合工具和使用程序，其基本易用性吸引着大量的新用户。

2.1 KDE 与 GNOME

KDE 和 GNOME 是 Linux 里最常用的图形界面操作环境。KDE 不仅是一个窗口管理器，还有很多配套的应用软件和方便使用的桌面环境，比如任务栏、开始菜单、桌面图标等。GNOME 是 GNU Network Object Model Envirment 的缩写，和 KDE 一样，也是一个功能强大的综合环境。另外其他 UNIX 系统常常使用 KDE 作为桌面环境。

其他的小型窗口管理器有: window maker，after step，blackbox，fvwm，fvwm2 等，都是常用的优秀窗口管理器。

2.2 KDE 桌面环境

K 桌面环境（K Desktop Environment，KDE）是一个网络透明的桌面环境，它包括标准的桌面功能，例如，窗口管理器、文件管理器以及覆盖大部分 Linux 任务的广泛的应用程序组，如全套集成的网络应用程序——Web 浏览器、新闻阅读器和邮箱系统。KDE 的目标是提供与 Windows 和 Mac OS 操作系统相同级别的桌面功能并方便使用，同时结合 UNIX 操作系统的强大功能和灵活性。

2.2.1 KDE 安装和切换

RHEL 7 默认安装 GNOME 桌面环境，KDE 桌面环境可以在初始定制安装时选择安装选项进行安装。这里介绍在图形界面（GNOME）下安装 KDE，并介绍如何从 GNOME 切换到 KDE 中。

1. 安装 KDE

安装 KDE 首先要取得 root 权限，并且在硬盘上有足够的空间（至少 1.8GB）。选择【主菜单】|

【添加和删除应用程序】命令，出现【软件包管理】对话框，如图 2-1 所示。

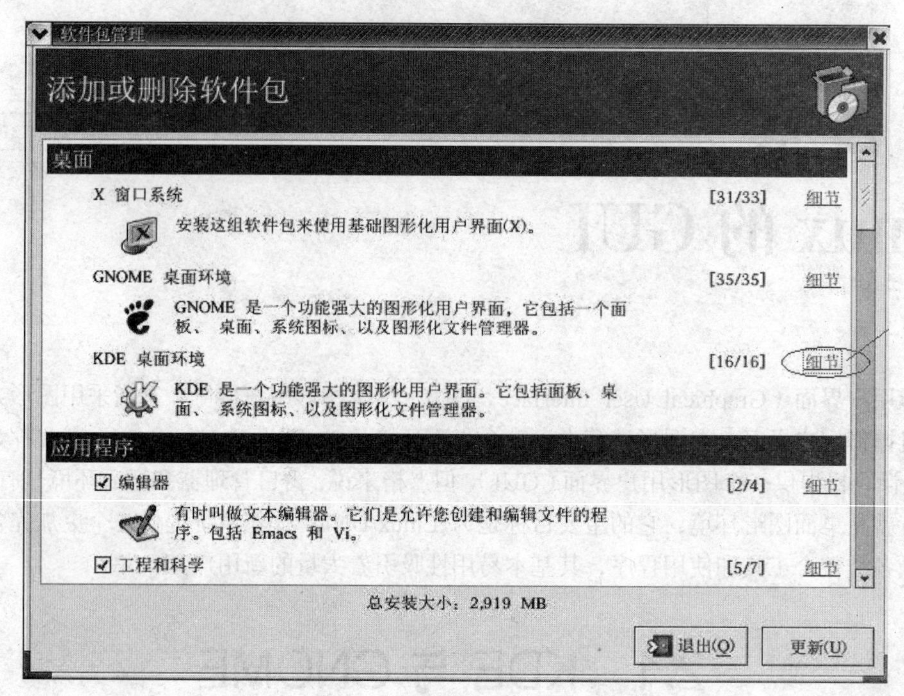

图 2-1 【软件包管理】对话框

在【KDE 桌面环境】中单击【细节】，出现【KDE 软件包细节】对话框。在要安装的软件包中，分【标准软件包】和【额外软件包】，在【标准软件包】和【额外软件包】的左边都有一个小箭头，单击该小箭头，可以看到软件包中更详细的信息。安装 KDE 时，标准软件包是必需的，额外软件包是可选择的。单击【额外软件包】左边的小箭头，看到额外软件包中包含额外软件的详细信息，如“autorun 一个挂载光盘的工具”，并且，在【软件包信息】一栏中说明安装该软件包需要的空间大小。在了解额外软件包的详细信息后，用户就可以根据个人需要选择相应的软件包。选择的方法很简单，只要将相应软件包前的复选框选中即可。同样，要是不需要某个软件包，取消已选中的该软件包前的复选框中的标记就可以了。

选择完毕后，单击【关闭】按钮返回。如果有新的软件包要安装，或者要卸掉某个已经安装的软件包，则此时显示的【总安装大小】和改变前的就不一样了。总安装大小信息表明在增减软件包后安装所有软件包所需要的空间大小，用户可以从这个信息来判断安装空间是否足够。

在确定 KDE 安装中的软件包后，单击【更新】按钮，出现【软件包安装】进度条，此时系统要先判定软件包的依赖关系。

2. 切换到 KDE

切换 KDE 的方法有两种，下面分别介绍。

方法 1：在 GNOME 环境中，完成切换选择。选择【主菜单】|【系统工具】|【更多系统工具】| Desktop Swithing tool（桌面切换工具）命令，打开 Desktop Switcher（桌面切换器）窗口，如图 2-2 所示。

默认选中的是当前的桌面环境，如图 2-2 所示，当前使用的是 GNOME 环境。选中 KDE 单选按钮，注销当前环境后使用的桌面环境为 KDE。如果选中 Change only applies to current display 复选框，则仅将切换环境的改变保留一次。进入改变后的环境，然后再注销，则又回到改变前的桌面环境。单击 OK 按钮后，出现切换信息提示对话框。

该信息提示对话框表明切换选择已经成功，但是在注销当前桌面环境，并重新登录后才能生效。因此，用户注销 GNOME 后，重新登录就可以回到 KDE 桌面环境。

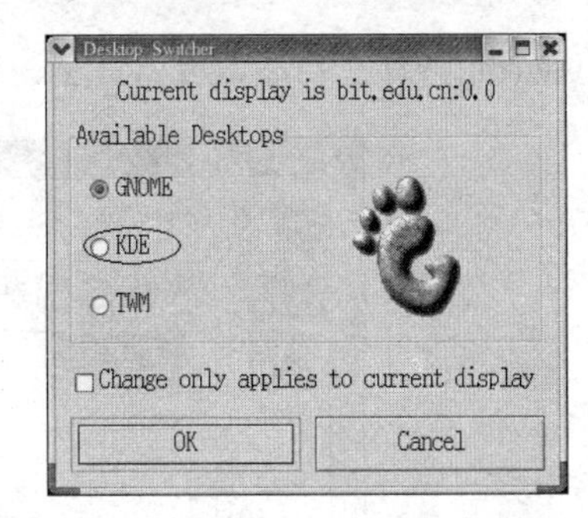

图 2-2 Desktop Switcher 对话框

方法 2：在登录界面实现选择。在登录界面的下方，单击【会话】按钮，再选择 KDE 单选按钮，单击【确定】按钮。再重新登录，就可以进入 KDE 了。在登录的过程中，可能会出现【默认设置改变】对话框，询问“你已为该会话选择了 KDE，但是默认的设置为 GNOME，是否希望成为以后会话的默认设置”。如果单击【是】按钮，则以后登录的默认桌面环境都是 KDE；如果单击【否】按钮，则下次登录的桌面环境还是切换前的桌面环境。

当然，从 KDE 切换回 GNOME 或其他桌面环境，都可以用以上两种方法。

2.2.2 KDE 的使用

KDE 从外表看同 GNOME 相比似乎没什么不同之处，也由面板和桌面组成。

1. KDE 面板

KDE 的面板由主菜单按钮、程序启动器图标、桌面选择器、任务条、通知区域和小程序等组成。

组合 KDE 面板内容元素如图 2-3 所示为 KDE 面板内容，其内容元素可分为小程序、应用程序按钮、特殊程序按钮和扩展 4 大类。用户可以对这 4 类元素进行自由组合。

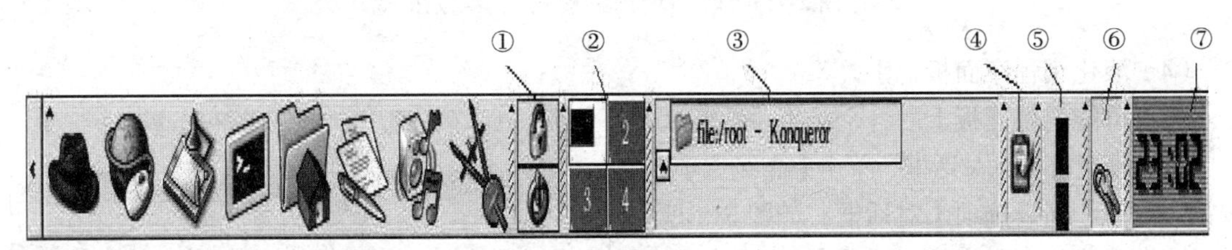

① 锁定/注销小程序 ② 桌面选择 ③ 任务条 ④ 剪贴板小程序 ⑤ 系统监视器 ⑥ 系统托盘 ⑦ 时钟

图 2-3 KDE 面板

2. 设置 KDE 面板属性

（1）KDE 面板设置控制模块

KDE 面板设置控制模块是对 KDE 面板进行管理、设置的主要工具。

（2）改变 KDE 面板的布局和大小

KDE 面板也和 GNOME 一样，可以放在屏幕的任何位置。KDE 面板的大小设置包括长度和高度的设置。长度可以是整个屏幕的任意百分比，高度有极小、小、正常、大和自定义 5 种，其中自定义可以将面板按像素来设置大小。面板大小改变后，面板上的图标也相应改变大小。

（3）隐藏 KDE 面板及添加隐藏按钮

KDE 面板的隐藏设置在 KDE 面板控制模块的【隐藏】选项卡中，如图 2-4 所示。选择【自动隐藏】单选按钮，并设置自动隐藏的时间，这样，KDE 面板就在该设置的时间后自动隐藏。选中【显示左边的隐藏按钮】复选框，则在面板的左面出现隐藏按钮小箭头，右边隐藏按钮的显示设置也一样。当然，可以将左、右两边的隐藏按钮都显示出来。

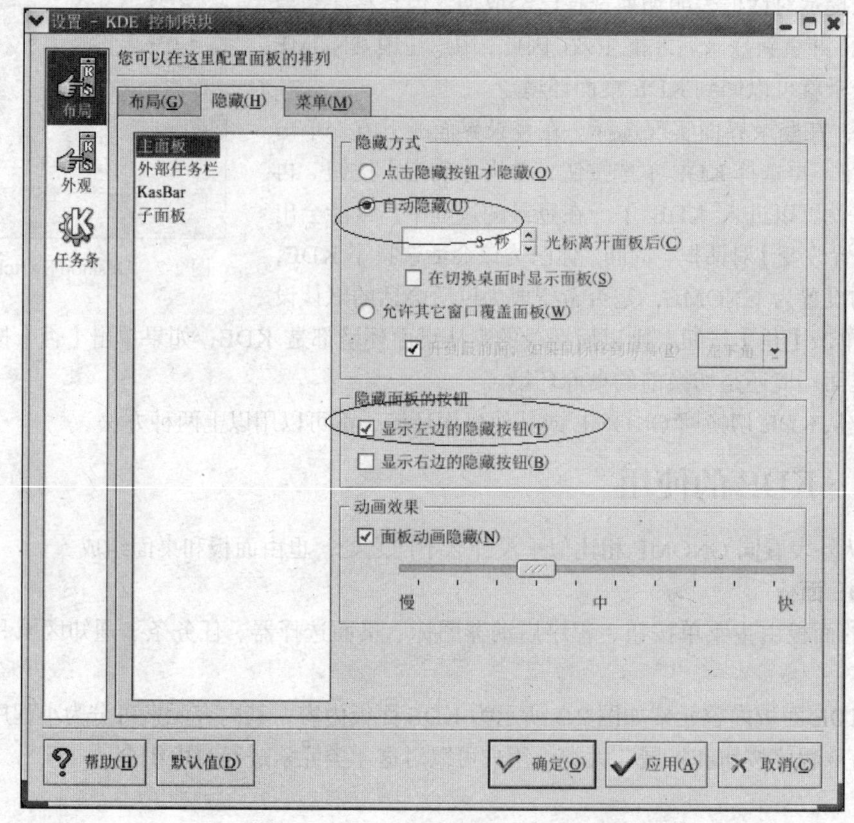

图 2-4　隐藏 KDE 面板及添加隐藏按钮

（4）淡化小程序面板把手

用户可能觉得面板上的各个小把手看起来很不舒服，那好，这里介绍怎样淡化这些小把手。

在【改变符号】对话框，单击【高级选项】按钮，出现【高级选项】对话框，如图 2-5 所示。选中【淡化小程序面板把手】复选框，单击【确定】按钮。这样在更新后的面板上就看不到原来的小把手了。

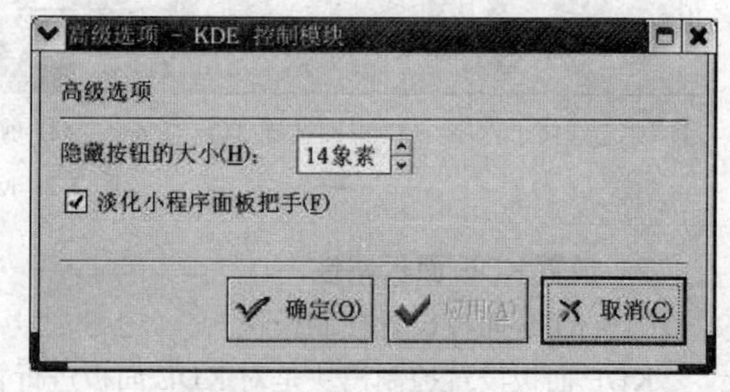

图 2-5　【高级选项】对话框

3. KDE 主菜单

主菜单也叫 K 菜单。单击主菜单按钮，会像 Windows 中的【开始】菜单一样弹出主菜单。在主菜单中找到不同种类的启动程序选项，即可启动程序。这里主要介绍 KDE 菜单的一些独特功能，以及菜单的个性化设置。

（1）菜单编辑器

KDE 的主菜单可以很自由地根据个人的特点进行自我设计，菜单编辑器就是这种自我设计最强有力的工具。打开菜单编辑器的方法有两种：第一种是在【主菜单】上右击，选择【菜单编辑器】命令；第二种是先打开【面板控制中心】，再选择菜单栏中的【菜单编辑器】。打开的菜单编辑器如图 2-6 所示。

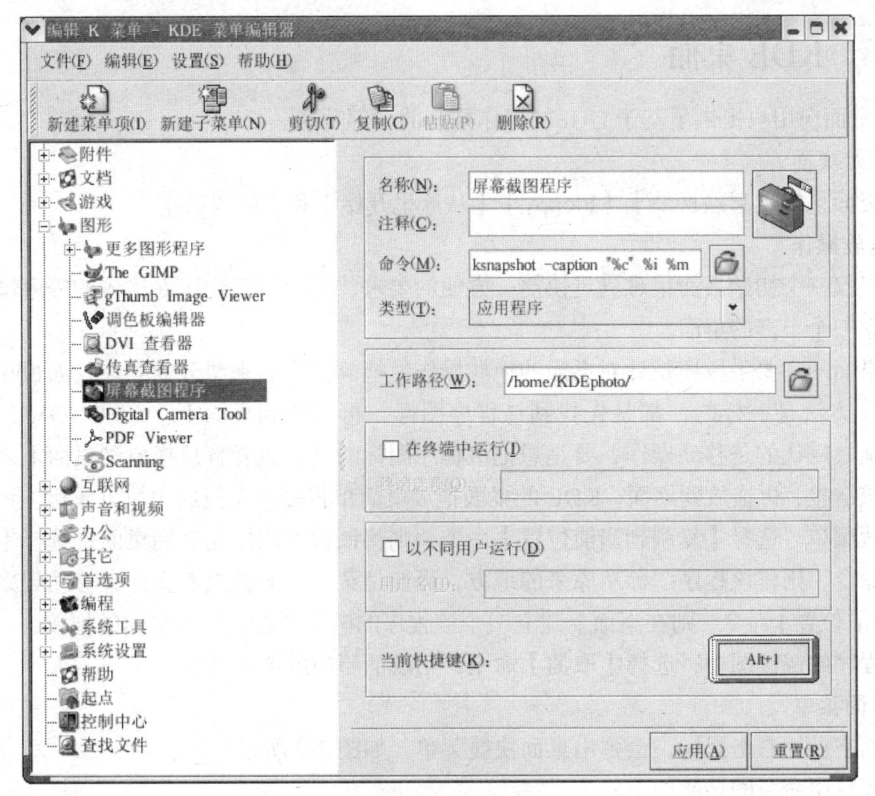

图 2-6　菜单编辑器

（2）菜单基本操作

菜单的基本操作包括新建、复制、剪切和删除。

新建菜单有新建菜单项和新建子菜单两种。单击【新建菜单项】图标，弹出【新菜单项】对话框，输入新菜单项的名称，单击【确定】按钮，则在原来的菜单中新建了一个菜单项。新建子菜单要在鼠标指向菜单项后才可以进行，子菜单在选中的菜单项下新建。

用户也可以自建菜单项，而子菜单可以通过在原菜单的菜单项中剪切或者复制，再粘贴过来，这样就在原有菜单的基础上建立了自己的菜单。复制的菜单同原菜单拥有一样的属性，包括程序名称、图标和路径等。

（3）为程序定义快捷键

菜单中有程序的图标，作为程序启动的快速链接，更快的启动程序的办法是为程序定义启动快捷键。例如，为 Gaim 定义一个快捷键 Alt+2，下面介绍操作过程。

默认情况下，KDE 不为程序定义快捷键，在菜单右边的快捷键一栏是灰色显示。单击当前键右边的按钮，弹出【定义快捷键】对话框，如图 2-7 所示。在【无】框中单击并同时按下 Alt 和 2 键，并单击【确定】按钮，这样就给 Gaim 定义了一个快捷键 Alt+2，以后启动 Gaim 直接按 Alt+2 键即可。

当然给每个程序都定义一个快捷键是不合适的，快捷键是为一些常用的程序准备的。

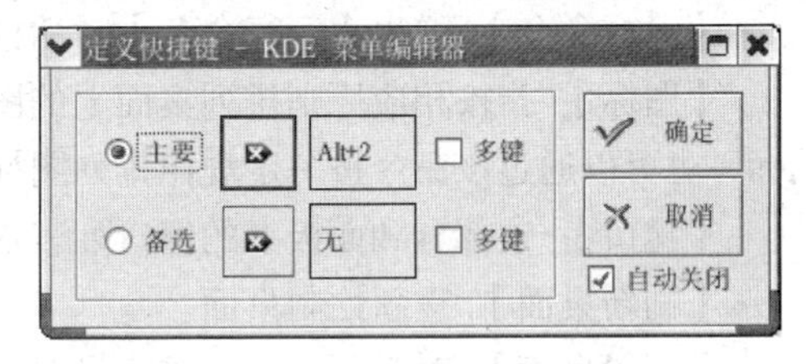

图 2-7 【定义快捷键】对话框

（4）菜单的其他属性设置

在 KDE 面板设置控制模块中，还可以对菜单的一些其他属性进行设置。

2.2.3 KDE 桌面

KDE 桌面向用户提供了基于 GUI 的操作系统的全部功能。

1. 初始桌面

初始桌面包括【起点目录】、【Floppy】、【从这里开始】和【回收站】。

2. 拖放操作

当然仅仅一个初始桌面很难满足快捷、方便的要求，用户希望能建立更多的程序快捷图标，下面来建立一个丰富的桌面。

丰富桌面的主要手段还是针对桌面的拖放操作。拖放操作的来源分为菜单、面板和文件夹。三者的操作方法是一样的，都是先找到该程序图标，再拖放到桌面上。和 GNOME 不同的是 GNOME 拖放默认的是移动操作，要是想把该程序图标的复制或者链接拖放到桌面上来，还要先建立复制或链接，再拖放到桌面。KDE 的桌面拖放就简单得多，在拖放中放下鼠标左键时，会弹出一个确认菜单。选择【复制到当前位置】命令，则将该程序图标复制到桌面；选择【移动到当前位置】命令，则将该程序图标从原来的地方，可能是菜单、面板或者文件夹移动到桌面；选择【链接到当前位置】命令，则在桌面上建立一个该程序的链接图标，针对桌面的拖放，一般都是为了建立该程序的链接图标；选择【取消】命令，则取消当前的拖放操作。

3. 桌面菜单

在桌面空白处右击鼠标，会弹出桌面快捷菜单，如图 2-8 所示。

桌面菜单中命令的功能如下。

【新建】：在【新建】子菜单中可以选择新建目录、html 文件、文本文件、CD/DVD-ROM 设备、软驱设备、硬盘、应用程序链接和到 URL 的链接。建目录和文件的方法和在 GNOME 下的一样，不再介绍。

CD/DVD-ROM 设备一般在放入光盘的同时会出现在桌面上，当卸载光驱后该图标又从桌面上消失，如果想要一个平常也能看到的光驱设备图标，可以从这里新建；软驱设备在删除桌面上的 Floppy 图标后可以在这里新建；硬盘一般指非 Linux 下的硬盘，例如，Windows 下的，在桌面建立硬盘图标后，有时候并不一定可以打开它，Windows 下的硬盘也需要先挂载，自动挂载后，才可以像 Linux 下的硬盘一样进行读/写操作。

图 2-8　桌面快捷菜单

【书签】：直接跳转到书签所设置的目录下。

【撤消】：撤销前一次对桌面的操作。

【粘贴】：当剪贴板中有内容的时候，可以将剪贴板中的内容粘贴到桌面。其内容可以是文件、程序图标和文件夹等。

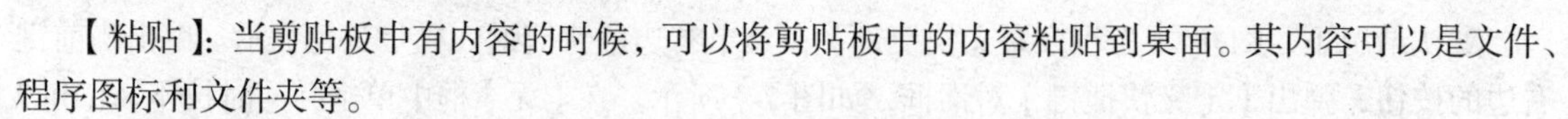

【运行命令】：弹出【运行命令】对话框，输入命令名称即可以运行相应的 Linux 命令。

【图标】：指按相应原则排列桌面上的图标。当桌面的图标很乱的时候，用户可以手动排列图标，也可以通过该命令按一定规律排列图标。

【窗口】：这部分和面板上的窗口列表功能一样。

【刷新桌面】：重新绘制桌面。

【配置桌面】：对桌面的属性进行设置。

【帮助】：提供和桌面相关的帮助。

【锁住屏幕】【注销…】: 同 GNOME 中的该部分相同。

4. 使用 AutoStart

在 3.0 版之前的 KDE 的桌面上都有 AutoStart 图标，3.0 版之后虽然没有 AutoStart 图标，但是仍然可以使用 AutoStart。

AutoStart 的另外一个很有用的方面是可以让 KDE 自动挂载 Windows 下的硬盘。

5. 桌面属性设置

KDE 桌面属性设置都在【桌面属性设置控制模块】中实现。在桌面菜单中选择【配置桌面】就可以打开【桌面属性设置控制模块】。

【桌面属性设置控制模块】可以设置桌面的外观，与桌面相关的行为，多个桌面的设置、背景，以及屏幕保护程序。下面就重要的几个属性设置进行介绍。

（1）桌面外观属性设置

桌面外观可以设置桌面上程序图标中文字的大小、字体、颜色等。

（2）桌面行为设置

桌面【行为】选项卡如图 2-9 所示。

图 2-9 桌面行为设置

（3）多个桌面设置

多个桌面设置可以设置桌面的个数和名称。KDE 最多可以设置 16 个桌面。

（4）桌面背景设置

桌面背景设置有其独特的特点，它可以为不同的桌面设置不同的桌面背景，如图 2-10 所示。图中桌面 1 与桌面 2 设置的桌面背景不相同，取消选中【公共背景】复选框，则切换到桌面

1 时显示的是桌面 1 的桌面背景，而到桌面 2 时显示的是桌面 2 的桌面背景。

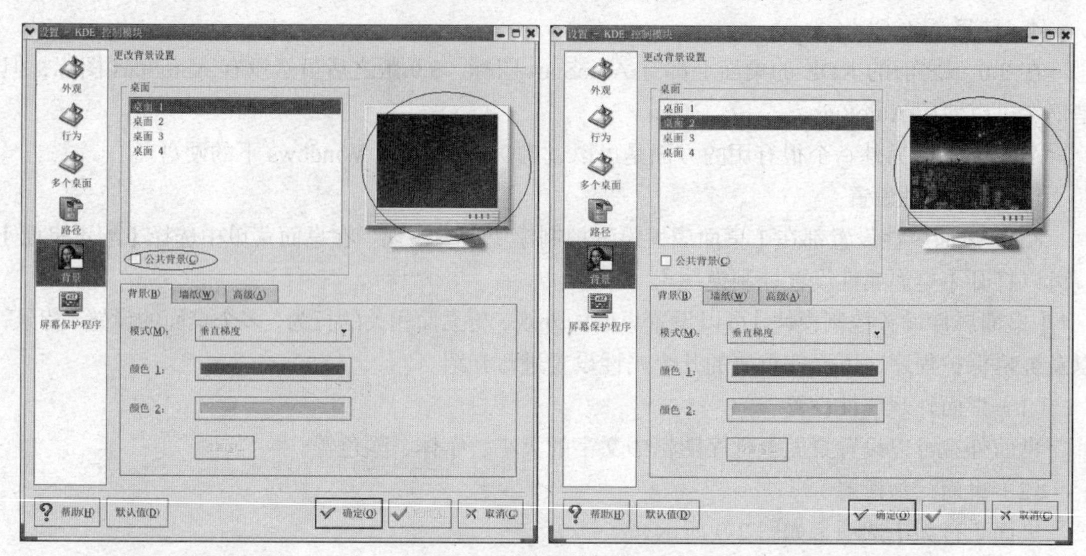

图 2-10　不同桌面背景设置

6. KDE 窗口管理器

窗口管理器的概念和操作基本与 GNOME 相同，可参考 GNOME 相应部分。

7. KDE 文件管理器

下文对 Konqueror 的介绍既包括作为文件管理器的 Konqueror 的一些概念和操作，也包括作为 Internet 客户端程序的 Konqueror 的一些特点。其他一些基本操作，如文件的移动、复制等，与 GNOME 中相似，可参考 GNOME 操作。

（1）Konqueror 概述

KDE 文件管理器 Konqueror 主要由菜单栏、工具栏、目录树窗口和文件浏览窗口等组成，如图 2-11 所示。与 GNOME 的文件管理器相比，Konqueror 的界面也有很多不同，而操作更是具有 KDE 自身的特点。

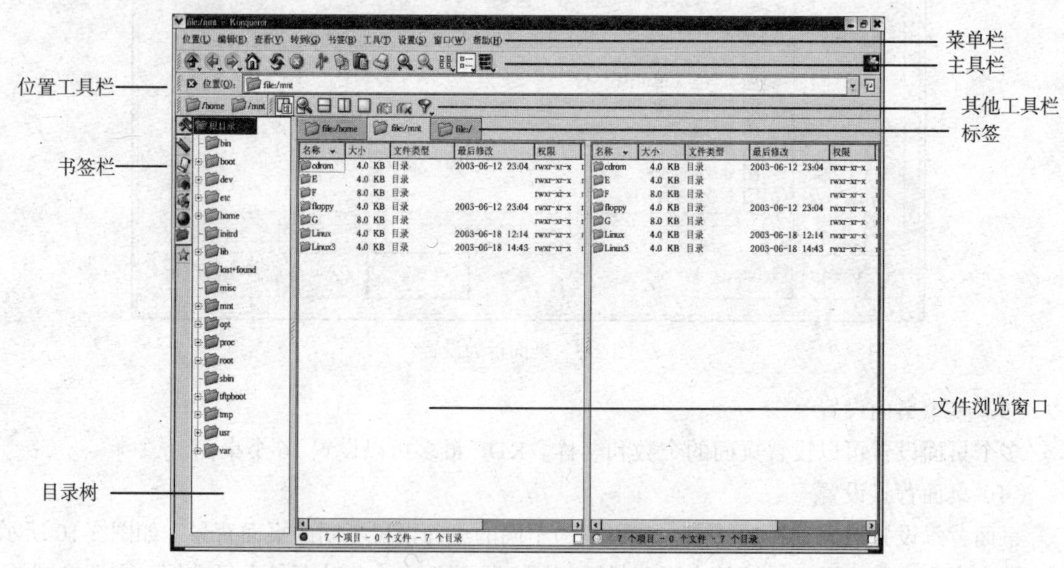

图 2-11　KDE 文件管理器

（2）Konqueror 文件导航系统

作为文件管理器的 Konqueror，其文件导航系统比 GNOME 要“发达”得多。除了 GNOME 中的前进、后退、向上、地址栏、书签、历史、转到等导航手段以外，KDE 还具有自己独特的导航方式。

（3）Konqueror 和终端的紧密结合

KDE 文件管理器的另一个特点是和终端操作的紧密结合。

在 Konqueror 中可以建立终端的仿真器，如图 2-12 所示。

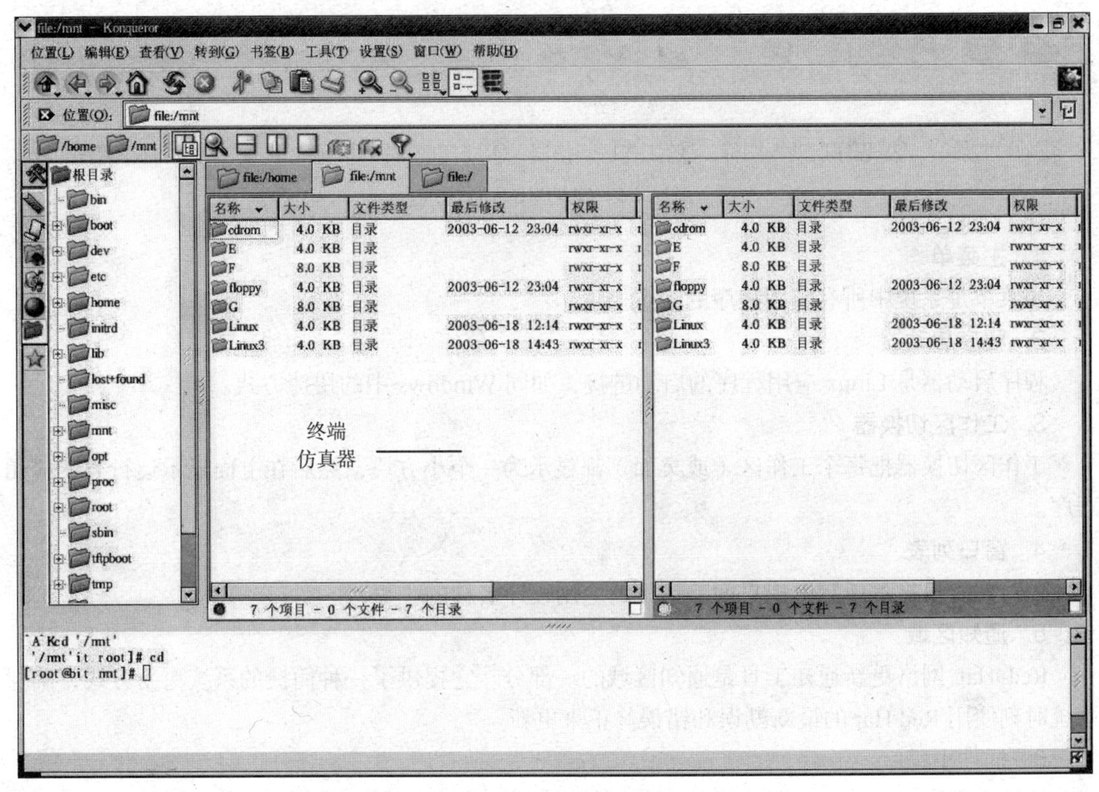

图 2-12　终端仿真器

在终端仿真器的操作和在终端中的操作是一样的。在菜单栏的【窗口】菜单中选择【显示终端仿真器】命令，打开终端仿真器。

不运行终端，也不打开终端仿真器，同样可以在 Konqueror 中执行 shell 命令。操作方法是：在菜单栏的【工具】菜单中选择【执行 Shell 命令】。

（4）Konqueror 的网络功能简介

Konqueror 可以运行 ftp、http 等网络传输协议，并且将网络和本地的文件管理结合在一起，操作非常方便。

2.3　GNOME 桌面环境

GNOME 操作界面由 GNOME 面板和桌面组成。

2.3.1 GNOME 的控制面板

GNOME 控制面板（Panel）是 GNOME 操作界面的核心。用户可以通过它启动应用软件、运行程序和访问桌面区域。用户可以把 GNOME 的控制面板看成是一个可以在桌面上使用的工具。

GNOME 面板上的内容可以很丰富，一般主要组成包括主菜单、程序启动器图标、工作区切换器、窗口列表、通知区域、插件小程序等，如图 2-13 所示。

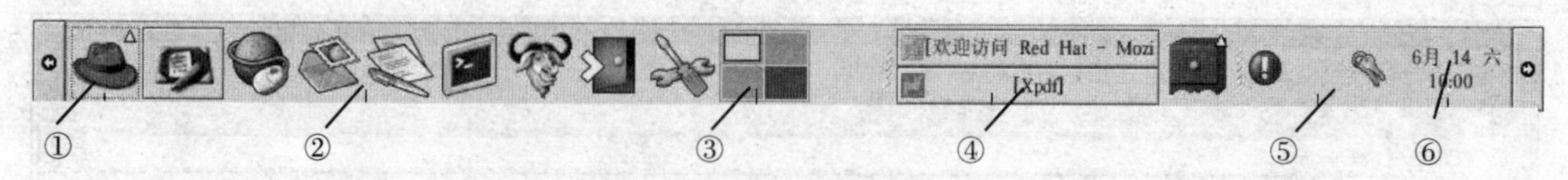

① 主菜单 ② 程序启动器图标 ③ 工作区切换器 ④ 窗口列表 ⑤ 通知区域 ⑥ 插件小程序

图 2-13 GNOME 面板组成

1. 主菜单

主菜单是系统中所有应用程序的起点。

2. 程序启动器

程序启动器是 Linux 应用程序的启动链接，如同 Windows 中的快捷方式。

3. 工作区切换器

工作区切换器把每个工作区（或桌面）都显示为一个小方块，然后在上面显示运行着的应用程序。

4. 窗口列表

窗口列表里显示任意虚拟桌面上运行的应用程序名称的小程序。

5. 通知区域

Red Hat 网络更新通知工具是通知区域的一部分。它提供了一种简捷的系统更新方式，确保系统时刻使用 Red Hat 的最新勘误和错误修正来更新。

6. 插件小程序

插件小程序（Applets）是完成特定任务的小程序。GNOME 中有很多十分有用并且非常有趣的插件小程序，例如，电子邮件检查器、时钟日历、CPU 和内存负荷情况查看器等。

2.3.2 面板个性化配置一：自由组合内容元素

主菜单、程序启动器图标、工作区切换器、窗口列表、通知区域、插件小程序都可以看成是 GNOME 面板上的内容元素，它们可以自由组合和排列，这是 GNOME 图形界面和 Windows 界面的不同之处。用户可以根据个人的喜好，增添或者删除相应的内容元素，可以任意改变内容元素所在面板的位置。

1. 组合主菜单

和 Windows 不同，GNOME 中可以有两个或者更多的主菜单，每个主菜单可以在不同位置，还可以删除主菜单，哪怕一个都不剩，因为，添加它们和删除同样的容易，只是一个主菜单都没有，那实在有违 GNOME 设计的初衷，除非只是想把空空的面板当作摆设。

要拥有更多的主菜单可以右击面板，从弹出的快捷菜单中选择【添加到面板】|【主菜单】命令。

如果觉得主菜单太多了，要删除它，只需将鼠标移到主菜单上，右击，从弹出的快捷菜单中选择【从该面板上删除】命令。

设置与 Windows 不同的位置风格，可将鼠标指针移到主菜单上，右击，从弹出的快捷菜单中选择【移动】命令，移到相应位置后，单击鼠标，主菜单就可以在想要的地方安家落户了。

2. 组合程序启动器

添加程序启动器的方法如下。

方法 1：右击面板，从弹出的快捷菜单中选择【添加到面板】|【从菜单启动】|【系统工具】|【终端】命令。

方法 2：在主菜单上找到终端程序启动器的位置，选择【主菜单】|【系统工具】|【终端】子菜单，在该子菜单上右击，选择【将该启动器加入面板】命令。

方法 3：在菜单上找到相应程序启动器的位置，按住鼠标左键不放直接拖动到面板上，放开左键。

删除程序启动器的方法如下。

程序启动器删除的方法同删除主菜单的方法一样，将鼠标指针放到该程序启动器图标上，右击，从弹出的快捷菜单中选择【从该面板上删除】命令。

图 2-14　抽屉

3. 使用抽屉组合

GNOME 中的抽屉（Drawer）如图 2-14 所示，添加抽屉的方法是：右击面板，选择【添加到面板】|【抽屉】命令。在抽屉中可以加入喜欢的内容，同在面板中添加元素的操作一样。

2.3.3　面板个性化配置二：自由组合属性元素

GNOME 面板和 Windows 面板的不同不仅体现在内容元素多样性和灵活组合上，更体现在面板属性设置的多样性和自由性，可以说，Windows 下能做到的，GNOME 一定能做到，而 GNOME 下做到的，Windows 下却不一定能做到。

GNOME 有边缘面板、角落面板、浮动面板、滑动面板和菜单面板 5 种不同属性的面板。

除菜单面板只能添加一次外，其他种类的面板都可以添加多次。可以根据个人喜好，根据实际需要添加和删除。操作方法很简单，在任何一个面板上右击，选择【新建面板】命令，然后选择相应的面板即可。

1. 边缘面板属性设置

GNOME 默认的一个面板就是边缘面板，在面板上右击，选择【属性】命令，弹出属性设置对话框。

边缘面板有上、下、左、右 4 种位置，通过鼠标单击可以选择所在的相应位置，在鼠标单击的同时面板的位置发生改变。

边缘面板的尺寸有极小、很小、小、中、大、很大，通过鼠标单击选择相应尺寸。

边缘面板还可以改变它的背景设置。可以设置背景类型、颜色、图像等。可以根据喜好自己设置。

2. 角落面板属性设置

角落面板的位置设置比边缘面板的位置设置更细，上、下、左、右各边都有 3 个位置可供选择。

3. **浮动面板属性设置**

浮动面板的位置可以是桌面的任一位置点，可以是垂直放置，也可以是水平放置。

4. **滑动面板属性设置**

滑动面板的属性设置也有位置设置的不同，不仅可以选择上、下、左、右各边的两个位置，还可以选择到边缘的距离。

5. **菜单面板属性设置**

菜单面板将主菜单中的内容分为【应用程序】和【动作】两部分。【应用程序】中能找到绝大部分的应用程序启动器，【动作】部分又分【运行程序】、【查找文件】、【最近打开的】、【屏幕抓图】、【锁住屏幕】和【注销】菜单。菜单面板没有可设置的属性。

2.3.4 GNOME 桌面

GNOME 桌面向用户提供了基于 GUI 的操作系统的全部功能。

1. **初始桌面**

初始桌面包括主目录（/home/[user name]）文件夹、【从这里开始】和【回收站】。主目录文件夹是用户默认文件目录，打开它可以进行文件操作；【从这里开始】中包含绝大部分的程序启动器以及系统设置首选项，用户可以运行相应程序或者对系统进行相应设置；【回收站】和 Windows 下的回收站很相似，是删除文件的临时存放处，可以通过单击鼠标右键，选择【清空回收站】命令删除回收站中的文件，也可以还原其中的文件，只要将回收站中的文件移回到原来的目录就可以。

2. **拖放操作**

拖放是桌面操作最主要的方式。

（1）程序启动器的拖放

程序启动器是用户面对最多的项目，它可以通过主菜单直接拖放到桌面上，也可以通过面板直接拖放。拖放的方法是：按住鼠标左键不放，移动鼠标到桌面，放开鼠标左键，就可以将相应的程序启动器拖放到桌面。

（2）文件的拖放

在大多数情况下，用户通常只是想在桌面上另外创建一个访问文件或者文件夹的途径，并不需要把它从原来的目录移出来。这通过创建链接的方法来实现。创建链接可以有以下两种方法。

方法 1：在文件管理器中选中该项目，单击鼠标右键，选择【创建链接】命令，则在文件管理器的窗口中出现一个图标，名字是【到...的链接】，并且带有一个小箭头符号。只要将该图标拖放到移动桌面，就可以建立到该项目的链接了。

方法 2：选中该项目，按住鼠标中键（三键鼠标的滚轮键），拖动到桌面，当放开鼠标中键时，会弹出【移动到此处】、【复制到此处】、【在此处创建链接】等命令，选择【在此处创建链接】命令，就可以在桌面创建该项目的链接了。

3. **桌面菜单**

在桌面空白处右击鼠标，会弹出桌面菜单，菜单中包括以下命令。

【新建窗口】：新建窗口打开的目录在/home/[user name]。

【新建文件夹】：在桌面上出现新文件夹，实际建在.GNOME-desktop 目录下。

【新建启动器】：可以将新的应用程序启动器放在桌面上。选择该命令时将打开【程序启动器】对话框，可以指定应用程序及其属性。

【新建终端】: 启动新的 GNOME 终端窗口，自动来到/home/[user name]目录下。

【脚本】|【打开脚本文件夹】: 运行当前的脚本文件。

【按名称清理】: 自动排列桌面上的图标。

【剪切文件】、【复制文件】、【粘贴文件】: 都是对.GNOME-desktop 目录下的文件进行操作。

【磁盘】|【软驱】: 挂载或者卸载软驱。

【磁盘】|【光驱】: 挂载或者卸载光驱。

【使用默认背景】: 恢复到 GNOME 默认的背景。

【改变桌面背景】: 弹出【背景首选项】对话框，可以进行桌面背景设置。

4. 相关属性设置

（1）桌面背景设置

在【背景首选项】对话框中，可以选择背景图片、通过图片选项对背景图片进行设置以及改变背景风格和顶部、底部颜色。改变桌面背景的方法和 Windows 下的基本相同。

（2）屏幕保护设置

选择【主菜单】|【首选项】|【屏幕保护程序】命令，出现 Screensaver Preferences（屏幕保护程序选择）对话框。屏幕保护设置有 Display Models（显示模式）和 Advanced（高级）设置两类。在显示模式设置中，Model 的【随机选取屏幕保护程序】选项是指在屏幕保护开始后，随机地选取 Model 列表框中的屏幕保护程序，作为某一段时间里的屏幕保护程序。在选取 Model 列表框中的屏幕保护程序时，在右边的小窗口预显。单击 Preview 按钮可以查看屏幕保护实际的运行情况，移动鼠标或者按键盘上的任意键则屏幕保护消失。单击 Settings 按钮可以对屏幕保护进行更详细的设置。【Lock Screen After ...分钟】（过……分钟自动锁住屏幕）用于自动锁住屏幕。

（3）工作区切换器属性设置

在面板上选中工作区切换器，单击鼠标右键，从弹出的快捷菜单中选择【属性】命令，出现【工作区切换器首选项】对话框，如图 2-15 所示。

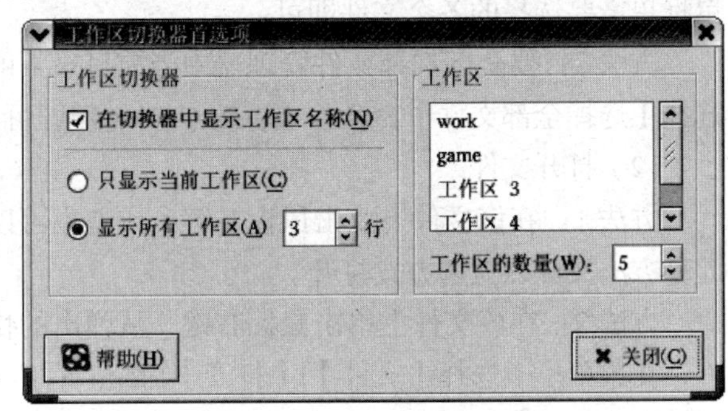

图 2-15 工作区切换器首选项

选中【在切换器中显示工作区名称】复选框，则在切换器右边【工作区】列表中显示名称；不选，则切换器中的各个工作区无名称显示，默认时各工作区无名称。在【工作区】列表选项中，单击其中一个工作区，该工作区名称显示为蓝色，此时可以输入新名字，即给工作区更名。工作区的数量可以通过【工作区的数量】中的数值来改变，工作区的数量最多为 25 个。【只显示当前工作区】指在工作区切换器中显示当前工作区。通过【显示所有工作区】的【行】值可以在工作区切换器显示列表行数，如图 2-16 所示。

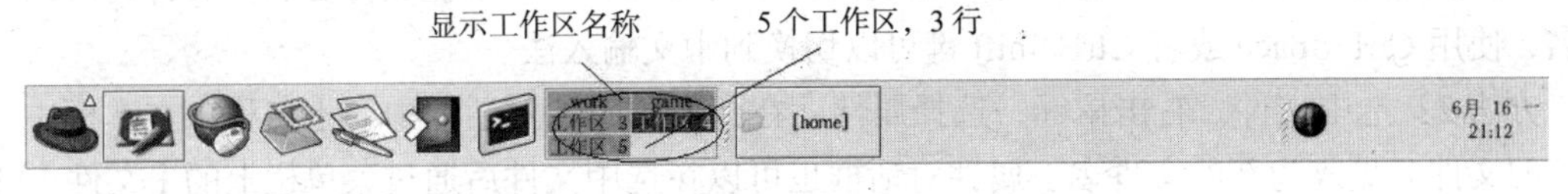

图 2-16 设置属性后的工作区切换器

2.3.5 GNOME 窗口管理器

窗口管理器是控制界面中窗口的软件。窗口的位置、边框和装饰都由窗口管理器控制。这与许多其他操作系统很不相同，GNOME 处理窗口管理器的方式与其他桌面环境不同。

GNOME 不依赖于任何一个窗口管理器。

GNOME 可以使用任何窗口管理器。Enlightenment 使用的窗口操作与其他窗口管理器的使用相差无几。对窗口的操作和 Windows 的几乎一样。

2.3.6 GNOME 文件管理器

使用 GNOME 文件管理器可以方便、有效地在图形环境中操作系统中的文件。RHEL 7 用的文件管理器是 Nautilus 文件管理器。

1. 文件管理器的组成

GNOME 文件管理器主要由菜单栏、工具栏、位置栏、侧栏、状态栏和浏览窗格等组成。其中菜单栏和浏览窗格是必需的，工具栏、位置栏、状态栏和侧栏都可以通过在菜单栏的【查看】菜单中取消相应的选项，而在文件管理器中隐藏起来。

2. 文件管理器基本操作

（1）选择文件

方法 1：用鼠标单击文件管理器中的文件，被选中的项目高亮显示。

方法 2：要选择多个文件时，可以用“橡皮筋”方法选择。在几个文件周围空白处单击鼠标并拖动光标，形成“橡皮筋”虚线区域，在该区域内的文件都被选中；选择多个相邻文件时，也可以先用鼠标单击选中一个文件，再按 Shift 键同时单击要选文件的最后一个，则从第一个文件到最后一个文件组成的矩形区域内的文件都被选中；要选择不相邻的多个文件，按住 Ctrl 键同时用鼠标单击要选择的各个文件即可。

方法 3：要全部选择文件管理器中当前目录下的所有文件或文件夹，可以从【编辑】菜单中选择【选择全部文件】命令，或者按 Ctrl+A 键即可。

（2）打开文件

方法 1：在该文件上双击鼠标左键，或者也可以设定成单击鼠标，具体设定在下文介绍。用此种方法文件以默认方式打开。

方法 2：在该文件上单击鼠标右键，从弹出的快捷菜单中选择【打开】命令。或者选中该文件，在菜单栏上选择【文件】|【打开】命令。右击打开文件，可以选择打开方式。

方法 3：将文件拖放到已经打开的应用程序中，前提是该文件能以已经运行的应用程序的方式打开。

（3）更改文件名

方法 1：在文件上右击鼠标，选择【重命名】命令。此时，文件名处于可编辑状态，输入新文件名，并删除原文件名，再在浏览窗格空白处单击鼠标，即可以让文件更名。文件可以以中文命名，使用 Ctrl+Space 或者 Ctrl+Shift 键可以切换到中文输入法。

方法 2：选中文件，右击鼠标，选择属性，在弹出的属性对话框中的【名称】文本框中，将原来的文件名更改为新的文件名。属性对话框也可以在选中文件后通过菜单栏上的【文件】|【属性】命令打开。

（4）移动和复制文件

方法 1：用鼠标拖放移动文件。在一个文件目录下按下鼠标左键不放，然后拖动鼠标到目标目录中，放开鼠标左键，即将该文件从原来的目录移动到目标目录。如果上面的操作换成鼠标中键，也就是三键鼠标的滚轮，那么在放开中键的时候，会弹出菜单。选择【移动到此处】命令，则将该文件移动到目标目录下；如果选择【复制到此处】命令，则在目标目录下建立一个该文件的复制。

方法 2：在文件上右击鼠标，选择【剪切文件】命令，再到目标目录下的浏览窗格空白处右击鼠标，选择【粘贴文件】命令，则将该文件从源目录移动到目标目录。如果选择【复制文件】命令，再选择【粘贴文件】命令，则复制文件到目标目录。同时，也可以用快捷键实现，GNOME 中【剪切文件】的快捷键是 Ctrl+T，【复制文件】的快捷键是 Ctrl+C，而【粘贴文件】的快捷键是 Ctrl+V。

在右击鼠标中，有一项是【就地复制】命令，是指在与源文件相同的目录下建立一个源文件的复制文件，该复制文件同源文件相比文件名多了“（复件）”字样。

（5）给文件建立链接

在桌面操作中，已经介绍了建立文件链接的方法。除了已介绍的选中文件后，再单击鼠标右键，然后选择【创建链接】命令这种方法以外，还可以选中文件，用快捷键 Ctrl+K 也可以建立链接。

（6）删除文件

方法 1：按 Del 键，可将选中的文件删除。

方法 2：选中文件后，右击鼠标，选择【移动到回收站】命令，或者在菜单栏的【编辑】菜单中选择【移动到回收站】命令。

GNOME 中默认的删除文件都在/home/[user name]/.Trash/目录下。如果要想撤销删除操作，或者恢复被删除的文件，将该目录下的相应文件移回即可；如果要彻底删除，则右击桌面上的回收站图标，选择【清空回收站】选项。

（7）定位

方法 1：通过侧栏的“树”来定位。GNOME 默认状态下，侧栏是隐藏的，通过在菜单栏的【查看】菜单中选择【侧栏】命令，则侧栏出现在文件管理器的左侧。默认时，侧栏里以【信息】显示，单击下拉小箭头按钮，选择【树】，如图 2-17 所示。显示树的侧栏是展现整体文件的信息，空心小箭头向右的表示该目录下有未打开的子目录，空心小箭头向下的，表示已经打开下一级子目录。通过树，可以很快地定位想找的文件。

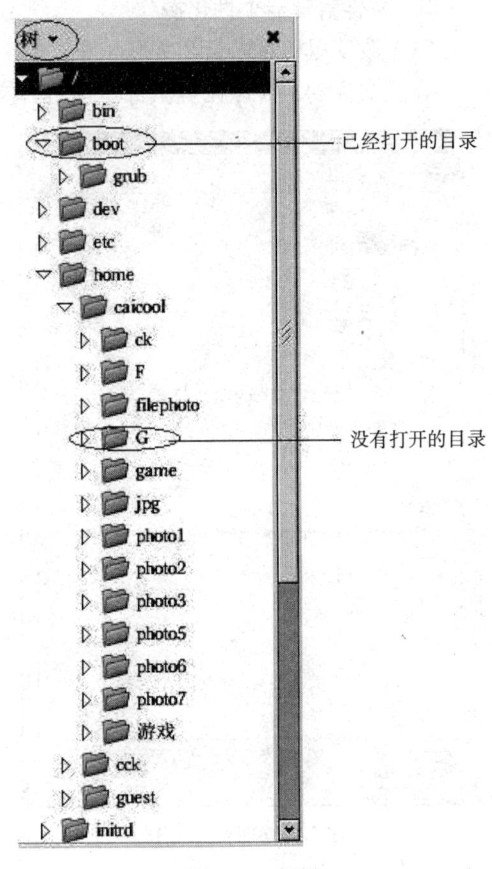

图 2-17　侧栏

方法 2：以【主文件夹】为导航点，定位文件目录。在工具栏中，单击【主文件夹】快速到达主菜单文件夹目录，或者打开一个新窗口，也能到达主菜单目录。再通过打开操作（【下级】）和工具栏中的【后退】、【前进】、【向上一级】按钮操作定位文件。工具栏中的【后退】、【前进】按钮的右边都有一个可以下拉的小箭头按钮，单击该按钮，出现一串目录，这些目录是近期操作留下的历史，如果用户的目标目录在那些目录中，则选中可以快速到达。

方法 3：通过【历史】快速到达。单击侧栏中【树】的按钮，选择【历史】，则显示近期操作的目录历史；或者单击菜单栏中的【查看】菜单，其中也有近期操作目录的历史。

方法 4：通过【书签】菜单到达。给经常去的目录加上书签，通过书签选择这些目录，可以快速到达。

（8）改变文件查看方式

GNOME 下文件的查看方式有以图标（View ass Icons）查看和以列表（View as List）查看两种。以图标查看显示文件的某些具体信息，则图形文件能预览；以列表查看，可显示文件的权限设置、修改日期、大小等。后者比前者在查看速度上快。通过单击查看方式切换按钮，或者在菜单栏【查看】中，选择以图标查看或者以列表查看。

（9）排列和布局文件

文件的排列和布局指文件按照一定的顺序进行排列布局。在浏览窗格空白处右击，在【排列项目】中有【按名称】、【按大小】、【按类型】、【按修改时间】，这些是排列和布局的依据。【紧密布局】和【逆序】是在相关依据的基础上的附加风格。当然，还可以手工排列，即通过鼠标在浏览窗格中的拖放形成不规则排列和布局。

3. 文件管理器个性化操作

（1）改变鼠标单击行为关联

在上文提到，可以设置鼠标单击打开文件。设置方法如下：选择【主菜单】|【首选项】|【文件管理】命令，则打开【文件管理首选项】对话框，在【行为】选项组选择【单击时激活项目】单选按钮，即可将鼠标单击和激活项目关联起来，如图 2-18 所示。

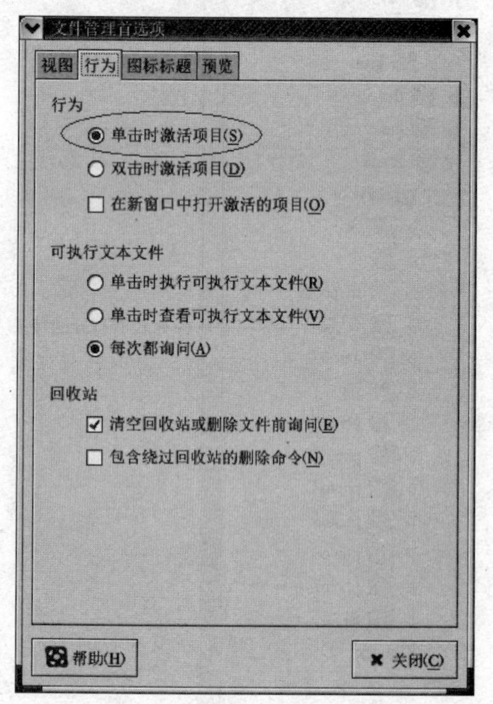

图 2-18 【文件管理首选项】对话框

（2）给文件增加徽标

徽标是 GNOME 相当个性化的一项，给每个文件增加不同的徽标，使该文件的用途、性质一目了然。给文件增加徽标操作有 3 种方法。

方法 1：在属性中修改。右击文件，选择【属性】命令，打开【属性首选项】对话框，并选择徽标一栏，在相应的徽标选项中单击，选中的徽标以打勾显示。如果想去除徽标，再单击该徽标图案，将小勾取消即可。

方法 2：通过侧栏将徽标拖动到文件上。在侧栏的【树】选项中，选择【徽标】，侧栏内显示所有徽标图案，如图 2-19 所示。选择相应的徽标并拖动到文件上，则文件上出现与该徽标相同的徽标。

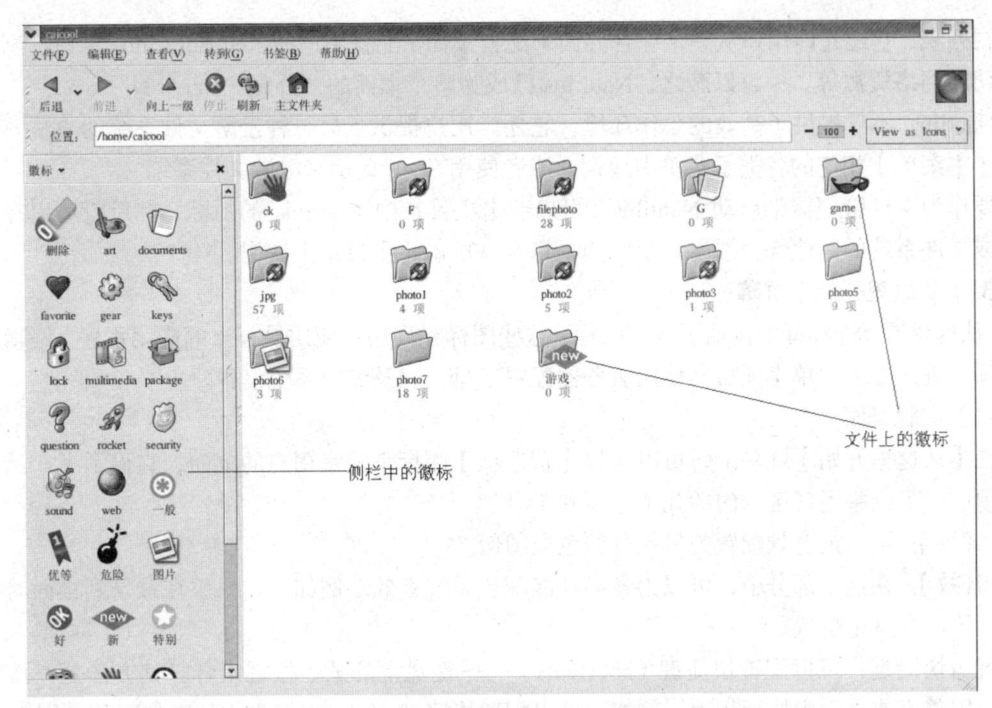

图 2-19 从侧栏中拖放徽标

方法 3：从菜单栏上选择【编辑】|【背景与徽标】命令，出现【背景与徽标】窗口，如图 2-20 所示。将该窗口中的徽标拖放到文件上，即可在该文件上方出现该徽标。

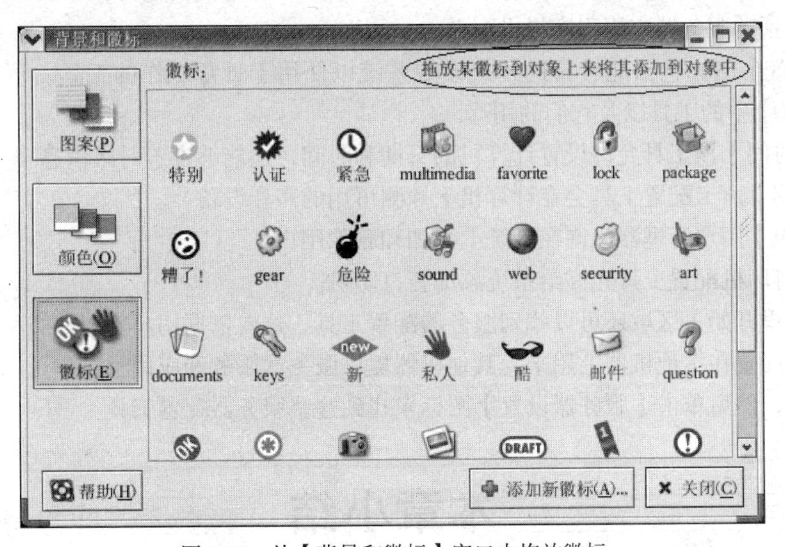

图 2-20 从【背景和徽标】窗口中拖放徽标

（3）改变侧栏和浏览窗格背景或者颜色

在【背景与徽标】窗口中，还可以改变侧栏和浏览窗格的背景。方法是将喜欢的背景或者颜色，拖动到侧栏或者浏览窗格中即可。改变后，如果想复原到默认的状况，将窗口中的【复位】图标拖到侧栏或者浏览窗格即可。

4. 使用 Nautilus

Nautilus 文件管理器给用户提供了系统和个人文件的图形化显示。然而，Nautilus 不仅是文件的可视列表，它还允许用户从一个综合界面来配置桌面、配置用户的 Red Hat Linux 系统、浏览影集、访问网络资源等。一言以蔽之，Nautilus 已成为整个桌面的“外壳”(shell)。

Nautilus 不仅提供了高效的工作环境，它还为用户提供了另一种漫游文件系统的方法。可以在与【主菜单】相连的各类子菜单中搜索，或者使用 Shell 提示来漫游文件系统。

要作为文件管理器来启动 Nautilus，可以双击主目录中 Nautilus 的图标，然后就可以在主目录中或文件系统的其他部分漫游。要回到主目录，单击【主目录】按钮。

5.【从这里开始】屏幕

【从这里开始】屏幕中包括了许多图标，这些图标允许用户使用最喜欢的应用程序。编辑桌面首选项，进入【主菜单】项目，使用服务器配置工具，以及编辑系统设置。

(1) 定制桌面

在【从这里开始】屏幕上，可以选择【首选项】图标来配置用户的桌面，它显示了广泛的配置选项。以下列举了各区域内的几个选项和工具。

【背景】: 可以把背景配置为另一种颜色或图像。

【音效】: 在这个部分中，可以为各类功能配置系统音效。例如，如果想在登录到桌面时播放音效，可以在这里配置。

键盘快捷键: 可以配置快捷键 (shortcuts)——键盘上的某个按键组合。其方法是: 按住它们在应用程序或桌面中执行行动。例如，可以配置快捷键 Ctrl+F2 把当前的工作区移动到 2 号工作区。

(2) 定制系统

Nautilus 的【从这里开始】屏幕包含一些附加的配置工具，它们能够为新安装的 Red Hat Linux 系统以及所包括的服务器应用程序提供帮助。

【系统设置】图标包括能够帮助用户设置系统以便用于日常工作的工具。下面是一些包括在【系统设置】中的工具以及它们的用途。

【日期和时间】该工具允许设置计算机的日期和时间，还能够设置时区信息。

【声卡检测】声卡配置工具会在计算机上探测可用的声音设备。

【用户和组】用户管理器允许在系统上添加和删除用户。

【打印】打印机配置工具允许给系统添加新打印机。

在【从这里开始】区域还可以找到服务器配置工具，这要依据用户安装的类型而定。这些工具会帮助用户配置在本地机器上用来为其他机器提供服务的服务和应用程序。可以通过单击【系统设置】图标，然后单击【服务器设置】图标来找到这些服务器配置工具。

本章小结

本章主要介绍了 Linux 操作系统的 GUI。GNOME 的 4 种基本组件: 控制面板、桌面、窗口管理器和文件管理器的相关概念和操作。秉着 Linux 自由的精神，对同一操作目标，本章提供了不同的操作方法，可以根据个人的喜好加以选择。同时也介绍了 Linux 的另一个重要的操作应用程序 KDE。介绍了 KDE 面板的使用、KDE 主菜单编辑器的设置，桌面的拖放操作，以及文件管理器 Konqueror 的文件导航和网络功能。

思考与练习

一、填空题

1. Linux 操作系统为用户提供了两种接口，分别是________和________。

2. 在 Linux 的 GNOME 桌面中拖放是桌面操作的最主要方式，包括________、________两种。

3. 操作系统的 KDE 面板由________、程序启动器图标、________、________、________和小程序等组成。

二、简答题

1. 比较 RHEL 7 的 GUI 中 KDE 和 GNOME 的异同，分析 KDE 的优势。

2. 在 RHEL 7 的 GUI 中结合面板、桌面、K 菜单和文件管理器，简述选择 KDE 的不同风格。

3. 简述 RHEL 7 中改变文件管理器的属性设置的步骤。

4. GNOME 操作界面和 Windows 操作系统有哪些相同和不同?

5. 在 GNOME 的风格设置中能改变 GNOME 面板、桌面、窗口管理器和文件管理器的属性，请试着操作，看有什么变化。

6. GNOME 的文件图标可以自由选择，并且大小可变，请试着操作。

第3章 系统管理

Linux 操作系统的设计目标就是为许多用户同时提供服务。为给用户提供更好的服务，需要进行合适的系统管理。本章将会介绍用户管理、进程管理、系统和服务管理以及其他系统管理。

3.1 用户和组管理

Linux 是一个多用户、多任务的操作系统，可以让多个用户同时使用系统。为了保证用户之间的独立性，允许用户保护自己的资源不受非法访问。为了使用户之间可以共享信息和文件，也允许用户分组工作。

当安装好 Linux 后，系统默认的账号为 root，该账号为系统管理员账号，对系统有完全的控制权，可对系统进行任何设置和修改。下面介绍进行用户与组管理相关命令的使用方法。

3.1.1 用户管理

Linux 系统中存在三种用户：root 用户、系统用户和普通用户。

系统中的每一个用户都有一个 ID，是区分用户的唯一标志。①root 用户的 ID 是 0；②系统用户 UID 范围（1～999），大多数是不能登录的，因为它们的登录 Shell 为/sbin/nologin；③普通用户的 UID 范围（1000～60000）。

用户默认配置信息是从/etc/login.defs 文件中读取的。用户基本信息在/etc/passwd 文件中。用户密码等安全信息存放在/etc/shadow 文件中。在这里简单介绍用户管理的几个指令：useradd、passwd、userdel、usermod、chage。

1. useradd 命令

语法：useradd [选项] [用户账号]

功能：建立用户账号。账号建好之后，再用 passwd 设定账号密码，也可以用 userdel 删除账号。使用 useradd 命令建立的账号被保存在/etc/passwd 文本文件中。useradd 命令的各选项及其功能见表 3-1。

注意

用 useradd 添加一个名为 username 的用户，useradd 会自动把/etc/skel 目录中的文件复制到用户的主目录，并设置适当的权限（除非添加用户时用-m 选项，即 useradd -m xxx）。

用户能否使用 Linux 系统，取决于该用户在系统中有没有账号。

表 3-1　useradd 命令各选项及其功能

选　项	功　能
-c	加上备注文字。备注文字保存在 passwd 的备注栏中
-d	指定用户登录时的起始目录
-D	变更默认值
-e	指定账号的有效期限
-f	指定在密码过期后多少天关闭该账户
-g	指定用户所属的组群
-G	指定用户所属的附加组群
-m	自动建立用户的主目录
-M	不要自动建立用户的主目录
-n	取消建立以用户名称为名的组群
-r	建立系统账号
-s	指定用户登录后所使用 Shell
-u	指定用户 ID

2. passwd 命令

语法：passwd [选项] 用户账号

功能：passwd 命令可以更改自己的密码（或口令），也可以更改别人的密码。如果后面没有用户账号，就是更改自己的密码。如果 passwd 后面有一个账号，就是为这个用户设置或更改密码。当然，这个用户账号必须是已经用 useradd 命令添加的账号才可以。只有超级用户可以修改其他用户的口令，普通用户只能用不带参数的 passwd 命令修改自己的口令。在早期的 Linux 版本中，经过加密程序处理的口令，存放在 passwd 文件的第二个字段中。但是为了防范有人对这些加密过的密码进行破解，Linux 把这些加密过的密码移到/etc/shadow 文件中，而原来的/etc/passwd 文件中放置密码的地方，只留一个 x 字符，而对/etc/shadow 文件只有超级用户有读取的权限，这就叫做 shadow password 功能。

出于系统安全考虑，Linux 系统中的每一个用户除了有其用户外，还有其对应的用户口令。因此使用 useradd 命令后，还要使用 passwd 命令为每一位新增加的用户设置口令。passwd 命令各选项及功能见表 3-2。

表 3-2　passwd 命令各选项及功能

选　项	功　能
-d	删除账号的密码，只有具备超级用户权限的用户才可以使用
-l	锁定已经命名的账号名称，只有具备超级用户权限的用户才可使用
-n	最小密码使用时间（天），只有具备超级用户权限的用户才可使用
-S	检查指定使用者的密码认定种类，只有具备超级用户权限的用户才可使用
-u	解开账号锁定状态，只有具备超级用户权限的用户才可使用
-x	最大密码使用时间（天），只有具备超级用户权限的用户才可使用

实例 3-1　添加用户

第 1 步：添加用户账号 ccutsoft。

添加用户账号 ccutsoft，会自动在-home 处产生一个目录 ccutsoft 来放置该用户的文件，这个目录叫做用户主目录（home directory）。该用户的户主目录是/home/ccutsoft，创建其他用户是也如此。但是，超级用户（rooot）的主目录不一样，是/root。

第 2 步：为 ccutsoft 设置口令。

为 ccutsoft 设置口令。在 New UNIX password：后面输入新的口令（在屏幕上看不到这个口令），如果口令很简单，将会给出提示信息。系统提示再次输入这个新口令。输入正确后，这个新口令被加密并放入/etc/shadow 文件中。选取一个不易被破译的口令是很重要的。选取口令应该至少有六位（最好是八位）字符，口令应该是大小写字母、标点符号和数字混合的。

第 3 步：观看 passwd 文件变化。

口令设置好后，观看 passwd 文件的变化，下面是添加用户 ccutsoft 之前的 passwd 文件。

```
by OProfile:/Var/lib/oprofile:/sbin/nologin
50 tcpdump:x:72:72::/:/sbin/nolgoin
51 ztg:x:1000:1000:ztg:/home/ztg:/bin/bash
```

添加用户 ccutsoft 之后 passwd 文件的变化。

```
by OProfile:/var/lib/oprofile:/sin/nologin
50 tcpdump:x:72:72::/:/sbin/nolgoin
51 ztg:x:1000:1000:ztg:/home/ztg:/bin/bash
52 ccutsoft:x:1001:1001::/home/ccutsoft:/bin/bansh
```

【用户名：密码：UID：GID：用户描述：用户主目录：用户登录 Shell】

/etc/shadow 文件中字段安排如下（8 个冒号，9 个字段）。

【账号名称：密码：上次更动密码的日期：密码不可被改动的天数：密码需要重新变更的天数：密码需要变更期限和警告期限：账号失效期限：账号取消日期：保留】

注意　用户标识码 UID 和组标识码 GID 的编号从 1000 开始，如果创建用户账号或组群时未指定标识码，那么系统会自动指定从 1000 开始且尚未使用的号码。

3. userdel 命令

语法：userdel [-r] [用户账号]

功能：删除用户账号及其相关的文件。如果不加参数，那么只能删除用户账号，而不删除该账号相关文件。

参数：-r 删除用户主目录以及目录中的所有文件。

使用命令删除用户的操作，如下所示。

```
[root@localhost ~]#ls /home
zth  ccutsoft
[root@localhost ~]#userdel -r ccutsoft
[root@localhost ~]#ls /home
ztg
[root@localhost ~]#
```

第 1 步：查看有哪些用户主目录。

第 2 步：执行带-r 选项的 userdel 命令。

第 3 步：查看用户主目录的变化。

如果是临时禁止用户登录系统，那么不用删除用户账号，就可以采取临时查封用户账号的办法。编辑口令文件/etc/passwd，将一个“*”号放在要查封用户的加密口令域，这样该用户就不能登录系统了。但是它的用户主目录、文件以及组信息仍被保留。如果以后要使该账号成为有效账号，只需将“*”换为“x”即可，命令如下所示。

```
50 tcpdump:x:72:72::/:/sbin/nolgin
51 ztg:x:1000:1000:ztg:/home/ztg:/bin/bash
52 ztguang:*:1001:1001::/home/ccutsoft:/bin/bash
```

4. usermod 命令

语法：usermod [选项] 用户账号

功能：修改用户信息。

usermod 命令各选项及其功能见表 3-3。

表 3-3　usermod 命令各选项及其功能

选　项	功　能
-c	改变用户描述信息
-d	改变用户的主目录，如果加上-m，则会将旧主目录移动到新的目录中去（-m 应加在新目录之后）
-e	设置用户账户的过期时间（年-月-日）
-g	改变用户的主属组
-G	设置用户属于哪些组
-l	改变用户的登录名称
-s	改变用户的默认 Shell
-u	改变用户的 UID
-L	封住密码，使密码不可用
-U	为用户密码解锁

GNOME 桌面环境中的终端窗口，执行命令 system-comfig-users，可以看到“用户管理器”窗口，其中可以进行用户及组管理。

5. chage 命令

语法：chage [-1] [-m mindays] [- M maxdays] [- I inactive] [- E expiredate] [-W warndays] [-d lastdays] username

功能：更改用户密码过期信息。

chage 命令各选项及其功能见表 3-4。

表 3-4　chage 命令各选项及其功能

选　项	功　能
-1	列出用户和密码的有效期限
-m	密码可更改的最小天数。为 0 时，代表任何时候都可以更改密码
-M	密码保持有效的最大天数
-I	停滞时期。如果一个密码已过期指定的天数，那么此账号将不可用
-d	指定密码最后修改的日期
-E	账号到期的日期。过了这天，此账号将不可使用。0 表示立即过期，-1 表示永不过期
-W	用户密码到期前，提前收到警告信息的天数

6. su 命令

语法：su [选项]... [-] [USER [ARG]...]

功能：su 的作用是变更为其他使用者的身份，需要键入该使用者的密码（超级用户除外）。

su 命令主要参数及其功能如表 3-5 所示。

表 3-5 su 命令各选项及其功能

选　项	功　能
-f	不必读启动文件（如 csh.cshrc 等），仅用于 csh 或 tcsh 两种 Shell
-l	使用这个参数执行 su 命令，大部分环境变量（例如 HOME、SHELL 和 USER 等）都是以该使用者（USER）为主，并且工作目录也会改变。假如没有指定 USER，缺省情况是 root
-m，-p	执行 su 时不改变环境变量
-c	变更账号为 USER 的使用者，并执行指令（command）后再变回原来使用者
USER	欲变更的使用者账号，ARG 传入新的 Shell 参数

3.1.2 组管理

Linux 中每一个用户都要属于一个或多个组，有了用户组，就可以将用户添加到组中，这样就方便管理员对用户的集中管理。Linux 系统中组也分为 root 组、系统组、普通用户组三类。当一个用户属于组时，这些组中只能有一个作为该用户的主属组，其他组就被称为此用户的次属组。组基本信息在文件/etc/group 中，组密码信息在文件/etc/gshadow 中。

root 用户可以直接修改/etc/group 文件达到管理组的目的，也可以使用以下命令。

groupadd：添加一个组。

groupdel：删除一个已存在组（注：不能为主属组）。

groupmod –n <新组名> <原组名>：更改的名子。

gpasswd -a <用户名> <用户组>：将一个用户添加到一个组中。

gpasswd -d <用户名> <用户组>：将一个用户从一个组中删除。

newgrp <新组名>：用户可用此命令临时改变用户的主属组（注意：被改变的新主属组中应该包括此用户）。

下面具体讲述各命令的语法和功能。

1. groupadd 命令

语法：groupadd [选项] 组群的名字

功能：创建一个新组群。groupadd 命令是用来在 Linux 系统中创建用户组。这样只要为不同的用户组赋予不同权限，再将不同的用户按需要加入不同的组中，用户就能获得所在组拥有的权限。这种方法在 Linux 中有许多用户时是非常方便的。添加组命令如下所示。

```
[root@localhost ~]#ls /home
zth  ccutsoft
[root@localhost ~]#groupadd workgroup
[root@localhost ~]#useradd -u 1002 -g workgroup ccut
[root@localhost ~]#ls /home
Zth  ccut  ccutsoft
[root@localhost ~]#
```

相关文件有/etc/group 和/etc/gshadow。

【群组名称：群组密码：群组 ID：组里面的用户成员】

/etc/gshadow 文件中字段安排如下（3 个冒号，4 个字段）。

【用户组名：用户组密码：用户组管理员的名称：成员列表】

2. groupdel 命令

语法：groupdel [选项] 组群的名字

功能：删除群组。

需要从系统上删除组群时，可用 groupdel 命令来完成这项工作，如果该组群中仍包括某些用户，必须先使用 userdel 命令删除这些用户后，才能使用 groupdel 命令删除组群。如果有任何一个群组的使用者在线上就不能移除该组群。

3. groupmod 命令

语法：groupmod　[选项]　组群的名字

功能：更改群组识别码或名称。

groupmod 命令各选项及其功能见表 3-6。

表 3-6　groupmod 命令各选项及其功能

选　项	功　能
-g <群组识别码>	设置要使用的群组识别码
-n <新群组名称>	设置要使用的群组名称
-o	重复使用群组识别码

4. gpasswd 命令

语法：gpasswd　[选项]　组的名字

功能：管理组。gpasswd 命令各选项及其功能见表 3-7。

表 3-7　gpasswd 命令各选项及其功能

选　项	功　能
-a	添加用户到组
-d	从组中删除用户
-A	指定管理员
-M	设置组成员列表
-r	删除密码
-R	限制用户登入组，只有组成员才可以用 newgrp 加入该组

给组账号设定完密码以后，用户登录系统，使用 newgrp 命令，输入给组账号设置的密码，就可以临时添加指定组，可以管理组用户，具有组权限。gpasswd 命令使用如下所示。

```
# gpasswd -A ztg mygroup    //将 ztg 设为 mygroup 群组的管理员
S gpasswd -a aaa mygroup    //ztg 可以向 mygroup 群组添加用户 aaa
```

5. newgrp 命令

语法：newgrp　[-] [group]

功能：如果一个用户同时隶属于两个或两个以上分组，需要切换到其他用户组来执行一些操作，就用到了 newgrp 命令切换当前所在组。newgrp 命令使用情况如下所示。

```
[root@localhost 桌面] #useradd -G test cc
[root@localhost 桌面] # id cc
    uid=1033（cc）gid=1004（cc）组=1004（cc），1003（test）
[root@localhost 桌面] #su -cc
[stgg@localhost ~ ] id
    uid=1003 (cc ) gid=1004 (cc ) 组 = 1004（cc）,1003 ( test ) 环境 = unconfined_u:
    unconfined_r:unconfined_t:s0-s0:c0.c1023
[ztgg@localhost ~ ] S newgrp test
[ztgg@localhost ~ ] S id
    uid = 1003 ( ztgg ) gid=1003 ( test ) 组 =1004 ( cc ), 1003( test ) 环境 =
unconfined_u:unconfided_r: unconfined_t:s0-s0:c0.c1023
[ztgg@localhost ~] S
```

在上例中系统有个账户 cc，cc 不是 test 群组的成员，使用 newgrp 命令切换到该组，需要输入该组密码，即可让 cc 账户暂时加入 test 群组并成为该组成员，之后 cc 建立的文件 group 也会是 test。所以该方式可以在为 cc 建立文件时暂时使用其他的组，而不是 cc 本身所在的组。

所以使用 gpasswd test 命令设定密码，就是让知道该群组密码的人可以暂时切换具备 test 群组功能，如下所示。

```
[root@localhost 桌面] #gpasswd test
正在修改 test 组的密码
新密码：
请重新输入新密码：
[root@localhost 桌面] #su - ztg
上一次登录：5月 16 日 19:03:34 CTS 2015pts/0 上
[ztg@localhost ~ ] S id
uid=1000( ztg ) gid = 1000 (stg) 组=1000( ztg ),10 (wheel) 环境=unconfined_u:
unconfined_r:unconfined_t:s0 -s0:c0.c1023
[ztg@localhost ~] S newgrp test
密码：
[ztg@localhost ~] S id
uid=1000(ztg) gid=1003( test ) 组=1000(ztg),10(wheel),1003(test)环境=
[ztg@localhost ~] S
```

3.2 进程管理

进程是程序在一个数据集合上的一次具体执行过程。每一个进程都有一个独立的进程号（Process ID，PID），系统通过进程号来调度操控进程。

Linux 系统的原始进程是 init。init 的 PID 总是 1。一个进程可以产生另一个进程。除了 init 以外，所有的进程都有父进程。Linux 是一个多用户多任务的操作系统，可以同时高效地执行多个进程。为了更好地协调这些进程的执行，需要对进程进行相应的管理，下面介绍几个用于进程管理的命令及其使用方法。

3.2.1 进程概述

1. 进程的定义

进程是操作系统的概念，每当我们执行一个程序时，对于操作系统来讲就创建了一个进程，在这个过程中，伴随着资源的分配和释放。可以说，进程是一个程序的一次执行过程。

2. 进程与程序的区别

程序是静态的，它是一些保存在磁盘上的指令的有序集合，没有任何执行的概念。进程是一个动态的概念，它是程序执行的过程，包括创建、调度和消亡。

3. Linux 系统中进程的表示

在 Linux 系统中，进程由一个叫 task_struct 的结构体描述，也就是说 Linux 中的每个进程对应一个 task_struct 结构体。该结构体记录了进程的一切。task_struct 结构体非常庞大，我们没必要去了解它的字段，只需要了解其主要内容就可以了。通过对 task_struct 结构体分析就能看出，一个进程至少要有以下内容：

（1）进程号（PID）。就像我们的身份证 ID 一样，每个人的都不一样。进程号也是如此。

（2）进程的状态。标识进程是处于运行态、等待态、停止态、或死亡态。

① 运行态：此时进程或者正在运行，或者准备运行；

② 等待态：此时进程在等待一个事件发生或某种系统资源；

③ 停止态：此时进程被中止；

④ 死亡态：这是一个已终止的进程，但还在进程向量数组中，占有一个 task_struct 结构。

（3）进程的优先级和时间片。不同有优先的进程，被调度运行的次序不一样，一般是高优先级的进程先运行。时间片标识一个进程将被处理器运行的时间。

（4）虚拟内存。大多数进程有一些虚拟内存（内核线程和守护进程没有），并且 Linux 必须跟踪内存如何映射到系统的物理内存。

（5）处理器相关上下文，一个进程可以被认为是系统当前状态的总和。每当一个进程运行时，它要使用处理器的寄存器、栈等，这是进程的上下文（context）。并且，每当一个进程被暂停时，所有的 CPU 相关上下文必须保存在该进程的 task_struct 中。当进程被调度器重新启动时其上下文将从这里恢复。

3.2.2　查看进程

查看进程信息一般有三种方式：ps 命令、pstree 命令和 top 命令，除此之外，还有一个查看占用文件进程的 lsof 命令。下面就分别介绍这四个命令。

1. ps 命令监视进程

语法：ps [选项]

功能：ps 命令显示系统中进程的信息，包括进程 ID、控制进程终端、执行时间和命令。根据选项不同，可列出所有部分进程。无选项时只列出从当前终端上启动的进程。ps 命令选项及其功能见表 3-8。

表 3-8　ps 命令选项及其功能

选　项	功　能
a	显示所有包括所有终端的进程
u	显示进程所有者的信息
x	显示所有不连终端的进程（如守护进程）
P	显示指定进程 ID 信息
-a	显示当前终端下执行的进程

续表

选　项	功　能
-u	显示指定用户的进程
-U	列出属于该用户的进程的状态，也可使用用户名称来指定
-e	显示所有进程
-f	显示进程的父进程
-l	以长列表的方式显示信息

ps 命令列出的是当前那些进程的快照，就是执行 ps 命令时刻的那些进程。如果想要动态的信息，可以使用 top 命令。

要对进程进行监测和控制，首先必须要了解当前进程的情况，也就是需要查看当前进程，使用 ps 命令可以确定有哪些进程正在运行和运行状态，进程是否结束，进程有没有僵死，哪些进程占用了过多资源等。Linux 上的进程有 5 种状态。

（1）运行：正在运行或在就绪队列中等待。

（2）中断：休眠中，在等待某个条件的发生或接受某个信号。

（3）不可中断：收到信号不唤醒和不可运行，进程必须等待直到有中断发生。

（4）僵死：进程已终止，但 PCB 仍存在，直到父进程调用 wait4（ ）系统调用将其释放。

（5）停止：进程收到 SIGSTOP、SIGSTP、SIGTIN、SIGTOU 信号后停止运行。

2. pstree 命令查看父进程

语法：pstree [-acGhlnpuUV][-H <PID>][<PID>/<用户名称>]

功能：pstree 指令用 ASCII 字符显示树状结构，清楚地表达程序间的相互关系。如果不指定程序识别码或用户名称，则会把系统启动时的第一个程序视为基层，并显示之后的所有程序。若指定用户名称，便会以隶属该用户的第一个程序当作基层，然后显示该用户的所有程序。pstree 命令选项及其功能见表 3-9。

表 3-9　pstree 命令选项及其功能

选　项	功　能
-a	显示每个程序的完整指令，包含路径，参数或是常驻服务的标示
-c	不使用精简标示法
-G	使用 VT100 终端机的列绘图字符
-h	列出树状图时，特别标明现在执行的程序
-H<PID>	此参数的效果和指定"-h"参数类似，但特别标明指定的程序
-l	采用长列格式显示树状图
-n	用程序识别码排序。预设是以程序名称来排序
-p	显示程序识别码
-u	显示用户名称
-U	使用 UTF-8 列绘图字符
-V	显示版本信息

3. top 命令动态显示进程信息

语法：top [-] [d] [p] [q] [c] [C] [S] [s] [n]

功能：top 是一个动态显示进程信息的命令，即可以通过不断刷新当前状态显示最新信息，类似于 Windows 的任务管理器。如果在前台执行该命令，它将独占前台直到用户终止该程序为止。比较准确地说，top 命令提供了实时的对系统处理器的状态监视。它将显示系统中 CPU 最“敏感”的任务列表，如图 3-1 所示。

```
top - 20:59:30 up 9 days, 12:29,  2 users,  load average: 0.03, 0.12, 0.13
Tasks: 198 total,   1 running, 197 sleeping,   0 stopped,   0 zombie
%Cpu(s):  0.7 us,  0.5 sy,  0.0 ni, 98.8 id,  0.0 wa,  0.0 hi,  0.0 si,  0.0 st
KiB Mem:   8123084 total,  2598184 used,  5524900 free,   400496 buffers
KiB Swap:  8191996 total,        0 used,  8191996 free.  1071952 cached Mem

  PID USER      PR  NI    VIRT    RES    SHR S  %CPU %MEM     TIME+ COMMAND
 4671 younglee  20   0 1001832 157532  16832 S   1.7  1.9 297:21.97 chrome
 4598 younglee  20   0 1126748 290088 105408 S   1.3  3.6   1476:07 chrome
 4509 younglee  20   0  992776 153564  57680 S   0.7  1.9 106:28.52 chrome
 1788 kernoops  20   0   37140   1012    696 S   0.3  0.0   0:09.85 kerneloops
 4102 younglee  20   0 1829820 124524  44372 S   0.3  1.5 140:28.13 cinnamon
    1 root      20   0   33904   3268   1500 S   0.0  0.0   0:01.44 init
    2 root      20   0       0      0      0 S   0.0  0.0   0:00.04 kthreadd
    3 root      20   0       0      0      0 S   0.0  0.0   0:02.14 ksoftirqd/0
    5 root       0 -20       0      0      0 S   0.0  0.0   0:00.00 kworker/0:0H
    7 root      20   0       0      0      0 S   0.0  0.0   4:05.54 rcu_sched
    8 root      20   0       0      0      0 S   0.0  0.0   2:00.68 rcuos/0
    9 root      20   0       0      0      0 S   0.0  0.0   1:42.04 rcuos/1
   10 root      20   0       0      0      0 S   0.0  0.0   1:34.43 rcuos/2
   11 root      20   0       0      0      0 S   0.0  0.0   1:31.33 rcuos/3
   12 root      20   0       0      0      0 S   0.0  0.0   0:00.00 rcu_bh
   13 root      20   0       0      0      0 S   0.0  0.0   0:00.00 rcuob/0
   14 root      20   0       0      0      0 S   0.0  0.0   0:00.00 rcuob/1
   15 root      20   0       0      0      0 S   0.0  0.0   0:00.00 rcuob/2
   16 root      20   0       0      0      0 S   0.0  0.0   0:00.00 rcuob/3
   17 root      rt   0       0      0      0 S   0.0  0.0   0:03.03 migration/0
   18 root      rt   0       0      0      0 S   0.0  0.0   0:03.96 watchdog/0
   19 root      rt   0       0      0      0 S   0.0  0.0   0:03.93 watchdog/1
   20 root      rt   0       0      0      0 S   0.0  0.0   0:02.95 migration/1
   21 root      20   0       0      0      0 S   0.0  0.0   0:00.89 ksoftirqd/1
   23 root       0 -20       0      0      0 S   0.0  0.0   0:00.00 kworker/1:0H
```

图 3-1　top 命令运行结果

以上结果中前五行是系统整体的统计信息，第六行以下都是进程信息。第一行是任务队列信息，其内容分别为：系统当前时间，系统运行时间，当前登录用户数，系统负载（即任务队列的平均长度，三个数值分别为 1 分钟、5 分钟、15 分钟前到现在的平均值）。

第二行为进程信息，内容分别为：进程总数，正在运行的进程数，休眠的进程数，停止的进程数，僵尸进程数。

第三行为 CPU 的信息，当有多个 CPU 时，这些内容可能会超过两行。其内容分别为：用户空间占用 CPU 百分比，内核空间占用 CPU 百分比，用户进程空间内改变过优先级的进程占用 CPU 百分比，空闲 CPU 百分比，等待输入输出的 CPU 时间百分比，CPU 处理硬件中断的时间，CPU 处理软中断的时间，虚拟机耗费的 CPU 时间（如果有的话）。

第四行为内存信息，内容分别为：物理内存总量，使用的物理内存总量，空闲内存总量，用作内核缓存的内存量。

第五行为交换分区信息，内容分别为：交换区总量，使用的交换区总量，空闲交换区总量，缓冲的交换区总量。

从第六行开始显示的都是进程信息，其内容按列顺序分别为：进程 ID，进程所有者的用户名，优先级，nice 值（负值表示高优先级，正值表示低优先级），进程使用的虚拟内存总量（单位为

KB），进程使用的未被换出的物理内存大小（单位为 KB），共享内存大小（单位为 KB），进程状态（D=不可中断的睡眠状态、R=运行、S=睡眠、T=跟踪/停止、Z=僵尸进程），上次更新到现在的 CPU 时间占用百分比，进程使用的物理内存百分比，进程使用的 CPU 时间总计（单位为 1/100 秒），命令名。

top 命令可以按 CPU 使用、内存使用和执行时间对任务进行排序，而且该命令的很多特性都可以通过交互式命令或者在个人定制文件中进行设定。top 命令选项及其功能见表 3-10。

表 3-10　top 命令选项及其功能

选　项	功　能
d	指定每两次屏幕信息刷新之间的时间间隔
p	通过指定监控进程 ID 来仅仅监控某个进程的状态
q	该选项将使 top 没有任何延迟的进行刷新，如果调用程序有超级用户权限，那么 top 将以尽可能高的优先级运行
S	指定累计模式
s	使 top 命令在安全模式中运行，这将去除交互命令所带来的潜在危险
i	使 top 不显示任何闲置或者僵死进程
c	显示整个命令行而不只是显示命令名

在 top 命令执行过程中还可以使用一些交互命令。从使用角度来看，熟练的掌握这些命令比掌握选项还重要一些。这些命令都是单字母的，如果在命令行选项中使用了 s 选项，则其中一些命令可能会被屏蔽。具体的交互命令如表 3-11 所示。

表 3-11　top 交互命令及功能

选　项	功　能
Ctrl+L	擦除并且重写屏幕
h 或?	显示帮助画面，给出一些简短的命令总结说明
k	终止一个进程。系统将提示用户输入需要终止的进程 PID，以及需要发送给该进程什么样的信号。一般的终止进程可以使用信号 15；如果不能正常结束那就使用信号 9 强制结束该进程。默认值是信号 15。在安全模式中此命令被屏蔽
i	忽略闲置和僵死进程。这是一个开关式命令
q	退出程序
r	重新安排一个进程的优先级别。系统提示用户输入需要改变的进程 PID 以及需要设置的进程优先级值。输入一个正值将使优先级降低，反之则可以使该进程拥有更高的优先权。默认值是 10
S	切换到累计模式
s	改变两次刷新之间的延迟时间。系统将提示用户输入新的时间，单位为秒。如果有小数，就换算成毫秒。输入 0 值则系统将不断刷新，默认值是 5 秒。需要注意的是如果设置太小的时间，很可能会引起不断刷新，从而根本来不及看清显示的情况，而且系统负载也会大大增加
f 或 F	从当前显示中添加或者删除项目
o 或 O	改变显示项目的顺序
l	切换显示平均负载和启动时间信息
m	切换显示内存信息
t	切换显示进程和 CPU 状态信息

续表

选　项	功　能
c	切换显示命令名称和完整命令行
M	根据驻留内存大小进行排序
P	根据 CPU 使用百分比大小进行排序
T	根据时间/累计时间进行排序
W	将当前设置写入~/.toprc 文件中，这是写 top 配置文件的推荐方法

4. lsof 命令查看占用文件进程

语法：lsof［选项］filename

功能：lsof（list open files）是一个列出当前系统打开文件的工具。在 Linux 环境下，任何事物都以文件的形式存在，通过文件不仅可以访问常规数据，还可以访问网络连接和硬件。所以如传输控制协议（TCP）和用户数据报协议（UDP）套接字等，系统在后台都为该应用程序分配了一个文件描述符，无论这个文件的本质如何，该文件描述符为应用程序与基础操作系统之间的交互提供了通用接口。因为应用程序打开文件的描述符列表提供了大量关于这个应用程序本身的信息，因此通过 lsof 工具能够查看这个列表对系统监测以及排错将是很有帮助的。该命令选项及其功能见表 3-12。

表 3-12　lsof 命令选项及其功能

选　项	功　能
-c　<进程名>	显示某进程现在打开的文件
-c -p　<PID>	显示进程号为 PID 的进程现在打开的文件
-g　<组 ID>	显示归属某一用户组的进程情况
+d　<目录名>	显示目录下被进程开启的文件

3.2.3　终止进程

进程可以使用命令手动终止，该命令就是 kill。它是 Linux 下进程管理的常用命令。通常终止一个前台进程可以使用 Ctrl+C 组合键，但是对于一个后台进程就需用 kill 命令来终止，需要先用 ps、PIDof、pstree 或 top 等工具获取进程 PID，然后使用 kill 来终止该程序。

首先使用 ps -ef 命令确定要终止的进程的 PID，然后输入以下命令：# kill -PID。注意：标准的 kill 命令通常都能达到目的，终止进程，并把进程的资源释放给系统。然而，如果进程启动了子进程，只终止父进程，子进程仍在运行，因此仍消耗资源。为了防止这些所谓的“僵尸进程”，应确保在终止父进程之前，先终止其所有的子进程。kill 命令各选项及其功能见表 3-13。

表 3-13　kill 命令各选项及其功能

选　项	功　能
# ps -ef | grep httpd	确定要终止进程的 PID 或 PPID
# kill -l PID –l	结束进程
# kill -TERM PPID	给父进程发送一个 TERM 信号，试图终止它和它的子进程
#Kil　lall	终止同一进程组内的所有进程，允许指定要终止的进程的名称，而非 PID
# killall httpd *	停止和重启进程
# kill -HUP PID	该命令让 Linux 和缓地执行进程关闭，然后立即重启

注：在使用 kill 时，用户启动的进程以注销的方式进行结束。当使用该选项时，kill 命令也试图终止所留下的子进程。但这个命令也不是总能成功，有时仍然需要先手工终止子进程，然后再终止父进程。

3.2.4 进程的优先级

每个进程都有相应的优先级，优先级决定它何时运行和占用多少 CPU 时间。进程优先级就像是通常生活里面人们之间的谦让度，优先级越高谦让度越低。相同的优先级的程序在有些情况下会对系统资源竞争，也就是处于竞态，互不相让的程序很容易造成机器速度减慢，甚至死机。一般来说系统进程优先级应该设置最高，小的或短暂的进程可以把优先级设高些。

在 Linux 中与进程的优先级相关的值有两个，一个是优先级值，一个是 nice 值（在 top 命令中看到的 PR 值和 NI 值）。所以，调整设置进程的优先级就是对这两个值进行设置。其中 PR 值是比较好理解的，即进程的优先级，或者通俗地说就是程序被 CPU 执行的先后顺序，此值越小进程的优先级别越高。NI 值表示进程可被执行的优先级的修正数值。如前面所说，PR 值越小越快被执行，那么加入 nice 值后，将会使得 PR 变为：PR(new)=PR(old)+ nice。由此看出，PR 是根据 nice 排序的，规则是 nice 越小 PR 越前（小，优先权更大），即其优先级会变高，则其越快被执行。如果 nice 相同则进程 uid 是 root 的优先权更大。

在 Linux 系统中，nice 值的范围为−20～19（不同系统的值范围是不一样的），正值表示低优先级，负值表示高优先级，值为零则表示不会调整该进程的优先级。具有最高优先级的程序，其 nice 值最低，所以在 Linux 系统中，nice 值为−20 会使得一项任务变得非常重要；与之相反，如果任务的 nice 为+19，则表示它是一个高尚的、无私的任务，允许所有其他任务比自己享有 CPU 时间更大的使用份额，这也就是 nice 名称的来意。

进程在创建时被赋予不同的优先级值，而如前面所说，nice 的值是表示进程优先级值可被修正的数据值，因此，每个进程都在其计划执行时被赋予一个 nice 值，这样就可以根据系统的资源以及具体进程的各类资源消耗情况，主动干预进程的优先级值。在通常情况下，子进程会继承父进程的 nice 值，比如在系统启动的过程中，init 进程会被赋予 0，其他所有进程继承了这个 nice 值（因为其他进程都是 init 的子进程）。

由此可见，进程 nice 值和进程优先级不是一个概念，但是进程 nice 值会影响到进程的优先级变化。具体的设置命令有两个：nice 和 renice。

1. nice 命令

语法：nice [选项] [command [arguments...]]

功能：在当前程序运行优先级基础之上调整指定值得到新的程序运行优先级，用新的程序运行优先级运行命令行"command [arguments...]"。优先级的范围为−20～19，其中数值越小优先级越高，数值越大优先级越低，即−20 的优先级最高，19 的优先级最低。若调整后的程序运行优先级高于−20，则就以优先级−20 来运行命令行；若调整后的程序运行优先级低于 19，则就以优先级 19 来运行命令行。若 nice 命令未指定优先级的调整值，则以缺省值 10 来调整程序运行优先级，即在当前程序运行优先级基础之上增加 10。若不带任何参数运行命令 nice，则显示出当前的程序运行优先级。

2. renice 命令

语法：renice [优先等级][-g <程序群组名称>...][-p <程序识别码>...][-u <用户名称>...]

功能：renice 命令可重新调整程序执行的优先权等级。预设是以程序识别码指定程序调整其优先权，即可以指定程序群组或用户名称调整优先权等级，并修改所有隶属于该程序群组或用户的程序的优先权。等级范围为−20～19，只有系统管理者可以改变其他用户程序的优先权，也仅有系统管理者可以设置负数等级。renice 命令的选项及其功能如表 3-14 所示。

表 3-14　renice 命令各选项及其功能

选　项	功　能
-g <程序群组名称>	使用程序群组名称，修改所有隶属于该程序群组的程序的优先权
-p <程序识别码>	改变该程序的优先权等级，此参数为预设值
-u <用户名称>	指定用户名称，修改所有隶属于该用户的程序的优先权

3.3 服务管理

Linux 提供了许多功能强大的服务，这些服务按照功能可以分为两类：系统服务和网络服务。

系统服务：某些服务对象是 Linux 系统本身或 Linux 系统的使用者，这样的服务就是系统服务。如打印机支持服务 lpd、监控软 RAID 状态的 mdmonitor 服务等都是系统服务。

网络服务：提供给网络中其他用户使用的服务就是网络服务。比如 FTP 服务、Telnet 服务、Samba 服务等都是网络服务。

以上很多服务都会在本书后面的章节中详细介绍，本节主要介绍一些服务的通用命令。

3.3.1 chkconfig 命令

语法：chkconfig [--add][--del][--list][系统服务]

或 chkconfig [--level <等级代号>][系统服务][on/off/reset]

功能：chkconfig 在没有参数运行时，显示用法。如果加上服务名，那么就表示检查这个服务是否在当前运行级启动。如果是，返回 true，否则返回 false。如果在服务名后面指定了 on，off 或者 reset，那么 chkconfi 会改变指定服务的启动信息。on 和 off 分别指服务被启动和停止，reset 指重置服务的启动信息，无论有问题的初始化脚本指定了什么。系统默认 on 和 off 只对运行级 3，4，5 有效，但是 reset 可以对所有运行级有效。该命令也可以用来激活和解除服务。“chkconfig--list”命令用来显示系统服务列表，以及这些服务在运行级别 0 到 6 中已经被启动还是停止。chkconfig 还能用来设置某一服务在指定的运行级别内被启动还是停止。该命令具体的参数选项见表 3-15。

表 3-15　chkconfig 命令各选项及其功能

选　项	功　能
--add	增加所指定的系统服务，让 chkconfig 指令得以管理它，并同时在系统启动的叙述文件内增加相关数据
--del	删除所指定的系统服务，不再由 chkconfig 指令管理，并同时在系统启动的叙述文件内删除相关数据
--level<等级代号>	指定读系统服务要在哪一个执行等级中开启或关闭。其中： 等级 0：关机 等级 1：单用户模式 等级 2：无网络连接的多用户命令行模式 等级 3：有网络连接的多用户命令行模式 等级 4：未使用 等级 5：带图形界面的多用户模式 等级 6：重新启动

需要说明的是，level 选项可以指定要查看的运行级而不一定是当前运行级。对于每个运行级，只能有一个启动脚本或者停止脚本。当切换运行级时，init 不会重新启动已经启动的服务，也不会再次去停止已经停止的服务。

3.3.2　service 命令

语法：service <选项> | --status-all | [服务名 [command | --full-restart]]

功能：service 命令用于对系统服务进行管理，比如启动（start）、停止（stop）、重启（restart）、查看状态（status）等。service 命令本身是一个 Shell 脚本，它在/etc/init.d/目录查找指定的服务脚本，然后调用该服务脚本来完成任务。service 运行指定服务（称之为 System V 初始脚本）时，把大部分环境变量去掉了，只保留 LANG 和 TERM 两个环境变量，并且把当前路径置为/，也就是说是在一个可以预测的非常干净的环境中运行服务脚本。这种脚本保存在/etc/init.d 目录中，它至少要支持 start 和 stop 命令。

本章小结

Linux 是一个多用户、多任务的操作系统，因此用户管理是其最基本的功能之一。用户管理主要包括用户账号和群组的增加、删除、修改以及查看等操作。另外在本章中还介绍了进程管理、系统和服务管理以及其他相关命令的使用方法，特别是系统和服务管理。这部分内容是 RHEL7 较之前版本变化比较大的部分。

思考与练习

一、选择题

1. 当安装好 Linux 后，系统默认的账号是（　　）。

   A. administrator　　B. guest　　C. root　　D. boot

2. Linux 系统中，将加密过的密码放到（　　）文件中。

   A. /etc/shadow　　B. /etc/passwd　　C. /etc/password　　D. other

3. 用于终止某一进程执行的命令是（　　）。

   A. end　　B. stop　　C. kill　　D. free

二、问答题

1. RHEL 7 系统中建立用户账号的命令是什么？
2. RHEL 7 系统中设定账号密码的命令是什么？
3. RHEL 7 系统中更改用户密码过期信息的命令是什么？
4. RHEL 7 系统中创建一个新组的命令是什么？
5. RHEL 7 系统中桌面用的终止图形界面的程序的命令是什么？

三、简答题

1. 简述 Linux 系统中使用用户管理器对用户账号和群组进行增加、删除等操作的过程。
2. 简述 Linux 系统中使用 Shell 命令对用户账号和群组进行增加、删除等操作。
3. 在 Linux 系统中如何显示内存使用情况的命令执行情况。

第 4 章 磁盘与文件管理

对于任何一个通用操作系统，磁盘管理与文件管理是其必不可少的功能。同样，Linux 操作系统也提供了非常强大的磁盘与管理功能。

4.1 磁盘管理

在 Linux 操作系统中，如何高效地对磁盘空间进行使用和管理是一项非常重要的技术。本节将对文件系统的挂载、磁盘空间使用情况的查看等进行介绍。

4.1.1 文件系统挂载

文件是操作系统最为重要的一部分，它定义了磁盘上存储文件的方法和数据结构。每种操作系统都有自己的文件系统，如 Windows 所用的文件系统主要有 FAT16、FAT32 和 NTFS，Linux 所用的文件系统主要有 ext3、ext4、xfs 等。在磁盘分区上创建文件系统后，就能在磁盘分区上存储和读取文件。

在 Linux 里，每个文件系统都被解释为由一个根目录为起点的目录树结构。Linux 将每个文件系统挂载在系统目录树中的某个挂载点。

Linux 能够识别许多文件系统，目前比较常见的可识别的文件系统有如下几种。

（1）ext3/ext4/xfs：这些是 Linux 系统中使用最多的文件系统。ext3 文件系统即一个添加了日志功能的 ext2，可与 ext2 文件系统无缝兼容。RHEL5 中默认使用的是 ext3 文件系统；RHEL6 中默认使用的是 ext4，能够与 ext3 系统无缝兼容，可以通过几个简单的命令将 ext3 升级到 ext4；RHEL7 中默认使用的是 xfs。

（2）swap：用于 Linux 磁盘交换分区的特殊文件系统。

（3）vfat：扩展的 DOS 文件系统（FAT32），支持长文件名。

（4）msdos：DOS、Windows 和 OS/2 使用该文件系统。

（5）nfs：网络文件系统。

（6）Smbfs/cifs：支持 SMB 协议的网络文件系统。

（7）iso9660：CD-ROM 的标准文件系统。

文件系统是文件存放在磁盘等存储设备上的组织办法。一个文件系统的好坏主要体现在对文件和目录的组织上。目录提供了一个管理文件方便有效的途径。能够从一个目录切换到另一个目录，而且可以设置目录和文件的权限，设置文件的共享程度。

使用 Linux 用户可以设置目录和文件的权限，以便允许或拒绝其他人对其访问。Linux 目录采用多级树形结构，用户可以浏览整个系统，进入任何一个已授权进入的目录访问文件。

内核、Shell 和文件系统一起形成了基本的操作系统结构。它们使得用户可以运行程序、管理文件以及使用系统。此外，Linux 操作系统还有很多被称为实用工具的程序，辅助用户完成一些特定的任务。

文件挂载主要有两种方式：手动挂载、系统启动时挂载。

1. mount 命令（手动挂载）

语法：mount [-t 选项] [-o 设备] [挂载点]

功能：将设备挂载到挂载点处，设备是指要挂载的设备名称，挂载点是指文件系统中已经存在的一个目录名。mount 命令选项及其含义见表 4-1。

表 4-1　mount 命令选项

-t [文件系统类型]		-o[选项]	
msdos	MS-DOS 文件系统，即 FAT16	ro	只读方式挂接设备
vfat	Windows 9x 文件系统，即 FAT32	rw	读写方式挂接设备
ext4/xfs	Linux 常用的文件系统		
ntfs	NTFS 文件系统		
iso9660	CD-ROM 光盘标准文件系统		
swap	交换分区系统类型		

2. unmount 命令

语法：umount [选项] [挂载点] / [设备名]

功能：将使用 mount 命令挂载的文件系统卸载。

3. blkid 命令

语法：blkid [选项] [设备名]

功能：blkid 命令查看块设备（包括交换分区）的文件系统类型、LABEl、UUID、挂载目录等信息。

4. /etc/fstab 文件（系统启动时挂载）

虽然用户可以使用 mount 命令来挂载一个文件系统，但是，若将挂载信息写入/etc/fstab（/etc/fstab 文件内容如图 4-1 所示）文件中，将会简化这个过程，当系统启动时系统就会从/etc/fstab 读取配置项，自动将指定的文件系统挂载到指定的目录。

/etc/fstab 文件结构如下。

```
[file system] [mount point] [type] [options] [dump] [pass]
```

```
#/etc/fstab
#Created by anaconda on Fri Apr 25 16:24:11 2014
#Accessible filesystems,byreference,are maintained under'/dev/disk'
#See man pages fstab(5),findfs(8),mount(8)and/or blkid(8)for more info
UUID=50ce223f-a1c2-4b6c-9288-448cb9ed34e8 /   xfs defaults 1 1
UUID=59a9499f-4e9a-4d44-b152-03a14db6bc33 /boot ext3 defaults 1 2
UUID=904a2335-0e3c-42d2-bc15-2438cea2c044 /opt ext3 defaults 1 2
UUID=8295C378-3cc4-4503-a754-d37d359170eb swap swap defaults 0 0
```

图 4-1　/etc/fstab 文件内容

4.1.2　配置磁盘空间

1. df（disk free）命令

语法：df [选项] [设备或文件名]

功能：检查文件系统的磁盘空间占用情况，显示是所有文件系统对 i 节点和磁盘块的使用情况，可以利用该命令来获取磁盘被占用了多少空间，目前还剩下多少空间。显示磁盘空间的使用情况包括文件系统安装的目录名、块设备名、总字数节、已用字数节、剩余字数节数等信息。

2. du（disk usage）

语法：du [选项] [Names]

功能：统计目录（或文件）所占磁盘空间的大小，显示磁盘空间的使用情况。该命令逐级进入指定目录的每一个子项目并显示该目录占用文件系统数据块（1024B）的情况，若没有给出 Names，则对当前目录进行统计显示目录或文件所占磁盘空间大小。

4.1.3　其他磁盘相关命令

1. fdisk 命令

语法：fdisk [设备]

功能：分割硬盘工具，查看硬盘分区信息。fdisk 命令的常用选项及其功能见表 4-2。

表 4-2　fdisk 命令的常用选项及其功能

选　项	功　能
-b<大小>	扇区大小（521、1024、2048 或 4096）
-C<数字>	指定柱面数
-c<模式>	兼容模式
-H<数字>	指定磁头数

2. mkfs 命令

语法：mkfs –t < fstype> <partiton>

功能：格式化指定分区。

4.1.4　文件系统的备份与还原

1. dump 命令

语法：dump [-acmMnqSuv] [-A file] [-B records] [-b blocksize][-d density] [-D file] [-e inode#,inode#,...] [-E file] [-f file] [-h level] [-I nr errors] [-j zlevel] [-Q file] [-s feet] [-T date] [-y] [-z zlevel] filesystem

功能：dump 为备份文件系统工具程序，可将目录或整个文件系统备份至指定的设备中，或备份成一个大文件。

2. restore 命令

语法：restore [选项] -f <备份文件>

功能：还原（restore）由倾倒（dump）操作所备份下来的文件或整个文件系统（一个分区）。restore 命令所进行的操作和 dump 命令相反，倾倒操作可用来备份文件，而还原操作则是写回这些已备份的文件。

4.2 文件与目录管理

目录是文件系统中的一个单元，目录中可以存放文件和目录。文件和目录以层次结构的方式进行管理。

4.2.1 Linux 文件系统的目录结构

1. 目录树

Linux 文件系统的目录结构类似一棵倒立的树以一个名为根（/）的目录开始向下延伸，它不同于其他操作系统，如在 Windows 中，它有多少分区就有多少个根，这些根之间是并列的，而在 Linux 中无论有多少个分区都有一个根（/）。Linux 的目录树如图 4-2 所示。

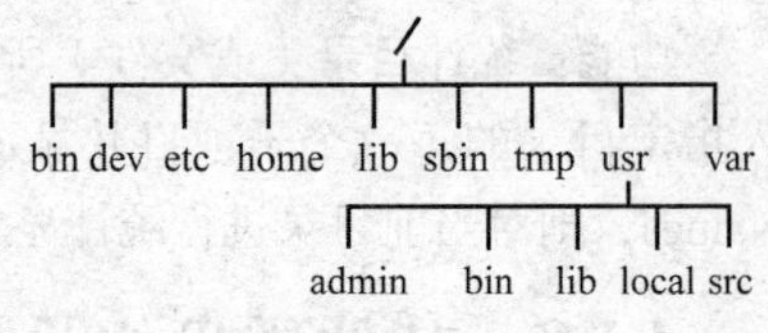

图 4-2 Linux 的目录树

2. 绝对路径和相对路径

Linux 操作系统中的文件路径分为绝对路径和相对路径两种。

绝对路径：由根目录“/”开始写起的文件名或目录名称，例如/home/ccutsoft/.bashrt。

相对路径：相对于当前路径的文件名的写法，例如./home/ccutsoft 等。

4.2.2 Linux 的文件和目录管理

1. 查看目录内容

（1）cd(change directory)命令

语法：cd [dirName]

功能：切换当前目录至 dirName。cd 命令可以说是 Linux 中最基础的命令语句，其他的命令语句要进行操作，都是建立在使用 cd 命令的基础上的。

（2）pwd 命令

语法：pwd [选项]

功能：查看“当前工作目录”的完整路径。一般情况下不带任何参数，如果目录有链接时，pwd -P 显示出实际路径，而不是使用链接（link）路径。

（3）ls（list）命令

语法：ls [选项]

功能；对于每个目录，该目录将列出其中的所有子项目与文件。对于每个文件，ls 将输出文件名及其他信息。默认情况下输出条目按字母顺序排序。若未给出目录名或文件名时，就显示当前目录的信息。

（4）nautilus 命令

语法：nautilus [目录]

功能：使用文件管理器 Nutilus 打开文件夹。

2. 查看文件内容

（1）more 命令

语法：more [选项] [文件名]

功能：一页一页地显示内容，方便用户逐页阅读，而最基本的操作就是按空格键（Space）显示下一页。而且还有查找字串的功能，可以用“/字符串”查询字符串所在位置。按键盘上的“q”键，跳出 more 状态。

（2）less 命令

语法：less [选项] [文件名]

功能：less 命令的作用与 more 命令十分相似，也可以用来浏览文本文件的内容，less 命令改进了 more 命令不能向上一页浏览的问题，可以简单地使用 PageUp 键向上翻页，来浏览已经看过的部分，同时因为 less 命令并未在一开始就读入整个文件，所以在遇上大型文件的时候，会比一般的文本编辑器速度快。

（3）cat（concatenate）命令

语法：cat [选项] 文件 1 文件 2……

功能：把文件串连接后传到基本输出（输出到显示器或重定向到另一个文件）。

（4）tac 命令

语法：tac 文件名

功能：将文件从最后一行开始倒过来将内容数据输出到屏幕上。

（5）head 命令

语法：head [选项] [文件名]

功能：显示文件的前几行，默认为 10 行。

（6）tail 命令

语法：tail [选项] [文件名]

功能：显示文件的后几行，默认为 10 行。

（7）wc（word characters）命令

语法：wc [选项] [文件名]

功能：文件内容统计命令。统计文件中的行数、字数和字符数。若不指定文件名称或是文件名包含“-”，则 wc 命令会从标准输入设备读取数据。

3. 查看文件类型

（1）file 命令

语法：file [-bcliz] [-f namefile] [-m<magicfiles>...] [文件或目录名]

功能：通过探测文件内容判断文件类型，使用权限是所有用户。

（2）stat 命令

语法：stat [选项] [文件或目录]

功能：stat 命令以文字的格式来显示 inode 的内容。

4. 文件完整性

（1）cksum 命令

语法：cksum [文件...]

功能：cksum 命令检查文件的 CRC 是否正确。指定文件交给 cksum 计算，它会返回计算结果，既效验和，供用户核对文件是否正确无误。若不指定任何文件名或所给的文件名为“-”则 cksum 从标准输入读取数据。

（2）md5sum 命令

语法：md5sum [OPTION] [FILE]

功能：md5sum 命令用于生成校验文件的 md5 值，它会逐位对文件的内容进行校验。

（3）touch 命令

语法：touch FILE Touch [-acfm] [-d<日期时间>] [-r<参考文件或目录>] [-t<时间日期>] [--help] [--version] [文件或目录]

功能：当文件或目录存在时，改变文件或目录时间，包括存取时间和更改时间。当文件或目录不存在时，创建对应名称的文件或目录。

（4）mkdir 命令

语法：mkdir [选项] [dir-name]

功能：该命令创建名称为“dir-name”的目录。要求创建目录的用户在当前目录有写的权限。并且“dir-name”不能是当前目录中已有的目录或名称。

（5）rmdir 命令

语法：rmdir [选项] [dir-name]

功能：删除空目录，dir-name 表示目录名。该命令从一个目录删除一个或者多个子目录。

（6）mv 命令

语法：mv [选项] [源文件或目录] [目标文件或目录]

功能：该命令可以将文件或目录改名或将文件由一个目录转移到另一个目录。

（7）rm 命令

语法：rm [选项] [文件或目录]

功能：用户可以使用 rm 删除不需要的文件。该命令的功能是删除一个目录中的一个或者多个文件或目录，它也可以将某个目录及其下的所有文件及子目录删除。

（8）cp 命令

语法：cp [选项] [源文件或目录] [目标文件或目录]

功能：该命令的功能是将给出的文件或目录复制到另一个目录中。

5. 文件搜索命令

（1）locate 命令

语法：locate [关键字]

功能：这个命令会将文件名或目录名中包含有此关键字的路径全部显示出来。locate 命令其实是 find -name 的另一种写法，但是要比后者快得多，原因在于它不搜索具体目录，而是搜索一个数据库（/var/lib/mlocate/mlocate.db），这个数据库中含有本地所有文件的绝对路径。Linux 系统自动创建这个数据库，并且每天自动（crontab）更新一次，所以使用 locate 命令查不到最新变动过的文件。为了避免这种情况，可以在使用 locate 之前，先使用 updatedb 命令手动更新。

（2）which 命令

在 Linux 系统中，不同的命令对应的命令文件又放在不同的目录里。使用 which、whereis 命令可以快速地查找命令的绝对路径。

语法：which [命令]

功能：显示一个命令的完整路径和别名。在 PATH 环境变量指定的路径中，搜索某个系统命令的位置，并且返回第一个搜索结果。也就是说，使用 which 命令，就可以看到某个系统命令是否存在，以及执行的到底是哪个位置的命令。

（3）whereis 命令

语法：whereis [选项] [文件名]

功能：搜索一个命令的完整路径以及其帮助文件。whereis 命令只能用于程序名的搜索，而且只搜索二进制文件（选项-b）、man 说明文件（选项-m）和源代码文件（选项-s）。如果省略选项，则返回所有信息。

（4）type 命令

语法：type [-afptp] 文件名 [文件名....]

功能：type 命令不是标准的查找命令，它是用来区分某个命令是 Shell 自带的还是由 Shell 外部的独立二进制文件提供的。如果一个命令是外部命令，那么使用-P 参数会显示该命令的路径，相当于 which 命令。

（5）find 命令

语法：find [路径] [option]

功能：find 命令的功能很强大，可以根据文件的名称、尺寸、类型、时间、权限等参数进行查找，同时也可以进行多条件查找并对查找到的文件进行处理。

6. 文件操作命令

（1）grep（Global Regular Expression Print）命令

语法：grep [选项] [查找模式] [文件 1，文件 2，...]

功能：查找文件里符合条件的字符串。逐行搜索所指定的文件或标准输入，并显示匹配模式的每一行。grep 命令可以指定模式搜索文件，通知用户在什么文件中搜索到与指定的模式匹配的字符串，并打印出所有包含该字符串的文本行，在该文本行的最前面是该行所在的文件名。grep 命令一次只能搜索一个指定模式，grep 命令有一组选项，利用这些选项可以改变其输出方式。

（2）sed 命令

语法：sed [options] '{command}' [filename]

功能：按顺序逐行将文件读入到内存中。执行该行指定的所有操作，并在完成请求的修改之后将该行放回到内存中，以将其转存至终端。

（3）tr 命令

语法：tr [-cdst] [第一字符集] [第二字符集] [filename]

功能：tr 命令从标准输入设备读取数据，经过字符转换后，输出到标准输出设备。tr 主要用于删除文件中控制字符或进行字符转换。tr 只能进行字符的替换、减缩和删除，不能用来替换字符串。

7. 文件的追加、合并、分割

（1）echo 命令

语法：echo [-ne] [字符串或环境变量]

功能：在显示器上显示一段文字，一般起到提示的作用。

（2）uniq 命令

语法：uniq [-cdu] [-f<栏位>] [-s<字符位置>] [-w<字符位置>] [输入文件] [输出文件]

功能：合并文件中相邻的重复的行，对于那些重复的行只显示一次。

（3）cut 命令

语法：cut -c list [file...]

或

cut -b list [-n] [file...]

或

cut -f list [-d delim] [-s] [file...]

功能：提取文件指定的字段。-c、-d、-f 分别表示字符、字节、字段；list 表示-c、-d、-f、操作范围，-n 常常表示具体数字；file 表示要操作的文本文件名称；deilm 表示分隔符默认情况下为 Tab；-s 表示不包括那些不含分隔符的行。

（4）paset 命令

语法：paset [-s] [-d<间隔字符>] [文件...]

功能：合并文件的列，paset 命令会把每个文件以列对列的方式，一列列地加以合并，与 cut 命令完成的功能相反。

（5）join 命令

语法：join [-i] [-a<1 或 2>] [-e<字符串>] [-o<格式>] [-t<字符>] [-v<1 或 2>] [-1<栏位>] [-2<栏位>] [文件 1] [文件 2]

功能：找出两个文件中指定栏位相同的行加以合并，再输出到标准输出设备。

（6）split 命令

语法：split [-help] [--version] [-<行数>] [-b<字节>] [-c<字节>] [-i<行数>] [要切割的文件] [输出文件名]

功能：将一个文件分割成数个，该指令将大文件分割成较小的文件，在默认情况下将按照每 1000 行切割成一个小文件。

8. 文件的比较、排序

（1）diff（difference）命令

语法：diff [选项] file1 file2

功能：比较文件的差异，显示两个文件的不同之处，diff 以逐行的方式比较文本文件的异同。若指定要比较的目录，则 diff 会比较目录中相同文件名的文件，但不会比较其中的子目录。

（2）patch 命令

语法：patch [选项] [原始文件] [补丁文件]

功能：给原始文件应用补丁文件，生成新文件。在 Linux 中，diff 与 patch 命令经常配合使用，可以进行代码维护工作。

（3）cmp（compare）命令

语法：cmp [-l] [-s] file1 file2

功能：比较并显示两个文件不同之处的信息。

（4）sort 命令

语法：sort [-bcdfimMnr] [-o<输出文件>] [-t<分隔字符>] [+<起始栏位>-<结束栏位>] [文件]

功能：将文本文件内容以行为单位来排序。比较原则是从首字符向后，依次按 ASCII 码进行比较，默认按升序输出。

9. 文件的链接

链接有两种：硬链接和符号链接。默认情况下，ln 命令生成硬链接，ln -s 命令生成软链接。

语法：ln [options] <源文件> <新建链接名>

功能：为文件建立在其他路径中的访问方法（链接）。

（1）硬链接（Hard link）

语法：ln <源文件> <新建链接名>

（2）软连接（符号链接，Symbolic Link）

语法：ln -s <源文件> <新建链接名>

10. 设备文件

Linux 沿袭了 UNIX 的风格，将所有设备视为一个文件，即设备文件。在 Linux 系统中，设备文件分两种：快设备文件（b）、字符设备文件（c）。为了方便管理，Linux 系统将所有的设备文件统一存放在/dev 目录下。

4.2.3　i 节点

Linux 文件系统是 Linux 系统的心脏部分，提供了层次结构的目录和文件。文件系统将磁盘空间划分为每 1024 个字节一组，称为块（也有用 512 字节为一块的，如：SCOXENIX），编号从 0 到整个磁盘的最大块数。

全部块可划分为四个部分。块 0 称为引导块，文件系统不用该块；块 1 称为专用块，专用块含有许多信息，其中有磁盘大小和其他两部分的大小。从块 2 开始是 i 节点表，i 节点表中含有 i 节点，表的块数是可变的，后面将做讨论。i 节点表之后是空闲存储块（数据存储块），可用于存放文件内容。

文件的逻辑结构和物理结构是十分不同的，逻辑结构是用户输入 cat 命令后所看到的文件，用户可得到表示文件内容的字符流。物理结构是文件实际上如何存放在磁盘上的存储格式。当用户存取文件时，Linux 文件系统将以正确的顺序取出各块，给用户提供文件的逻辑结构。

当然，在 Linux 系统的某处一定会有一个表，告诉文件系统如何将物理结构转换为逻辑结构。这就涉及到 i 节点了。i 节点是一个 64bit 长的表，含有有关一个文件的信息，其中有文件大小、文件所有者、文件存取许可方式，以及文件为普通文件、目录文件还是特别文件等。在 i 节点中最重要的一项是磁盘地址表，i 节点表的结构如图 4-3 所示。

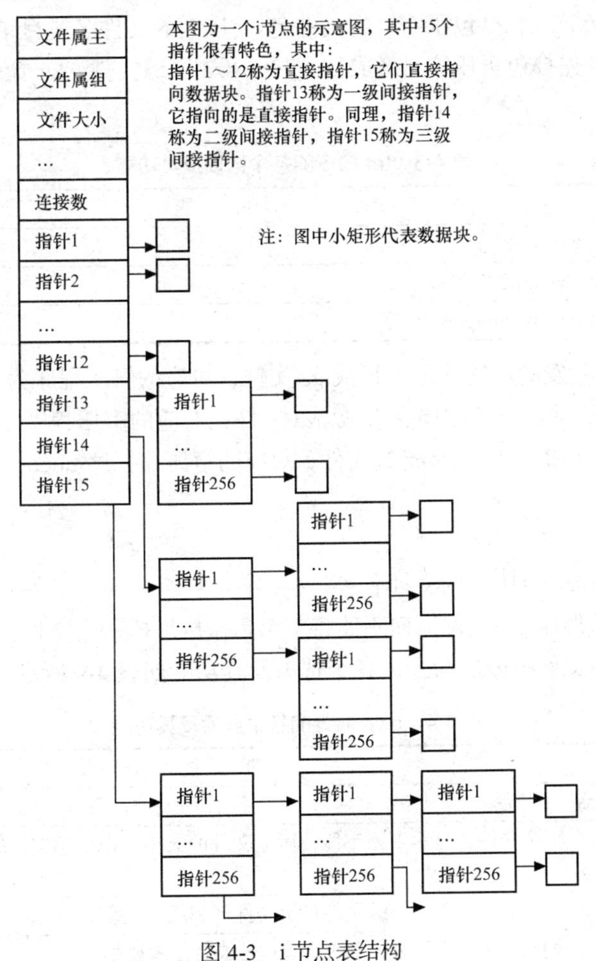

图 4-3　i 节点表结构

这样，在 Linux 系统中，文件的最大长度是 16842762 块，即 17246988288 字节，在实际应用中，Linux 系统对文件的最大长度（一般为 1～2MB）加了更实际的限制，使用户不会无意中建立一个用完整个磁盘区所有块的文件。

从图 4-3 中我们可以看出，i 节点表中并不保存文件名，文件系统将文件名转换为 i 节点的方法利用了目录文件，一个目录实际上是一个含有目录表的文件，对于目录中的每个文件，在目录表中有一个入口项，入口项中含有文件名和与文件相应的 i 节点号。当用户键入 cat filename 时，文件系统就在当前目录表中查找名为 filename 的入口项，得到与文件 filename 相应的 i 节点号，然后开始读取含有文件 filename 的内容的块。可以说是目录文件建立了文件名到 i 节点之间的联系。

4.2.4 文件的压缩与打包

打包是将多个文件或目录变成一个总的文件，文件不会变小，说不定还会变大，增加一些附加的信息来注明文件的信息，比如文件的位置。

压缩是将一个大的文件通过某个压缩算法变成小文件。注意压缩只是对一个文件进行操作，当要对多个文件进行压缩时就要借助于打包了，先打包再压缩。

打包命令格式：tar [-c/x/t ruvfpPN] 打包后的文件名 要打包的文件或目录。选项中 c、x、t 只能用一个。

1. tar 命令

命令格式：tar [-c/xz/j/Z] 打包压缩后的文件名 要压缩的文件名或目录名

功能：可以对目录先打包再压缩，形成.tar.gz/.tar.bz2 压缩文件。tar 命令的各选项及其功能如表 4-3 所示。

表 4-3 tar 命令的各个选项及其功能

选　项	功　能
-z	调用 gzip/gunzip 程序
-j	调用 bzip2/bunzip2 程序
-Z	调用 compress/uncompress 程序

gzip 是 GNU 组织开发的压缩程序，形成.gz 文件，对应的解压程序为 gunzip。

bzip2 是压缩能力更强的压缩程序，形成.bz2 文件，对应的解压程序为 bunzip2。

compress 也是一种压缩程序，形成.Z 文件，对应的解压缩程序 uncompress，这种压缩格式的文件不常用。

2. gzip 命令

命令格式：gzip [-dlrv]要压缩的文件名

对某一文件压缩，形成.gz 文件，而不能将整个目录压缩成一个文件。直接使用 gzip 程序，压缩完以后会删除原始文件。gzip 命令的各个选项及其功能如表 4-4 所示。

表 4-4 gzip 命令的各个选项及其功能

选　项	功　能
-d	decompress，解压缩
-l	list，对每个压缩文件，显示下列字段：压缩文件的大小、未压缩文件的大小、压缩比、未压缩文件的名字
-v	verbose，对每一个压缩和解压的文件显示文件名和压缩比
-r	递归式地查找指定目录并压缩其中的所有文件或者是解压缩

gzip -v *是对当前目录下所有目录进行压缩，对每个文件形成一个.gz 压缩文件，并显示文件名和压缩比

gzip -dv *是对当前目录下的所有.gz 压缩文件进行解压并显示文件名和压缩比。

gunzip *是对当前目录下的压缩文件进行解压缩。

3. bzip2 命令

命令格式：bzip2 [-kvzd] 要压缩的文件名

bzip2 命令的各个选项及其功能如表 4-5 所示。

表 4-5　bzip2 命令的各个选项及其功能

选　项	功　能
-v	压缩或解压缩文件时，显示详细的信息
-z	强制压缩
-k	keep 压缩完之后，保留原文件
-d	解压缩

4. zip 格式

为了压缩和解压 Windows 下常用的.zip 格式，Linux 提供的 zip 和 unzip 程序可以把多个文件打包压缩成一个文件，这点和 gzip、bzip2 是不一样的。

zip 命令格式：zip 压缩文件 原文件。

unzip 命令格式：zip 压缩文件。

5. rar 格式的文件

若要压缩或解压缩 rar 格式的文件，要先安装 RAR for linux 软件。安装后会有 rar 和 unrar 程序，与 zip 程序的操作相同。

4.2.5　文件与目录的安全

Linux 系统中的每个文件和目录都有访问许可权限，可以使用它来确定某个用户可以通过某种方式对文件或目录进行操作。文件和目录的访问权限分为可读、可写和可执行三种。文件在创建的时候会自动把该文件的读写权限分配给其属主，使用户能够显示和修改该文件，也可以将这些权限改变为其他的组合形式。一个文件若有执行权限，则允许它作为一个程序被执行。文件的访问权限可以用 chmod 命令来重新设定，也可以利用 chown 命令来更改某个文件或目录的属主。

1. chmod (change mode)命令

语法：chmod [-cfvr] [- -help] [- -version] [u|g|o|a] [+|-|=]mode 文件目录

功能：改变文件或目录的读写和执行权限，用它控制文件或目录的访问权限，修改访问权限的方法有符号法和八进制数字法两种，语法中给出的是符号法的命令格式。

Linux 中的每个文件和目录都有各自的访问许可权限，用它来确定谁可以通过何种方式对文件和目录进行访问和操作。

有三种不同类型的用户可对文件或目录进行访问：文件所有者、同组用户和其他用户。所有者一般是文件的创建者，所有者可以允许同组用户有权访问文件，还可以将文件的访问权限赋予系统中的其他用户。

2. umask 命令

语法：umask [-s] [权限掩码]

功能：指定在创建文件或目录时预设的权限掩码，也称为文件的创建掩码。如果带-s 选项，那么用字符表示权限掩码；如果不带-s 选项，那么用八进制法来表示权限掩码。

当在 Linux 系统中创建一个文件或目录时，会有一个默认权限，这个默认权限是根据 umask 值与文件、目录的基数来确定的。

一般用户的默认 umask 值为 002，系统用户的默认 umask 值为 022。用户可以自主改动 umask 值，并且在改动后立刻生效。文件的基数为 666，目录的基数为 777。

新创建文件的权限是 666 – umask 或 666 & (！umask)，出于安全考虑，系统不允许为新创建的文件赋予执行权限，必须在创建新文件后用 chmod 命令增加执行权限。

新创建目录的权限是 777 – umask 或 777 & (！umask)。

4.3 管道与重定向

4.3.1 管道

管道是一种两个进程间进行单向通信的机制，因为管道传递数据的单向性，管道又称为半双工管道。这一特点决定了管道的使用的局限性。管道符“|”的作用是将一个程序的标准输出作为另一个程序的标准输入。用管道符也可以启动多个进程。管道命令的格式如下。

格式：命令 1|命令 2|命令 3……|命令 *n*

实例 4-1 管道命令使用。

```
# ls -R l /etc | more
# cat test | more
# cat /etc/passwd | grep root
```

特点：数据只能由一个进程流向另一个进程（其中一个读管道，一个写管道）。如果要进行双工通信，需要建立两个管道。

使用管道进行通信时，两端的进程向管道读写数据是通过创建管道时系统设置的文件描述符进行的。从本质上说，管道也是一种文件，但它又和一般的文件有所不同，可以克服使用文件进行通信的一些问题，因为这个文件只存储在内存中。

当然，管道还有一些不足，比如管道没有名字（匿名管道）、管道的缓冲区大小是受限制的、管道所传输的是无格式的字节流需要管道输入方和输出方事先约定好数据格式等。虽然存在许多不足，但是对于一些简单的进程间通信，管道还是为用户操作提供了许多方便。

4.3.2 重定向

有时，用户需要将命令的输出或输入转移到其他的文件或标准输出中，主要包括如下情况：

（1）当屏幕输出的信息很重要，而且我们需要将它存储下来的时候。

（2）背景执行中的程序，不希望它干扰屏幕正常的输出结果时。

（3）一些系统的例行命令（例如写在 /etc/crontab 中的文件）的执行结果，希望它可以保存下来时。

（4）一些执行命令，我们已经知道它可能的错误信息，所以想用 2> /dev/null 将它删除时。

（5）错误信息与正确信息需要分别输出时。

我们可以利用重定向技术来实现以上操作。下面介绍重定向相关的符号。

1. 重定向符号

重定向符号及其功能见表 4-6。

表 4-6　重定向符号及其功能

重定向符号	功　能
>	输出重定向到一个文件或设备，覆盖原来的文件
>!	输出重定向到一个文件或设备，强制覆盖原来的文件
>>	输出重定向到一个文件或设备，追加原来的文件
<	输入重定向到一个程序

2. 标准错误重定向符号

标准错误重定向符号及其功能见表 4-7。

表 4-7　标准错误重定向符号及其功能

标准错误重定向符号	功　能
2>	将一个标准错误输出重定向到一个文件或设备，覆盖原来的文件 b-shell
2>>	将一个标准错误输出重定向到一个文件或设备，追加到原来的文件
2>&1	将一个标准错误输出重定向到标准输出，注释：1 代表标准输出
>&	将一个标准错误输出重定向到一个文件或设备，覆盖原来的文件 c-shell
|&	将一个标准错误用管道输送到另一个命令作为输入

3. 命令重定向

在 bash 命令执行的过程中，主要有三种状况，命令重定向功能见表 4-8。

表 4-8　命令重定向功能

名　称	代　码	或称为	使用的方式
标准输入	0	stdin	<
标准输出	1	stdout	1>
错误输出	2	stderr	2>

4.4　vi 编辑器

4.4.1　vi 概述

vi 是 Visual Interface 的简称，它为用户提供一个全屏幕的窗口编辑器，窗口中一次可以显示一屏的编辑内容，并可以上下屏的滚动。vi 是 Linux 和 UNIX 系统中标准的文本编辑器，可以说几乎每一台 Linux 或 UNIX 主机都会提供这套软件。vi 工作在字符模式下，由于不需要图形界面，它成为了效率很高的文本编辑器。尽管在 Linux 上也有很多图形编辑器可用，但 vi 在系统和服务器管理中的能力是那些图形编辑器所无法比拟的。

4.4.2　vi 的操作模式

基本上 vi 可分为三种操作状态，分别是命令模式（command mode）、插入模式（insert mode）

和底线命令模式（last line mode），各模式的功能区分如下。

（1）comand mode：控制屏幕光标的移动，字符或光标的删除，移动复制某区段及进入 Insert mode 或 Last line mode。

（2）insert mode：唯有在 Insert mode 时，才可做文字数据输入，按 Esc 键可回到 Comand mode。

（3）last line mode：将储存文件或离开编辑器，也可设置编辑环境，如寻找字符串、列出行号等。

不过可以把 vi 简化成两个模式，即将 last line mode 也算入 command mode，把 vi 分成 command mode 和 insert mode，这两种模式的切换方式如图 4-4 所示。

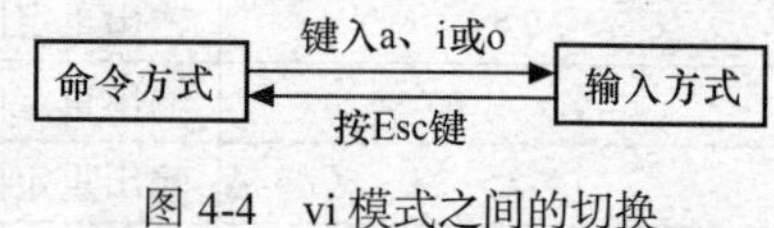

图 4-4 vi 模式之间的切换

4.4.3 vi 模式的基本操作

1. 命令模式（其他模式）

命令模式是用户进入 vi 后的初始状态，在此模式中，可输入 vi 命令，让 vi 完成不同的工作。

2. 输入模式（命令模式为 a、i、o、A、I、O）

在输入模式下，可对编辑的文件添加新的内容，这是该模式的唯一功能，即文本输入。

3. 末行模式（命令模式为:）

主要用来进行一些文字编辑辅助功能，如字串查找、代替和保存文件等，在命令模式中输入“:”就可进入末行模式，在该模式下，若完成了输入命令或命令出错，就会退出 vi 或返回命令模式。

4. 可视化模式（命令模式为 v）

在命令模式下输入 v，则进入可视化模式。在该模式下，移动光标以选定要操作的字符串，输入 c 剪切选定块的字符串，输入 y 复制选定块的字符串。

5. 查询模式（命令模式为?、/）

在命令模式中输入“/”、“?”等字符，则进入查询模式。在该模式下，向上或向下查询文件中的某个关键字。

本章小结

作为一个通用的操作系统，磁盘与文件管理是必不可少的功能。本章介绍了磁盘管理命令如 mount、umount、df 和 du 等的用法，文件与目录管理命令如 ls、mkdir、rmdir、find 和 grep 等的用法。对于文件的压缩与解压缩，也是经常要进行的操作，本章主要介绍了 gzip、gunzip 和 tar 三个常用的命令。为了保证系统的安全性，还要为不同用户分配不同的权限，权限管理中主要介绍 chmod、umask 和 chown 命令。在本章的最后，介绍了 vi 编辑器的基本操作。

思考与练习

一、填空题

1. Linux 系统中使用最多的文件系统是________。

2. 列出磁盘分区信息的命令是________。

3. 将设备挂载到挂载点处的命令是________。

4. 命令查看块设备（包括交换分区）的文件系统类型的命令是________。

5. 查看或设置 ext2/ext3/ext4 分区的卷标的命令是________。

6. 查看或设置 xfs 分区的卷标的命令是________。

7. 统计目录（或文件）所占磁盘空间大小的命令是________。

8. 为文件建立在其他路径中的访问方法的命令是________,链接有两种________和________。

9. 将磁盘分区或文件设为 Linux 的交换区的命令是________。

10. 检查文件系统并尝试修复错误的命令是________。

11. 对系统的磁盘操作活动进行监视，汇报磁盘活动统计情况的命令是________。

12. 将内存缓存区内的数据写入磁盘的命令是________。

13. 显示目录内容的命令有________。

14. 查看文件内容的命令有________。

15. cat 命令的功能是________。

二、思考题

1. /ect/fstab 文件中每条记录中的各个字段有什么作用?

2. 哪些措施可以提高文件与目录的安全性?

三、上机题

1. 选择一个文件系统，对其进行挂载，然后访问其中的内容，之后对其卸载。

2. 选用本章介绍的命令建立目录，并对文件和目录进行移动、复制、删除以及改名等操作。

3. 使用 chown 命令改变某一文件或目录的属主，然后使用 chmod 命令设置其他用户对该文件或目录的读、写和执行权限。

4. 使用 find 命令查找某一文件。

5. 使用 gzip 命令对文件进行压缩。

6. 使用 tar 命令对文件进行压缩和解压缩。

第5章 软件包管理

RPM（Red Hat Package Manager）是由 Red Hat 公司开发的软件包安装和管理程序，使用 RPM，用户可以自行安装和管理 Linux 上的应用程序和系统工具。

5.1 RPM

5.1.1 RPM 简介

软件包管理器（RPM）是开放打包系统，在 RHEL 7 里，因为有了 RPM，而使得安装和升级软件包轻松简单。RPM 档案文件包含了组成应用软件所需要的全部程序文件、配置文件和数据文件，甚至还包括相关的文档。RPM 软件包管理器只需通过一个简单的操作，就可以从一个 RPM 软件包里把这一切都替用户安装好。用户甚至还可以制作自己的 RPM 软件包。用户可以使用几种基于窗口的 RPM 工具软件来管理自己的 RPM 软件包，安装新软件或者卸装已有软件。这些工具软件都提供了简单易用的软件包管理界面，使用户能够方便地获取某个软件包的详细资料，包括它将安装的文件的完整清单等。另外，作为这些管理工具的一部分，Red Hat 的发布版本还对其 CD-ROM 上的软件包提供了软件管理功能。

5.1.2 RPM 的使用

1. 使用 RPM 安装软件

从一般意义上说，软件包的安装其实就是文件的复制，即把软件所用到的各个文件复制到特定目录。RPM 安装软件包，也是如此。RPM 文件名由“包名称+版本号+发布版本号+架构”组成。例如，对于文件“MySQL-client-3.23.57-1.i386.rpm”，“MySQL-client”是包名称，“3.23.57”是版本号，“1”是发布版本号，“i386”是架构。

当安装 RPM 包时，RPM 会先检查系统是否可以安装这个版本的软件包，并提示软件包文件将被安装的位置，然后安装软件包，并将已安装软件包的信息登记到软件包数据库中。

命令格式：

rpm [安装选项 1 安装选项 2 …] [软件包名 1] [软件包名 2] …

详细安装选项及其说明见表 5-1。通用选项和其他 RPM 选项及其说明见表 5-2。

实例 5-1　安装 Mysql client 软件包。

```
[root@localhost 桌面]# rpm -ivh  MySQL-client-3.23.57-1.i386.rpm
```

```
Preparing...                ########################################### [100%]
   1:MySQL-client           ########################################### [100%]
```

表 5-1　详细安装选项及其说明

选　项	说　明
-excludedocs	不安装软件包中的文档文件
-force	忽略软件包及文件的冲突
-ftpport port	指定 FTP 的端口号为 port
-ftpproxy host	用 host 作为 FTP 代理
-h(or hhash)	安装时输出 hash 记号（#）
-ignorearch	不校验软件包的结构
-ignoreos	不检查软件包运行的操作系统
-includedocs	安装软件包中的文档文件
-nodeps	不检查依赖关系
-noscripts	不运行预安装和后安装脚本
-percent	以百分比的形式显示安装进度
-prefix path	安装到由 path 制动的路径下
-replacefiles	替换属于其他软件包的文件
-replacepkgs	强制重新安装已安装的软件包
-test	只对安装进行测试，不实际安装

表 5-2　通用选项和其他 RPM 选项及其说明

选　项	说　明
-dbpath path	设置 RPM 资料库所在的路径为 path
-rcfile rcfile	设置 rpmrc 文件为 rcfile
-root path	让 RPM 将 path 指定的路径作为“根目录”，这样预安装程序和后安装程序都会安装到这个目录下
-v	显示附加信息
-vv	显示调试信息
-help	显示帮助文件
-initdb	创建一个新的 RPM 资料库
-quiet	尽可能地减少输出
-rebuilddb	重建 RPM 资料库
-version	显示 RPM 的当前版本

2. 使用 RPM 删除软件

命令格式：

rpm　-e　[删除选项 1　删除选项 2 ...]　[软件名 1]　[软件名 2]

可用--erase 代替-e，效果相同。

参数：软件名 1、软件名 2 是将要删除的 RPM 包的软件名。

详细删除选项及其说明见表 5-3。

表 5-3　详细删除选项及其说明

删 除 选 项	说　明
-nodeps	不检查依赖关系
-noscripts	不运行预安装和后安装脚本
-test	只对安装进行测试，并不实际安装

实例 5-2　使用 RPM 删除软件。

第 1 步：删除 webmin 的程序。

```
[root@localhost 桌面]#rpm -e webmin
Running uninstall scripts..
Subroutine list_servers redefined at/usr/libexer/webmin/servers/servers-lib.pl line 92.
Subroutine list_servers_sorted redefined at /usr/libexec/webmin/servers/servers-lib.pl line 111.
Subroutine get_server redefined at/usr/libexec/webmin/servers/servers-lib.pl line 143.
Subroutine save_server redefined at/usr/libexec/webmin/servers/servers-lib.pl line 158.
Subroutine delete_server redefined at/usr/libexec/webmin/servers/servers-lib.pl line 175.
Subroutine can_use_server redefined at/usr/libexec/webmin/servers/servers-lib.pl line 188.
Subroutine list_all-groups redefined at/usr/libexec/webmin/servers/servers-lib.pl line 208.
Subroutine logged_in redefined at/usr/libexec/webmin/servers/servers-lib.pl line 278.
Subroutine get_server_types redefined at/usr/libexec/webmin/servers/servers-lib.pl line 303.
Subroutine this_server redefined at/usr/libexec/webmin/servers/servers-lib.pl line 313.
Subroutine get_my_address redefined at/usr/libexec/webmin/servers/servers-lib.pl line 332.
Subroutine address_to_broadcast redefined at/usr/libexec/webmin/servers/servers-lib.pl line 361.
Subroutine test_server redefined at/usr/libexec/webmin/servers/servers-lib.pl line 375.
Subroutine find_cron_job redefined at/usr/libexec/webmin/servers/servers-lib.pl line 394.
Subroutine find_servers redefined at/usr/libexec/webmin/servers/servers-lib.pl line 407.
[root@localhost 桌面]#
```

第 2 步：删除 httpd（WWW 服务器进程）程序，由于 httpd 与其他程序存在依赖关系，故仅使用-e 选项时是不能删除的，如果一定要删除，应使用--nodeps 选项。

```
[root@localhost 桌面]# rpm - e httpd
错误：依赖检测失败：
        Httpd-mmn=20120211×8664 被（已安装）mod_auth_kerb-5.4-28.el7.×86_64 需要
        Httpd-mmn=20120211×8664 被（已安装）mod_nss-1.0.8-32.el7.×86_64 需要
        Httpd-mmn=20120211×8664 被（已安装）mod_wsgi-3.4-11..el7.×86_64 需要
        Httpd >=2.4.6.7 被（已安装）ipa-server-3.3.3-28.el7.×86_64 需要
```

```
[root@localhost 桌面]#
```

3. 使用 RPM 升级软件

命令格式：

rpm　-u　[升级选项 1　升级选项 2...]　[包文件 1]　[包文件 2]...

注意

可用--upgrade 代替-U，效果相同。

参数：包文件 1、包文件 2 是将要升级的 RPM 包的文件名，即软件包名。

详细升级选项及其说明见表 5-4。

表 5-4　详细升级选项及其说明

升 级 选 项	说　明
-excludedocs	不安装软件包中的文档文件
-nodeps	不检查依赖关系
port-force	忽略软件包及文件的冲突
-noscripts	不运行预安装和后安装脚本
-ftpport port	指定 FTP 的端口号为 port
-ftpproxy host	用 host 作为 FTP 代理
-percent	以百分比的形式显示安装进度
-h(or hhash)	安装时输出 hash 记号（#）
-prefix path	安装到由 path 制动的路径下
-ignorearch	不校验软件包的结构
-replacefiles	替换属于其他软件包的文件
-ignoreos	不检查软件包运行的操作系统
-replacepkgs	强制重新安装已安装的软件包
-includedocs	安装软件包中的文档文件
-test	只对安装进行测试，不实际安装

实例 5-3　使用 RPM 升级软件。

第 1 步：执行第一条命令（带-Uvh 选项），安装 Webmin。

第 2 步：执行第二条命令（带-Uvh --force 选项）。尽管 Webmin 软件已经安装，可以使用--force 选项进行强行升级。

```
[root@localhost 桌面]# rpm Uvh webmin-1.680-1noarch.rpm
警告：webmin-1.680-1.noarch.rpm:头 v3 DSA/SHA1 Signature.密钥 ID 11f63c51: NOKEY
准备中...                ####################################[100%]
Operating system is redhat Enterprise linux
正在升级/安装...
   1:webmin-1.680-1          ####################################[100%]
Webmin install complate .you can now login to https://localhost.localadomain:10000/
[root@localhost 桌面]# rpm Uvh --force webmin-1.680-1noarch.rpm
警告：webmin-1.680-1.noarch.rpm: 头 v3 DSA/SHA1 Signature.密钥 ID 11f63c51: NOKEY
准备中...                ####################################[100%]
正在升级/安装...
```

```
  1:webmin-1.680-1.         ################################[100%]
Webmin install complate.You can now login to https://localhost.localadomain:10000/
[root@localhost 桌面]# rpm Uvh --force webmin-1.680-1noarch.rpm
[root@localhost 桌面]#
```

4. 使用 RPM 查询软件

命令格式：

rpm -q [查询选项 1 查询选项 2...] <软件名|软件包名|文件名>

可用-query 代替-q，效果相同。

查询选项及其说明见表 5-5。

表 5-5 查询选项及其说明

类 别	查询选项	说 明
信息选项	-c	显示配置文件列表
	-d	现实文档文件列表
	-i	i 表示 info，显示软件包的概要信息
	-l	l 表示 list，显示软件包中的文件列表
	-s	显示软件包中的文件列表并显示每个文件的状态
	<null>	显示软件包的全部标识
	--dump	显示每个文件的所有已校验信息
	--provides	显示软件包提供的功能
	--queryformat(or--qf)	以用户指定的方式显示查询信息
	--requires(or-R)	显示软件包所需功能
	--scripts	显示安装、卸载、校验脚本
详细选项	-a	a 表示 all，查询所有安装的软件包
	-f<file>	f 表示 file，查询<file>属于哪个软件包
	-g<group>	查询属于<group>组的软件包
	-p<file>(or "-")	p 表示 package，查询软件包的文件
	--whatprovides<x>	查询提供了<x>功能的软件包
	--whatrequires	查询所有需要< x>功能的软件包

实例 5-4 使用 RPM 查询软件。

执行带-qa 选项的 rpm 命令查询 http*软件。

```
[root@localhost 桌面]#rpm rpm .qa webmin
webmin-1680-1.noarch
[root@localhost 桌面]#rpm .qa http*
httpd-tools-2.4.6-17.el7.x86_64
httpcomponents-client-4.2.5-4.el7.x86_64
httpd-2.4.6-17.el7.x86_64
httpcomponents-core-4.2.4-6.el7.noarch
[root@localhost 桌面]#
```

5. 使用 RPM 检查软件包

命令格式：

rpm　-K <软件包名>

-K：检查 RPM 包的 GPG 签名，在检查之前应该先导入红帽官方的 GPG KEY 文件。GPG KEY 文件在官方的安装光盘与系统中都有。

```
rpm -import /etc/pki/rpm-gpq/RPM-GPG-KEY-redhat-release
```

6. 使用 RPM 校验软件

命令格式：

rpm　–V | -Va　<软件名>

-V 校验软件；-Va 校验所有软件。当一个软件包被安装后，用户可以对其进行校验，以检测软件是否被用户修改过。

校验出被修改地方。S：文件大小；M：文件权限与类型；5：MD5 求和；U：文件的所属用户；G：文件的所属组；T：更改时间。

7. 使用 rpm2cpio、cpio 提取 RPM 包中的特定文件

如果不小心把/ete/mail/sedmail.mc 修改坏了，又没有备份最原始文件，此时可以从 rpm 包中提取出最原始文件。

第 1 步：确定/etc/mail/sedmail.mc 属于哪个 rpm 包。

```
#rpm -qt /etc/mail/sendmail.mc
sendmail-8.14.7-4.e17.x86-64
```

第 2 步：从 iso 中提取出 sendmail-8.14.7-4.e17.x86-64.rpm（或者其他方式取得）。

```
#mount /opt/rhel-server-7.0-x86_64-dvd.iso /mnt/iso/
```

第 3 步：确认 sendmail.mc 的路径。

```
#rpm -qlp /mnt/iso/packages/sendmail-8.14.7-4.e17.x86_64.rpmlgrep
sendmail.mc
/etc/mail/sendmail.mc
```

在提取 sendmail.mc 之前，有必要确认一下它的相对路径：

```
#rpm2cpio /mnt/iso/packages/sendmail-8.14.7-4.e17.x86_64.rpm l cpio -t |
grep sendmail.mc
./etc/mail/sendmail.mc
```

现在可以提取 sendmail.mc 了，执行下面的命令，提取到当前目录：

```
[root@localhost 桌面] #rpm2cpio /mnt/iso/packages/sendmail-8.14.7-4.e17.
x86_64.rpm | cpio -idv ./etc/mail/sendmail.mc
./etc/mail/sendmail.mc
etc/mail/sendmail.mc
[root@localhost 桌面]#
```

cpio 参数后的文件路径“./etc/mail/sendmail.mc”必须和前面查询的相对路径一样，否则提取不成功。

cpio 参数说明：

-t：列出的意思，和--list 等同。注意，此时列出的是“相对路径”。

-i：抽取的意思，和--extract 等同。

-d：建立目录，和--make-directories 等同

-v：冗余信息输出，和--verbose 等同。

RPM 参数说明：

-q:查询

-l:列出

-f：指定文件

-p：指定 rpm 包

8. 使用图形界面的软件包管理工具

在终端窗口执行 gpk-application 命令，打开“软件包管理者”窗口。可以通过光盘或网络来安装软件包。

9. 二进制包

在 Linux 系统中，扩展名为.bin 的文件是二进制文件，它也是源程序经编译后得到的机器语言程序。有一些软件可以发布为.bin 为后缀的安装包。

安装很简单，将下载来的*.bin 文件加上可执行权限，便可以执行安装。下面以流媒体播放器 RealPlayer for Linux 为例来安装二进制软件包。

```
#chmod 755 RealPlayer11GOLD.bin
#./RealPlayer11GOLD.bin
```

10. 源代码包

在 Linux 中，使用的软件都是开源的，用户可以得到软件的源代码，经过编译后在进行安装。源代码包里的文件往往会含有很多源代码文件，比如*.h、*.c、*.cc、*.cpp 等。

安装过程如下：

```
#tar zvxf xxx.tar.gz            //解压
#cd xxx
#./configure                    //配置
#./configure --help             //查看 configure 选项
#make                           //编译
#make install                   //安装
#make uninstall                 //卸载
```

5.2 yum

5.2.1 yum 简介

yum（Yellow Dog Updater Modified）是一个在 Fedora 和 RedHat 以及 CentOS 中的 Shell 前端软件包管理器。基于 RPM 包管理，能够从指定的服务器自动下载 RPM 包并且安装，可以自动处理依赖性关系，并且一次安装所有依赖的软件包，无须烦琐地下载、安装。

现在的操作系统中都已经安装了 yum 工具，如果没有安装可以自己从网上下载安装。

可以用 wget 直接从网上下载，该命令下载的文件会放在当前目录下。例如：

```
[root@squid yum]# wget http://yum.baseurl.org/download/3.2/yum-3.2.26.tar.gz
[root@squid yum]# wget http://yum.baseurl.org/download/3.2/yum-3.2.26-0.src.rpm
```

yum 工具的使用参考 http://blog.csdn.net/tianlesoftware/archive/2009/12/29/5092720.aspx

5.2.2　yum 的使用

实例 5-5　yum 的使用。

第 1 步：认识 yum 的主配置文件 yum.conf。

yum 的全局配置信息都存储在配置文件/etc/yum.conf 中，对其中配置参数的说明如下。

cachedir:yum 缓存的目录，yum 将下载的 RPM 软件包存放在 cachedir 指定的目录。

keepcache：缓存是否保存，1 保存，0 不保存。

metadata_expire：过期时间。

debuglevel：除错级别，估为 0~10，默认是 2。

logfile：yum 的日志文件，默认是/var/log/yum.log。

pkgpolicy：包的策略，一共有两个选项，newest 和 last。pkgpolicy 的作用是如果设置了多个 repository，而同一款软件在不同的 repository 中同时存在，yum 应该安装哪一个呢？如果 newset，那么 yum 会安装最新的那个版本；如果是 Last，那么 yum 会将服务器 id 以字母表排序，并选择最后那个服务器上的软件安装。默认是 newest。

distroverpkg:指定一个软件包,yum 会根据这个包判断软件的发行版本,默认是 redhat-release，也可以是安装的任何针对自己发行版的 RPM 包。

tolerent：有 1 和 0 两个选项，表示 yum 是否容忍命令行发生与软件包有关的错误，如果设为 1，那么 yum 不会出现错误信息，默认是 0。

exactarch：有 1 和 0 两个选项，表示是否只升级和安装的软件包的 CUP 体系一致的包，如果设为 1，并且已经安装了一个 i386 的 RPM，那么 yum 不会用 i686 的包来升级。

obsoletes：这是一个更新的参数，允许更新陈旧的 RPM 包。

gpgcheck：有 1 和 0 两个选择，分别代表为允许。分别代表是否进行 gpg 校验。

plugins：是否允许使用插件，0 为不允许，1 为允许。但一般会用 yun-fastestmirror 这个插件。

retries：网络连接发生错误后的重试次数，如果设为 0，则会无限重试。

exclude：排除某些软件在升级名单之外，可用通配符，列表中各个项目要用空格隔开。

```
[main]
cachedir=/var/cache/yun/$basearch/$releasever
kppecacahe=0
debuglevel=2
logfile=/var/log/yun.log
exactarch=1
obsoletes=1
gpgcheck=1
pligins=1
installonly_linit=3

# This is the default , if you make this bigger yum won't see if the metadata
# is never on the remote and so you'll"gain"the bandwidth of not having to
# download the new metadata and "pay" for it buy yum not having correct
# inforermation
# It is esp . Improtant , to have correct metadata, for distributions like
#Fedora which don'tkeep old packages .if you don't like this checking
```

```
#interupting your command line usage ,it's much better to have someing
#manually check the metadata once an hour (yum-updatesd will do this).
#metadata_expire=90m

PUT YOUR REPOS HERE OR IN separate files named file.repo
#in/ect/yum.repos.d
```

第 2 步：yum 客户端的配置文件。

yum 客户端的配置文件放在本地的/etc/yum.repos.d/*.repo 中。

第 3 步：修改 yum 源（repository）。

所有 repository 的设置都遵循如下格式。

```
[updates]
name=Centos-sreleasever-Updates
mirrorlist=http://mirrorlist.org/?release=sreleaever&arch=sbasearch&repo=updates
#baseur1=http://mirror.centos.org/centos/s releasever/updates/sbasearch/
enabled=1
gpgcheck=1
gpgkey=file:///etc/pki/rpm-gpg/RPG-GPG-KEY-Centos-7
```

其中：

updates 是用于区别各个不同的 repository，必须有一个独一无二的名称。

name 是对 repository 的描述。

enable=0：禁止 yum 使用这个 repository；enable=1：使用这个 repository。如果没有使用 enable 选项，那么相当于 enable=1。

gpgcheck=0：安装前不对 RPG 包检测：gpgcheck=1:安装前对 RPG 包检测。

gpgkey=GPG 文件的位置。

baseurl 是服务器设置中最重要的部分，只有设置正确，才能获取软件包。它的格式如下。

```
baseurl=url://serverl/path/to/repository/
url://server2/path/to/repository/
url://server3/path/to/repository/
```

其中 URL 支持的协议有 http://、ftp：//和 file：//三种。Baseurl 后可以跟多个 URL，可以改为速度比较快的镜像站点，但是 baserul 只能有一个，也就是说不能像如下格式：

```
baseurl=url://serverl/path/to/repository/
baseurl=url://server2/path/to/repository/
baseurl=url://server3/path/to/repository/
```

其中 URL 指向的目录必须是这个 repository 目录（即 repodata 目录）的父目录，它也支持$releasever、$basearch 这样的变量。$releasever 是指当前发行版的版本；$basearch 是指 CPU 体系，如 i386 体系、alpha 体系。

注意

每个镜像站点中 repodata 文件夹的路径可能不一样，设置 baseurl 之前一定要首先登录相应的镜像站点，查看 repodata 文件夹所在的位置，然后才能设置 baseurl。

首先将/etc/yum.repos.d 下的文件都移到备份目录里，然后在/etc/yum.repos.d 目录中创建/etc/yum.repose.d/rhel-rc.reppo 文件。

```
[rhel.rc]
name=red hat enterprse linux 7 rc . $basearch
```

```
baseural=http://ftp.redhat.com/pub/redhat/rahel/rc/7/sever/$basearch/os/
enabled=1
priority=1
gpgcheck=1
gpgkey=file:///etc/pki/rpm-gpg/rpm-gpg-key-redhat-release

[rhel-rc-optionl]
name=red hat enterprise linux 7 bc optional-$baseaech
baseurl=http://ftp.redhat.com/pub/redhat/rhel/rc/7/sever-optional/$basearch/os/
priorty=1
gpgcheck=1
gpgkey=file:///etc/pki/rpm-gpg/rpm-gpg-key-redhat-release
```

第 4 步：导入 key。

使用 yum 之前，先要导入每个 repusitoey 的 gpgkey，yum 使用 gpg 对软件包进行校验，确保下载包的完整性，所以要到各个 repository 站点找到 gpgkey 文件，文件名一般是 rpm-gpg-key*之类的文本文件，将他们下载，然后用 rpm--import xxx.txt 命令将他们导入，也可以执行如下命令导入 gpgkey。

```
*rpm --import http: //mirror.tini4u.net/centos/rpm-gpg-key-centos-7
```

其中 http://mirror.tini4u.net/centosRPM-GPG-KEY-CentOS-7 是 GPG key 文件 URL。

第 5 步：使用 yum。

yum 的基本操作包括软件的安装（本地、网络）、升级（本地、网络）、卸载、查询。

（1）用 yum 安装、删除软件

用 yum 安装、删除软件的命令见表 5-6。

表 5-6　yum 安装、删除软件的命令

命　　令	功　　能
yum install<package_name>	安装制定的软件，会查询 repository，如果有这一款软件包，则检查其依赖冲突关系，如果没有依赖冲突，那么下载安装；如果有，则会给出提示，询问是否要同时安装依赖，或删除冲突的包
yum localinstall<软件名>	安装一个本地已经下载的软件包
yum groupinstall<组名>	如果仓库为软件包分了组，则可以通过安装此组来完成安装这个组里面的所有软件包
yum[-y]install<package_name>	安装指定的软件
yum[-y]remove<package_name>	删除指定的软件。同安装一样，yum 也会查询 repository，给出解决依赖关系的提示
Yum[-y]erase<package_name>	删除指定的软件
yum groupremove <组名>	卸载组里面所包括的软件包

如果要使用 yum 安装 firefox，可以执行命令：yum install firefox。

如果本地有 RPM 软件包，比如 xxx.rpm，可以执行#yum localinstall xxx.rpm 命令来安装。

如果不是 root，可以执行 su−c 'yum install Firefox'命令。

（2）用 yum 检查、升级软件

用 yum 检查、升级软件的命令见表 5-7。

表 5-7　yum 检查、升级软件的命令

命　　令	功　　能
yum check-update	检查可升级的 RPM 包
yum update	升级所有可升级的 RPM 包
yum update kernel kernel-source	升级指定的 RPM 包，如升级 kernel 和 kernel source
yum -y update 软件包	升级所有可升级的软件包，-y 表示同意所有，不用一次次确认，避免回答一些问题。
yum update<package_name>	仅升级指定的软件
yum upgrade	大规模的版本升级。与 yum update 不同的是，连旧的淘汰的包也升级
yum grouppupdate<组名>	升级组里面的软件包

（3）用 yum 搜索、查询软件

用 yum 搜索、查询软件的命令见表 5-8。

表 5-8　yum 搜索、查询软件的命令

命　　令	功　　能
yum search <keyword>	搜索匹配特定字符的 RPM 包
yum list	列出资源库（Yum Repository）中所有可以安装或更新的 RPM 包
yun list updates	列出资源库中所有可以更新的 RPM 包
yum list installed	列出所有已安装的 RPM 软件包
yum list extras	列出所有已安装但不在资源包中的软件包
yum list <package_name>	列出所指定的软件包
yum deplish <软件名>	查看程序对 package1 的依赖情况
yum groupinfo <组名>	显示程序组信息
yum info <package_name>	使用 YUM 获取软件包信息
yum info	列出资源库中所有可以安装或更新的 RPM 包信息
yum info updates	列出资源库中所有可以更新的 RPM 包的信息
yum info installed	列出所有已安装的软件包的信息
yum info extras	列出所有已安装但不在资源库中的软件包信息
yum provides <package_name>	列出软件包提供哪些文件

（4）清除 yum 缓存

yum 会把下载的软件包和 header 存储在缓存中，而不会自动删除。如果觉得它们占用了磁盘空间，可以对它们进行清除。清除 yum 缓存的命令见表 5-9。

表 5-9　清除 yum 缓存的命令

命　　令	功　　能
yum clean packages	清除缓存目录（/var/cache/yum）下的 RPM 软件包
yum clean headers	清除缓存目录下的 RPM 头文件
yum clean oldheaders	清除缓存目录下旧的 RPM 头文件
yum clean，yum clean all	清除缓存目录下的 RPM 软件包以及旧的 RPM 头文件

注意

不建议 yum 在开机时自动运行，因为它会让系统的速度变慢，可以执行 ntsysv --level 35 命令，在出现的 TUI（文本用户窗口）中取消 yum 即可，如果需要更新软件包可以采用手动更新。

实例 5-6　使用 creterepo 命令创建本地仓库。

第 1 步：创建挂载 iso 文件的目录。

命令：#mkdir -p /cdrom/iso

第 2 步：使用 loop 设备方式挂载 ISO 镜像文件。

命令：#mount -o loop /opt/rhel-server-7.0-x86_64-dvd.iso /cdrom/iso

第 3 步：创建一个仓库。创建仓库之前需要确认系统已经安装了 createrepo 软件包。这个软件包是一个非限制安装包，系统默认不会安装这个软件包。命令如下。

```
#cd /cdrom
#createpo        //注意：命令行的参数是一个点
#yum clean all
```

第 4 步：创建 local.repo 文件。

命令：#cat /etc/yum.repos.d/local.repo　　//local.repo 文件内容如下

```
[RHEL-local]          //注意：[]中的字符串不能有空格
name=RHEL local repo
baseurl=fil：//cdrom
enabled=1
priority=1
gpgcheck=0

#yum repolist all    //查看拥有的源

已加载插件：langpacks,product-id,subscription-manager
源标识              原名称              状态
RHEL-local      RHEL local repo      启用：4,389
repolist:4,389
```

这样，yum 工具就可以使用 ISO 镜像文件作为安装源了。

本章小结

本章主要介绍了 RPM 安装和升级软件包。通过对 RPM 软件包的学习，用户能够自行完成 RPM 软件包的安装、删除、检查和升级等操作。虽然 RPM 命令是一个功能强大的软件包管理工具，但是该命令有一个缺点，就是当检测到软件包的依赖关系时，只能手工配置，而 yum 可以自动解决软件包间的依赖关系，并且可以通过网络安装和升级软件包。

思考与练习

一、填空题

1. RPM 档案文件包含了组成应用软件所需要的全部程序文件、________、________，甚至还包括相关的文档。

2. 在终端窗口执行________命令，打开“软件包管理者”窗口。

3. yum 会把下载的软件包和 header 存储在________中，而不会自动删除。
4. yum 是一个在 Fedora 和________以及 CentOS 中的 shell 前端软件包管理器。

二、选择题

1. RPM 是由（　　）公司开发的软件包安装和管理程序。
   A. Microsoft　　B. Red Hat　　C. IBM　　D. DELL
2. 使用 RPM 命令安装管理软件包时，所用的选项是（　　）。
   A. -i　　B. -e　　C. -U　　D. -q

三、简答题

1. 在 RHEL 7 中 creterepo 命令如何创建本地仓库?
2. 在 RHEL 7 中使用 RPM 如何删除 Webmin 软件?

第6章 网络基本配置

Linux下的网络配置方法有很多种，包括CLI、GUI、NETCONFIG和修改配置文件等。其中比较常用的是CLI和GUI方式，但是CLI中的命令很多时候只能一次性生效，所以有些情况下也需要通过修改配置文件来配合完成工作，最终达到使用者配置网络的要求。本章将针对CLI和修改配置文件的方式讲解如何对Linux下的网络进行配置，GUI和NETCONFIG方式的配置在本书中不做介绍。

6.1 网络环境配置

6.1.1 网络接口配置

1. 配置主机名

计算机系统的主机名用来标识主机的名称，在网络中具有唯一性。在Linux中配置主机名使用的命令为#hostname。查看当前主机名使用hostname命令，临时设置主机名使用#hostname "新主机名"命令，但是这样不会将配置保存到/etc/sysconfig/network配置文件中，系统重启后修改的主机名就会失效，为了使主机名更改长期生效需要修改/etc/sysconfig/network文件中HOSTNAME的值，然后重启计算机系统。若想将系统主机名设置为ccut，配置如下：

```
#hostname ccut
```

2. 修改配置文件

（1）/etc/sysconfig/network文件

/etc/sysconfig/network文件负责对Linux系统中的网卡进行整体设置。主要配置信息如下：

```
#cat  /etc/sysconfig/network
 NETWORKING=yes                 //系统是否使用网络服务功能
 HOSTNAME=localhost             //设置主机名
 GATEWAY=222.27.50.254          //默认网关
 FORWARD_IPv4=false             //是否开启IP数据包的转发，单网卡为false
```

（2）/etc/sysconfig/network-scripts/ifcfg-ethx文件

Linux系统中对网卡的命名是ethx，其中x表示网卡的编号，从0开始，类似Windows的"本地连接x"。/etc/sysconfig/network-scripts/ifcfg-ethx文件是对每块网卡详细信息的配置文件。

```
#cat /etc/sysconfig/network-scripts/ifcfg-eth0
```

```
DEVICE=eth0                                  //选择设备为 eth0
ONBOOT=yes
BOOTPROTO=static                             //IP 地址类型为静态
IPADDR=222.27.50.82                          //配置 IP 地址
NETMASK=255.255.255.0                        //配置子网掩码
GATEWAY=222.27.50.254                        //配置默认网关
```

如果想为一块网卡配置多个 IP 可采用子接口的方式，例如 eth0:1。

3. ifconfig 命令

（1）显示网卡的配置信息

ifconfig 显示的信息如图 6-1 所示。

```
ifconfig                          //显示当前活动的网卡
ifconfig -a                       //显示系统中所有网卡配置信息
ifconfig  <网卡设备名>            //显示指定网卡配置信息
```

```
[root@localhost ~]# ifconfig
eth0      Link encap:Ethernet  HWaddr 00:0C:29:59:0C:DF
          inet addr:172.16.36.1  Bcast:172.16.255.255  Mask:255.255.0.0
          UP BROADCAST RUNNING MULTICAST  MTU:1500  Metric:1
          RX packets:663 errors:0 dropped:0 overruns:0 frame:0
          TX packets:50 errors:0 dropped:0 overruns:0 carrier:0
          collisions:0 txqueuelen:1000
          RX bytes:55372 (54.0 KiB)  TX bytes:3869 (3.7 KiB)
          Interrupt:67 Base address:0x2000

lo        Link encap:Local Loopback
          inet addr:127.0.0.1  Mask:255.0.0.0
          UP LOOPBACK RUNNING  MTU:16436  Metric:1
          RX packets:16 errors:0 dropped:0 overruns:0 frame:0
          TX packets:16 errors:0 dropped:0 overruns:0 carrier:0
          collisions:0 txqueuelen:0
          RX bytes:1380 (1.3 KiB)  TX bytes:1380 (1.3 KiB)
```

图 6-1　ifconfig 显示的信息

（2）为网卡配置 IP 地址

```
#ifconfig  <网卡设备名>  IP 地址  netmask  子网掩码
```

例如，将当前网卡 eth0 的 IP 地址设置为 222.27.50.82，子网掩码为 255.255.255.0：

```
#ifconfig  eth0  222.27.50.82  netmask  255.255.255.0
```

（3）启用或禁用网卡

```
#ifconfig   <网卡设备名>   <up/down>
```

也可以用#ifup　<网卡设备名>和#ifdown　<网卡设备名>代替上述命令。若要重启整个网络，可以使用#service　network　restart 命令。

（4）设置主机 MAC 地址

```
#ifconfig   <网卡设备名>   hw   ether   MAC
```

也可以通过创建/etc/ethers 文件来完成此功能。

4. route 命令

（1）添加到主机路由

```
#route add -host IP dev <网卡设备名>
#route add -host IP gw IP
```

（2）添加到网络的路由

```
#route add -net  IP  netmask  MASK  <网卡设备名>
#route add -net  IP  netmask  MASK gw IP
#route add -net  IP  /24  eth1
```

添加到网络的路由命令的执行如图 6-2 所示。

```
[root@localhost ~]# route add -net 192.168.0.0/24 gw 172.16.36.1
[root@localhost ~]# route -n
Kernel IP routing table
Destination     Gateway         Genmask         Flags Metric Ref    Use Iface
192.168.0.0     172.16.36.1     255.255.255.0   UG    0      0        0 eth0
172.16.0.0      0.0.0.0         255.255.0.0     U     0      0        0 eth0
```

图 6-2　route add –net 命令

（3）添加默认网关

```
#route add default gw IP
```

（4）删除路由

```
#route del -host IP dev <网卡设备名>
```

（5）查看路由信息

```
#route 或 route -n          //-n 表示不解析名字,列出速度会比 route 快
```

查看路由信息命令的执行如图 6-3、图 6-4 所示。

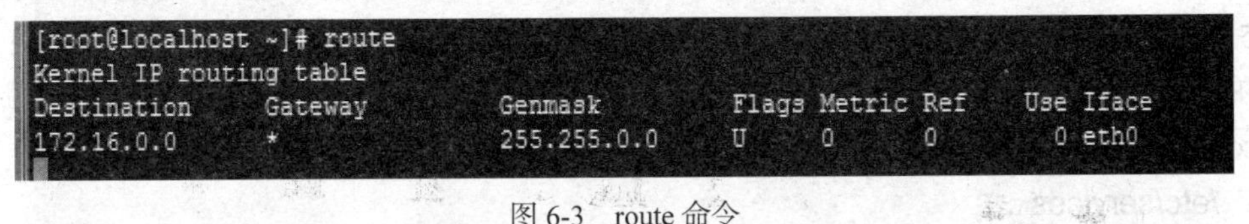

```
[root@localhost ~]# route
Kernel IP routing table
Destination     Gateway         Genmask         Flags Metric Ref    Use Iface
172.16.0.0      *               255.255.0.0     U     0      0        0 eth0
```

图 6-3　route 命令

```
[root@localhost ~]# route -n
Kernel IP routing table
Destination     Gateway         Genmask         Flags Metric Ref    Use Iface
172.16.0.0      0.0.0.0         255.255.0.0     U     0      0        0 eth0
0.0.0.0         172.16.32.1     0.0.0.0         UG    0      0        0 eth0
```

图 6-4　route -n 命令

5. arp 命令

（1）查看 ARP 缓存

```
#arp
```

（2）添加 IP 和 MAC 绑定

```
#arp -s IP MAC      //绑定后 IP 与 MAC 的映射为静态的
```

（3）删除

```
#arp -d IP
```

6.1.2 网络配置文件

在 Linux 系统中，TCP/IP 网络是通过若干个文本文件进行配置的，需要编辑这些文件来完成联网工作。系统中重要的有关网络配置的文件主要有：/etc/sysconfig/network、/etc/hosts、/etc/services、/etc/host.conf、/etc/nsswitch.conf、/etc/resolv.conf 等，其中/etc/sysconfig/network 在上一小节中已经做过介绍，本节不再介绍。

1. /etc/hosts

/etc/hosts 中包含了 IP 地址和主机名之间的映射，还包括主机名的别名，IP 地址的设计使计算机容易识别，但人为记忆却比较困难，为了解决这个问题，创建了/etc/hosts 这个文件。下面是一个例子文件。

```
127.0.0.1 pc1 localhost.localdomain localhost
192.168.1.100 pc2
192.168.1.101 pc3 pc3alias
```

在这个例子中，本机名是 pc1，本机别名为 localhost，pc3 还有别名 pc3alias。

/etc/hosts 文件相当于本机的 DNS 服务，当本机访问网络需要域名解析时首先找到这个文件，若文件中没有相应的映射，再去请求 DNS 服务器，所以此文件有以下几个作用。

（1）为本机定义主机名以及别名。

（2）将访问频率比较高并且非集群或云平台的单机服务器的映射写到此文件中会加速 DNS 过程。

（3）安全工程师可以将已知的非法站点的域名与 127.0.0.1 进行映射，这样可以阻止主机在操作者不知情的情况下访问上述站点。

（4）在一个小型局域网中需要域名服务，但是网络中的映射只有为数不多的几条，没有必要配置一台 DNS 服务器，这种情况下可以为局域网手工添加上述的几条映射，节省建设网络的成本。

（5）在没有域名服务器情况下，系统的所有网络程序都通过查询该文件来解析对应于某个主机名的 IP 地址，否则，其他的主机名通常使用 DNS 来解决，DNS 客户部分的配置在文件/etc/resolv.conf 中。

2. /etc/services

/etc/services 中包含了服务名和端口号之间的映射，很多系统程序都要使用这个文件，下面是 Linux 安装时默认的/etc/services 中的前几行。

```
tcpmux   1/tcp  // TCP port service multiplexer
echo     7/tcp
echo     7/udp
discard  9/tcp    sink   null
discard  9/udp    sink   null
systat   11/tcp   users
daytime  13/tcp   daytime          13/udp netstat          15/tcp
qotd     17/tcp   quote
msp      18/tcp
```

最左边一列是主机服务名，中间一列是端口号，“/”后面是端口类型，可以是 TCP，也可以是 UDP。任何后面的列都是前面服务的别名。在这个文件中也存在着别名，它们出现在端口号后面，在上述例子中 sink 和 null 都是 discard 服务的别名。

3. /etc/host.conf

当系统中同时存在 DNS 域名解析和/etc/hosts 主机表机制时，由该/etc/host.conf 确定主机名解释顺序。示例如下：

```
order hosts,bind          //名称解释顺序，默认为 hosts 在前
multi on                  //允许主机拥有多个 IP 地址
nospoof on                //禁止 IP 地址欺骗
```

order 是关键字，定义先用本机 hosts 主机表进行名称解释，如果不能解释，再搜索 bind 名称服务器（DNS）。

4. etc/nsswitch.conf

etc/nsswitch.conf 是名称服务交换文件。它控制了数据库搜寻的工作，包括承认的主机、使用者和群组等。此外，这个文件还定义了所要搜寻的数据库，例如此行：hosts: files dns。

指明主机数据库来自两个地方，files（/etc/hosts file）和 DNS，并且本机上档案优先于 DNS。

```
passwd:         compat group:          compat shadow:         compat
hosts:          files dns networks:    files
protocols:      db files
services:       db files ethers:         db files rpc:          db files
netgroup:       nis
```

5. /etc/resolv.conf

该文件是 DNS 域名解析的配置文件，它的格式很简单，每行以一个关键字开头，后接配置参数。resolv.conf 的关键字主要有四个，分别是：

```
nameserver          //定义 DNS 服务器的 IP 地址
domain              //定义本地域名
search              //定义域名的搜索列表
sortlist            //对返回的域名进行排序
```

示例如下：

```
#cat /etc/resolv.conf domain mydebian.com
nameserver 202.198.176.1      //最多三个域名服务器地址
```

6. /etc/xinetd.d 目录

类似于 Windows 中的 svchost，在 Linux 系统中有一个超级服务程序 inetd，大部分的网络服务都是由它启动的，如 chargen、echo、finger、talk、telnet、wu-ftpd 等，在 7.0 之前的版本它的设置是在/etc/inetd.conf 中配置的，在 Red Hat 7.0 后，改成了一个 xinetd.d 目录。关于网络服务将在后续章节做详细介绍。

6.1.3 Telnet 配置

Telnet 命令通常用来远程登录。Telnet 程序是基于 TELNET 协议的远程登录客户端程序。Telnet 协议是 TCP/IP 协议族中的一员，是 Internet 远程登录服务的标准协议和主要方式。它为用户提供了在本地计算机上完成远程主机工作的能力。在终端使用者的电脑上使用 Telnet 程序，用它连接到服务器。终端使用者可以在 Telnet 程序中输入命令，这些命令会在服务器上运行，就像直接在服务器的控制台上输入一样，可以在本地就能控制服务器。要开始一个 Telnet 会话，必须输入用户名和密码来登录服务器。Telnet 是常用的远程控制 Web 服务器的方法。

但是，Telnet 因为采用明文传送报文，安全性不好，很多 Linux 服务器都不开放 Telnet 服务，

而改用更安全的 SSH 方式了。但仍然有很多别的系统可能采用了 Telnet 方式来提供远程登录，因此弄清楚 Telnet 客户端的使用方式仍是很有必要的。Telnet 命令还可做别的用途，比如确定远程服务的状态和确定远程服务器的某个端口是否能访问等。

（1）在绝大多数 Linux 系统中默认情况下是没有安装 Telnet 服务的，为了使用 Telnet 服务，需要安装 Telnet-server。

（2）安装完成后会在/etc/xinetd.d/文件夹下生成一个 Telnet 文件。

（3）编辑设置/etc/xinetd.d/telnet，将 disable= yes 设置成 disable= no，下面是此文件配置的例子。

```
service telnet
{
disable = no                                  //激活 Telnet 服务
bind =202.198.176.11                          //绑定的 IP 地址
only_from = 202.198.0.0/16                    //只允许 202.198.0.0 ~ 202.198.255.255 这个网段进入
only_from = .edu.cn                           //只有教育网才能进入
no_access = 202.198.176.{71,72}               //这两个 IP 禁止登录
access_times= 8:00-12:00 20:00-23:59          //每天只有这两个时间段开放服务
......
}
```

（4）启动 Telnet 服务。Telnet 服务是由超级服务 xinetd 来管理的，因此这里启动和停止 Telnet 服务，只需通过修改/etc/xinetd.d/telnet 中的 disable 的值，然后执行 xinetd restart 即可。

```
#service  xinetd restart
```

（5）设置 Telnet 服务自启动。

```
#chkconfig  telnet on
```

（6）设置 root 用户远程登录 Telnet 服务。默认情况下，系统是不允许 root 用户 Telnet 远程登录的。如果要使用 root 用户直接登录，需设置如下内容。

```
#echo 'pts/0' >>/etc/securetty
#echo 'pts/1' >>/etc/securetty
```

完成后重启 Telnet 服务。

```
#service  xinetd  restart
```

（7）修改防火墙设置，开放 23 端口通过。编辑/etc/sysconfig/iptables 文件，添加如下一行内容。

```
-A INPUT -m state --state NEW -m tcp -p tcp --dport 23 -j ACCEPT
```

然后重启防火墙。

```
#service iptables restart
```

接下来用户就可以正常使用 Telnet 来完成相应工作了。

6.2 网络调试与故障排查

6.2.1 常用网络调试命令

1. ping 命令

ping 主要通过 ICMP 数据包来进行整个网络的状况报告，当然，最重要的就是 ICMP type 0、

8 这两个类型，分别是请求和回送网络状态是否存在的特性。要特别注意的是 ping 需要通过 IP 数据包来传送 ICMP 数据包，而 IP 数据包里有个相当重要的 TTL（Time To Live）属性，这是一个很重要的路由特性。

```
#ping  [-b|c|s|t|n|M]  IP
```

-b，后面接的是 broadcast 的 IP，用在需要对整个网段的主机进行 ping 时。

-c，后面接的是执行 ping 的次数，例如：-c 3。

-n，不进行 IP 与主机名称的反查，直接使用 IP。

-s，发送出去的 ICMP 数据包大小，默认为 56（bytes），再加 8 bytes 的 ICMP 表头信息。

-t，TTL 的数值，默认是 255，每经过一个节点就会减 1。

-M [do|dont]：主要在检测网络的 MTU 数值大小。

实例 6-1 检测与 202.198.176.1 的连通性。

```
#ping -c 3 202.198.176.1
PING 202.198.176.1 (202.198.176.1) 56(84) bytes of data.
64 bytes from 202.198.176.1: icmp_seq=0 ttl=243 time=9.16 ms
64 bytes from 202.198.176.1: icmp_seq=1 ttl=243 time=8.98 ms
64 bytes from 202.198.176.1: icmp_seq=2 ttl=243 time=8.80 ms
--- 202.198.176.1 ping statistics ---
3 packets transmitted, 3 received, 0% packet loss, time 2002
msrtt min/avg/max/mdev = 8.807/8.986/9.163/0.164 ms, pipe 2
```

ping 最简单的功能就是传送 ICMP 数据包去要求对方主机响应是否存在于网络环境中。上面的响应信息当中，几个重要的项目如下。

（1）64bytes：表示这次传送的 ICMP 数据包大小为 64bytes，这是默认值。在某些特殊场合中，例如，要搜索整个网络内最大的 MTU 时，可以使用-s 2000 之类的数值来取代。

（2）icmp_seq=0：ICMP 所检测进行的次数，第一次编号为 0。

（3）ttl=243：TTL 与 IP 数据包内的 TTL 是相同的，每经过一个带有 MAC 的节点（node）时，如路由器，TTL 就会减少 1，默认的 TTL 为 255，可以通过-t 150 的方法来重新设置默认 TTL 数值。

（4）time=9.16ms：响应时间，单位 ms（0.001 秒），一般来说，响应时间越小，表示两台主机之间的网络连通性越好。

如果没有加上 -c 3 参数，ping 默认是持续工作的，如果需要结束可以使用快捷键 [ctrl]-c。

实例 6-2 针对整个网段进行 ping 的查询。

```
#ping -c 3 -b 222.27.50.255
WARNING: pinging broadcast address        //会告知危险
PING 222.27.50.255 (222.27.50.255) 56(84) bytes of data.
64 bytes from  222.27.50.82: icmp_seq=1 ttl=64 time=0.177 ms
64 bytes from  222.27.50.10: icmp_seq=1 ttl=64 time=0.179 ms (DUP!)
64 bytes from  222.27.50.20: icmp_seq=1 ttl=64 time=0.302 ms (DUP!)
64 bytes from  222.27.50.40: icmp_seq=1 ttl=64 time=0.304 ms (DUP!)
```

当针对整台主机做 ping 的检测时，可以利用-b 这个参数。当使用这个参数时会对整个网段进行检测，所以要慎用。当接收到结尾带（DUP!）的报文时，表示设备收到了序列号相同的

ECHO-REPLY 报文，这也是使用-b 参数带来的效果，上例中的 4 个响应报文的序列号就全为 1。

如果想要了解有多少台主机活跃在网络中，那么使用 ping-b broadcast 就能够知道了，不必一台一台主机来检测。另外要特别注意的是如果接收指令的主机为网络互联设备，那么 TTL 默认值为 255。如果是 Windows 主机，默认值为 255。如果是 Unix 类操作系统，那么 TTL 默认值为 64。

加大 ping 包中的帧（frame）时，对于网络性能是有帮助的，因为数据包打包的次数会减少，修改 frame 大小的参数就是 MTU。网卡的 MTU 可以通过 ifconfig 或者是 ip 等命令来实现，追踪整个网络传输的最大 MTU 时，最简单的方法是通过 ping 传送一个大数据包，并且不允许中继的路由器或交换机将该数据包重组。

实例 6-3 找出最大的 MTU 数值。

```
#ping -c 2 -s 1000 -M do 222.27.50.27
PING 222.27.50.27 (222.27.50.27) 1000(1028) bytes of data.
1008 bytes from 222.27.50.27: icmp_seq=1 ttl=64 time=0.424 ms   //如果有响应，那就是可以接受这个数据包，如果无响应，那就表示这个 MTU 太大了
#ping -c 2 -s 8000 -M do 222.27.50.27
PING 222.27.50.27 (222.27.50.27) 8000(8028) bytes of data.
ping: local error: Message too long, mtu=1500        //本地端的 MTU 为 1500，要检测发送 8000 报文是无法实现的
```

由于 IP 数据包表头（不含 options）已经占用了 20Bytes，再加上 ICMP 的表头有 8Bytes，所以当使用 -s size 的时候，数据包得先扣除（20+8=28）的大小。因此如果要使用 MTU 为 1500 时，就需要使用 1472 的报文来实现。另外，由于本地网卡 MTU 也会影响到检测，所以如果想要检测整个传输媒介的 MTU 数值，那么每个可以调整的主机就得要先使用 ifcofig 或 ip 将 MTU 调大，然后再去进行检测，否则就会像上面的案例一样，出现“Message too long,mtu=1500”之类的错误信息。

2. traceroute 命令

ping 是两台主机之间的回应与否的判断，从结果来看它给出的只有“通”与“不通”，不能给出测试报文的详细路径以及通、断的节点，判断是这些问题就得要使用 traceroute 这个命令。traceroute 指令可以追踪网络数据包的路由途径，预设数据包大小是 40bytes，用户可另行设置。

traceroute 程序的设计是利用 ICMP 及 IP header 的 TTL（Time To Live）。首先，traceroute 送出一个 TTL 是 1 的 IP datagram（其实，每次送出的为 3 个 40 字节的包，包括源地址、目的地址和包发出的时间标签）到目的地，当路径上的第一个路由器（router）收到这个 datagram 时，它将 TTL 减 1。此时，TTL 变为 0 了，所以该路由器会将此 datagram 丢掉，并送回一个 ICMP time exceeded 消息（包括发 IP 包的源地址，IP 包的所有内容及路由器的 IP 地址），traceroute 收到这个消息后，就知道这个路由器存在于这个路径上，接着 traceroute 再送出另一个 TTL 是 2 的 datagram，发现第 2 个路由器，直至找到目标主机。traceroute 每次将送出的 datagram 的 TTL 加 1 来发现另一个路由器，这个重复的动作一直持续到某个 datagram 抵达目的地。traceroute 在送出 UDP datagrams 到目的地时，它所选择送达的 port number 是一个一般应用程序都不会用的号码（30000 以上），所以当此 UDP datagram 到达目的地后该主机会送回一个 ICMP port unreachable 的消息，而当 traceroute 收到这个消息时，就知道目的地已经到达了。所以 traceroute 在 Server 端也没有所谓的 Daemon 程式。

traceroute 提取发 ICMP TTL 到期消息设备的 IP 地址并做域名解析。每次，Traceroute 都输出一系列数据，包括所经过的路由设备的域名及 IP 地址，3 个包每次来回所用的时间。

#traceroute [-n |m |g] 主机域名或 IP

-g，设置来源路由网关，最多可设置 8 个。

-m，设置检测数据包的最大存活数值 TTL 的大小。

-n，直接使用 IP 地址而非主机名称。

实例 6-4 traceroute 的常规用法。

```
#traceroute www.baidu.com
traceroute to www.baidu.com (61.135.169.125), 30 hops max, 40 byte packets
1 192.168.74.2 (192.168.74.2)  2.606ms 2.771ms 2.950ms
2 211.151.56.57 (211.151.56.57) 0.596ms 0.598ms 0.591ms
3 211.151.227.206 (211.151.227.206) 0.546ms 0.544ms 0.538ms
4 210.77.139.145 (210.77.139.145) 0.710ms 0.748ms 0.801ms
5 202.106.42.101 (202.106.42.101) 6.759ms 6.945ms 7.107ms
6 61.148.154.97 (61.148.154.97) 718.908ms * bt-228-025.bta.net.cn (202.106.228.25)
5.177ms
7 124.65.58.213 (124.65.58.213) 4.343ms 4.336ms 4.367ms
8  * * *
9  * * *
30  * * *
```

记录按序列号从 1 开始，每个记录就是一跳，每跳表示一个网关，每行有三个时间，单位是 ms，其实就是-q 的默认参数。探测数据包向每个网关发送三个数据包后，网关响应后返回的时间。

traceroute 一台主机时会看到有一些行是以星号表示的。出现这样的情况，可能是防火墙禁止了 ICMP 的返回信息，所以我们得不到什么相关的数据包返回数据。

有时我们在某一网关处延时比较长，有可能是某台网关比较阻塞，也可能是物理设备本身的原因。当然如果某台 DNS 出现问题，不能解析主机名、域名时，也会有延时长的现象，可以加-n 参数来避免 DNS 解析，以 IP 格式输出数据。

如果在局域网中的不同网段之间，我们可以通过 traceroute 来排查问题所在，是主机的问题，还是网关的问题。如果我们通过远程来访问某台服务器遇到问题时，用 traceroute 追踪数据包所经过的网关，提交 IDC 服务商，也有助于解决问题。

实例 6-5 跳数设置。

```
#traceroute -m 10 www.baidu.com
traceroute to www.baidu.com (61.135.169.105), 10 hops max, 40 byte packets
1 192.168.74.2 (192.168.74.2) 1.534ms 1.775ms 1.961ms
2 211.151.56.1 (211.151.56.1)  0.508ms 0.514ms 0.507ms
3 211.151.227.206 (211.151.227.206) 0.571ms 0.558ms 0.550ms
4 210.77.139.145 (210.77.139.145) 0.708ms 0.729ms 0.785ms
5 202.106.42.101 (202.106.42.101) 7.978ms 8.155ms 8.311ms
6 bt-228-037.bta.net.cn (202.106.228.37) 772.460ms bt-228-025.bta.net.cn (202.106.
228.25) 2.152ms 61.148.154.97 (61.148.154.97)  772.107ms
7 124.65.58.221 (124.65.58.221)  4.875ms 61.148.146.29 (61.148.146.29) 2.124ms 124
.65.58.221 (124.65.58.221) 4.854ms
8  123.126.6.198 (123.126.6.198) 2.944ms 61.148.156.6 (61.148.156.6) 3.505ms 123.1
26.6.198 (123.126.6.198)  2.885ms
9  * * *
10  * * *
```

3. netstat

netstat 命令用于显示与 IP、TCP、UDP 和 ICMP 协议相关的统计数据，一般用于检验本机各端口的网络连接情况。netstat 是在内核中访问网络及相关信息的程序，它能提供 TCP 连接、TCP

和 UDP 监听、进程内存管理的相关报告。

如果计算机有时候接收到的数据报导致出错数据或故障，TCP/IP 可以容许这些类型的错误，并能够自动重发数据报。但如果累计的出错情况数目占到所接收的 IP 数据报相当大的百分比，或者它的数目正迅速增加，那么你就应该使用 netstat 查一查为什么会出现这些情况了。

netstat [-acCe][-A<网络类型>][-ip]

netstat 用于显示与 IP、TCP、UDP 和 ICMP 协议相关的统计数据，一般用于检验本机各端口的网络连接情况。

-A<网络类型>或- <网络类型> 列出该网络类型连线中的相关地址。

-a 或-all 显示所有连线中的 Socket。

-c 或-continuous 持续列出网络状态。

-C 或-cache 显示路由器配置的快取信息。

-e 或-extend 显示网络其他相关信息。

实例 6-6 netstat 命令。

```
#netstat
Active Internet connections (w/o servers)
Proto Recv-Q Send-Q Local Address Foreign Address State
tcp 0 268 192.168.120.204:ssh 10.2.0.68:62420 ESTABLISHED
udp 0 0 192.168.120.204:4371 10.58.119.119:domain ESTABLISHED
Active UNIX domain sockets (w/o servers)
Proto RefCnt Flags Type State I-Node Path
unix 2 [ ]  DGRAM 1491 @/org/kernel/udev/udevd
unix 4 [ ]  DGRAM 7337 /dev/log
unix 2 [ ]  DGRAM 708823
unix 2 [ ]  DGRAM 7539
unix 3 [ ]  STREAM CONNECTED 7287
unix 3 [ ]  STREAM CONNECTED 7286
```

从整体上看，netstat 的输出结果可以分为两个部分。

一个是 Active Internet connections，称为有源 TCP 连接，其中“Recv-Q”和“Send-Q”指的是接收队列和发送队列。这些数字一般都应该是 0。如果不是，则表示软件包正在队列中堆积。这种情况只能在非常少的情况见到。

另一个是 Active UNIX domain sockets，称为有源 UNIX 域套接口（和网络套接字一样，但是只能用于本机通信，性能可以提高一倍）。

Proto 显示连接使用的协议，RefCnt 表示连接到本套接口上的进程号，Types 显示套接口的类型，State 显示套接口当前的状态，Path 表示连接到套接口的其他进程使用的路径名。

状态说明：

（1）LISTEN：侦听来自远方的 TCP 端口的连接请求。

（2）SYN-SENT：在发送连接请求后等待匹配的连接请求（如果有大量这样的状态包，检查是否中招了）。

（3）SYN-RECEIVED：在收到和发送一个连接请求后等待对方对连接请求的确认（如有大量此状态，估计被 flood 攻击了）。

（4）ESTABLISHED：代表一个打开的连接。

（5）FIN-WAIT-1：等待远程 TCP 连接中断请求，或先前的连接中断请求的确认。

（6）FIN-WAIT-2：从远程 TCP 等待连接中断请求。

（7）CLOSE-WAIT：等待从本地用户发来的连接中断请求。

（8）CLOSING：等待远程 TCP 对连接中断的确认。

（9）LAST-ACK：等待原来的发向远程 TCP 的连接中断请求的确认（不是什么好东西，此项出现，检查是否被攻击）。

（10）TIME-WAIT：等待足够的时间以确保远程 TCP 接收到连接中断请求的确认。

（11）CLOSED：没有任何连接状态。

实例 6-7 #netstat -a。

显示一个所有的有效连接信息列表，包括已建立的连接（ESTABLISHED），也包括监听连接（LISTENING）的那些连接。

```
#netstat -a
Active Internet connections (servers and established)
Proto Recv-Q Send-Q Local Address Foreign Address State

tcp 0 0 localhost:smu *:* LISTEN
tcp 0 0 *:svn       *:* LISTEN
tcp 0 0 *:ssh      *:* LISTEN
tcp 0 284 192.168.120.204:ssh 10.2.0.68:62420  ESTABLISHED
udp 0 0 localhost:syslog *:*
udp 0 0 *:snmp       *:*
Active UNIX domain sockets (servers and established)
Proto RefCnt Flags Type State I-Node Path
unix 2 [ACC] STREAM LISTENING 708833 /tmp/ssh-yKnDB15725/agent.15725
unix 2 [ACC] STREAM LISTENING 7296  /var/run/audispd_events
unix 2 [ ]  DGRAM  1491  @/org/kernel/udev/udevd
unix 4 [ ]  DGRAM  7337  /dev/log
unix 2 [ ]  DGRAM  708823
unix 2 [ ]  DGRAM   7539
unix 3 [ ]  STREAM CONNECTED 7287
unix 3 [ ]  STREAM CONNECTED 7286
```

实例 6-8 #netstat –i。

显示网卡列表。

```
#netstat -i
Kernel Interface table
Iface MTU Met RX-OK RX-ERR RX-DRP RX-OVR TX-OK TX-ERR TX-DRP TX-OVR Flg
eth0 1500  0 151818887 0 0 0 198928403 0 0 0 BMRU
lo  16436 0 107235   0 0 0 107235   0 0 0 LRU
```

Linux 操作系统中相关的网络调试命令比较多，每个命令涉及的参数也很多，本章只介绍了作为 Linux 的使用者需要掌握的基本网络调试命令，而网络管理员还需要更系统地掌握其他命令和相关参数。

6.2.2 网络故障排查基本流程

网络故障排查是一项非常复杂的工作，操作系统的使用者也需要掌握一些简单的主机网络故障排查方式和流程，能够处理日常的基本故障。

1. 检查本机 IP 地址及网关地址是否正确

无法访问 Internet 时，先检查当前主机的 IP 地址、网关和域名服务器是否正确，检查网卡本身工作情况、传输介质连接情况。对于动态分配 IP 地址，使用 ipconfig /all 查看。若配置不正确，查看 DHCP 服务器。

对于 Linux 主机，用 ifconfig 命令获得当前主机 IP 地址，route 查看路由表，注意默认路由。

2. 检查到网关和代理的网络是否畅通

使用 ping 和 traceroute 命令测试网关和代理网络是否可以连通，如果不通，测试中断节点并进行故障排查。

3. 检查与 DNS 服务器的连接

使用 nslookup 命令测试与 DNS 服务器的连接，建议配置两个以上 DNS 服务器地址，以防在主 DNS 出现故障的情况下可以起到备用的作用。

4. 测试域名解析是否正确

使用 nslookup 命令测试域名解析的正确性，分析出现错误的原因是在 DNS 服务器端，还是目标主机。

本章小结

随着 Internet 和 Intranet 的普及与飞速发展，操作系统的使用者需要掌握一些网络相关配置和网络基本故障排查的知识，作为 Linux 操作系统的使用者也不例外，在日常的工作和学习过程中，操作系统难免会出现一些问题，有些常见的问题可能需要基本的网络接口命令、网络配置文件的修改就可以完成。掌握了这些，使用者就可以在第一时间解决相关问题，而不要等待专业技术人员的到来，提高了办公效率。

有些时候，我们可能需要修改操作系统的一些信息，而物理主机又不在本地，我们可以利用 Linux 的 Telnet 功能实现远程登录来完成相应操作。

思考与练习

一、选择题

1. 在 Linux 中，一般用（　　）命令来查看网络接口的状态。

A. ping　　B. ipconfig　　C. winipcfg　　D. ifconfig

2. 可以修改以太网 mac 地址的命令为（　　）。

A. ping　　B. ifconfig　　C. arp　　D. traceroute

3. 局域网的网络地址是 19.168.1.0/24，局域网络连接其他网络的网关地址是 19.168.1.1，主机 19.168.1.20 访问 17.16.1.0/24 网络时，其路由设置正确的是（　　）。

A. route add –net 19.168.1.0 gw 19.168.1.1 netmask 255.255.255.0 metric 1

B. route add –net 17.16.1.0 gw 19.168.1.1 netmask 255.255.255.0 metric 1

C. route add –net 17.16.1.0 gw 17.168.1.1 netmask 255.255.255.0 metric 1

D. route add default 19.168.1.0 netmask 17.168.1.1 metric 1

4. 下列提法中，不属于 ifconfig 命令作用范围的是（　　）。

A. 配置本地回环地址　　B. 配置网卡的 IP 地址

C. 激活网络适配器　　D. 加载网卡到内核中

5. 下列文件中，包含了主机名到 IP 地址的映射关系的文件是（　　）。

A. /etc/HOSTNAME　　B. /etc/hosts

C. /etc/resolv. conf　　D. /etc/networks

6. 当我们与某远程网络连接不上时，就需要跟踪路由查看，以便了解在网络的什么位置出现了问题，满足该目的的命令是（　　）。

A. ping　　B. ifconfig　　C. traceroute　　D. netstat

二、填空题

1. 查看当前主机名使用________命令，临时设置主机名使用________命令，但是这样不会将配置保存到________配置文件中，系统重启后修改的主机名就会失效，为了使主机名更改长期生效，需要修改________文件中________的值，然后重启计算机系统。

2. Linux 系统中对网卡的命名是 ethx，其中 x 表示________，从________开始，类似 Windows 中的“本地连接 x”。

3. 在 ping -s 命令中，-s 表示发送出去的________数据包大小，默认为________，再加________的________表头信息。

4. ________指令可以追踪网络数据包的路由途径，预设数据包大小是________，用户可另行设置。

三、简答题

1. 简述如下配置文件各项参数的含义。

```
#cat /etc/sysconfig/network-scripts/ifcfg-eth0
DEVICE=eth0
ONBOOT=yes
BOOTPROTO=static
IPADDR=222.27.50.82
NETMASK=255.255.255.0
GATEWAY=222.27.50.254
```

2. 简述 ifconfig 命令能够完成哪些命令，并举例说明。

3. 简述/etc/hosts 文件的作用。

4. 简述 ping 命令返回信息中各项的含义。分析 ping 命令给网络管理者和黑客分别带来了什么帮助。

5. 简述网络故障排查的基本流程。

第7章 DHCP服务器配置

动态主机配置协议（Dynamic Host Configuration Protocol，DHCP）通常被应用在大型的局域网络环境中，主要作用是集中的管理、分配 IP 地址，使网络环境中的主机动态地获得 IP 地址、Gateway 地址、DNS 服务器地址等信息，并能够提升地址的使用率。

DHCP 协议采用客户端/服务器模型，主机地址的动态分配任务由网络主机驱动。当 DHCP 服务器接收到来自网络主机申请地址的信息时，才会向网络主机发送相关的地址配置等信息，以实现网络主机地址信息的动态配置。

7.1 DHCP 服务的工作原理

7.1.1 DHCP 简介

DHCP 的前身是 BOOTP，它工作在 OSI 的应用层，是一种帮助计算机从指定的 DHCP 服务器获取配置信息的自举协议。DHCP 使用客户端 / 服务器模式，请求配置信息的计算机叫作“DHCP 客户端”，而提供信息的叫作“DHCP 服务器”。DHCP 为客户端分配地址的方法有 3 种，即手工配置、自动配置和动态配置。DHCP 最重要的功能就是动态分配，除了 IP 地址，DHCP 还为客户端提供其他的配置信息，如子网掩码、默认网关和 DNS 服务器地址，从而使得客户端无需用户操作即可自动配置并连接网络。

7.1.2 DHCP 的优势

DHCP 在快速发送客户端网络配置方面很有用，当配置客户端系统时，若管理员选择 DHCP，则不必输入 IP 地址、子网掩码、网关或 DNS 服务器，客户端从 DHCP 服务器中检索这些信息。DHCP 在网络管理员想改变大量系统的 IP 地址时也有用，与其重新配置所有系统，不如编辑服务器中的一个用于新 IP 地址集合的 DHCP 配置文件。如果某机构的 DNS 服务器改变，这种改变只需在 DHCP 服务器中，而不必在 DHCP 客户端上进行。一旦客户端的网络被重新启动或客户端重新引导系统，改变就会生效。除此之外，如果便携电脑或任何类型的可移动计算机被配置使用 DHCP，只要可达网络中有一个允许其联网的 DHCP 服务器，它就可以不必重新配置而在这个可达网络的范围内自由移动。

7.1.3 DHCP 的工作流程

DHCP 的租用过程分为发现、提供、选择和确认 4 个阶段，除此之外在 DHCP 的整个租用过程中还会出现重新登录和更新租约两种情况。详细过程如图 7-1 所示。

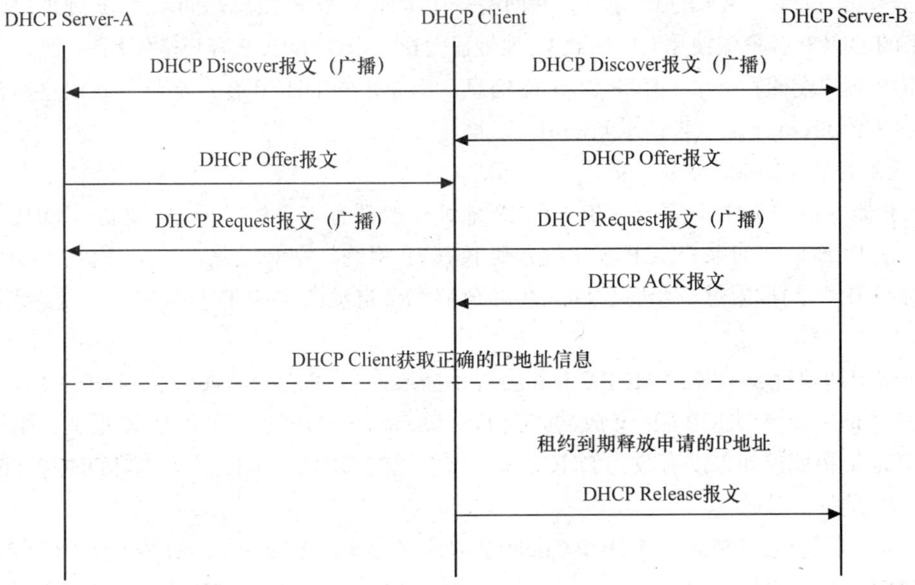

DHCP Server-A　　DHCP Client　　DHCP Server-B

DHCP Discover报文（广播）　　DHCP Discover报文（广播）

DHCP Offer报文　　DHCP Offer报文

DHCP Request报文（广播）　　DHCP Request报文（广播）

DHCP ACK报文

DHCP Client获取正确的IP地址信息

租约到期释放申请的IP地址

DHCP Release报文

图 7-1　DHCP 租用过程

1. 发现阶段（Discover）

发现阶段即 DHCP 客户端查找 DHCP 服务器的阶段。客户机以广播方式（因为 DHCP 服务器的 IP 地址对于客户端来说是未知的）发送 DHCP Discover 信息来查找 DHCP 服务器，即向地址 255.255.255.255 发送特定的广播信息。网络上每一台安装了 TCP/IP 的主机都会接收到这种广播信息，但只有 DHCP 服务器才会做出响应。

2. 提供阶段（Offer）

提供阶段即 DHCP 服务器提供 IP 地址的阶段，在网络中接收到 DHCP Discover 信息的 DHCP 服务器都会做出响应。它从尚未出租的 IP 地址中挑选一个分配给 DHCP 客户端，向其发送一个包含出租的 IP 地址和其他设置的 DHCP Offer 信息。

3. 选择阶段（Request）

选择阶段即 DHCP 客户端选择某台 DHCP 服务器提供的 IP 地址的阶段。如果有多台 DHCP 服务器向 DHCP 客户端发送 DHCP Offer 信息，则 DHCP 客户端只接受第 1 个收到的 DHCP Offer 信息。然后它就以广播方式回答一个 DHCP Request 信息，该信息中包含向它所选定的 DHCP 服务器请求 IP 地址的内容。之所以要以广播方式回答，是为了通知所有 DHCP 服务器，它将选择某台 DHCP 服务器所提供的 IP 地址。

4. 确认阶段（ACK）

确认阶段即 DHCP 服务器确认所提供的 IP 地址的阶段。当 DHCP 服务器收到 DHCP 客户端回答的 DHCP Request 信息之后，它向 DHCP 客户端发送一个包含其所提供的 IP 地址和其他设置的 DHCP ACK 信息，告诉 DHCP 客户端可以使用该 IP 地址，然后 DHCP 客户端便将其 TCP/IP 与网卡绑定。另外，除 DHCP 客户端选中的服务器外，其他的 DHCP 服务器都将收回曾提供的 IP 地址。

5. 重新登录

以后 DHCP 客户端每次重新登录网络时，不需要发送 DHCP discover 信息，而是直接发送包含前一次所分配的 IP 地址的 DHCP Request 信息。当 DHCP 服务器收到这一信息后，它会尝试让 DHCP 客户端继续使用原来的 IP 地址，并回答一个 DHCP ACK 信息。如果此 IP 地址已无法再分配给原来的 DHCP 客户端使用（比如此 IP 地址已分配给其他 DHCP 客户端使用），则 DHCP 服务器给 DHCP 客户端回答一个 DHCP NACK 信息。当原来的 DHCP 客户端收到此信息后，必须重新发送 DHCP Discover 信息来请求新的 IP 地址。

6. 更新租约（Release）

DHCP 服务器向 DHCP 客户端出租的 IP 地址一般都有一个租借期限，期满后 DHCP 服务器便会收回该 IP 地址。如果 DHCP 客户端要延长其 IP 租约，则必须更新其 IP 租约。DHCP 客户端启动时和 IP 租约期限过一半时，DHCP 客户端都会自动向 DHCP 服务器发送更新其 IP 租约的信息。

在使用租期超过 50%时，DHCP Client 会以单播形式向 DHCP Server 发送 DHCP Request 报文来续租 IP 地址。如果 DHCP Client 成功收到 DHCP Server 发送的 DHCP ACK 报文，则按相应时间延长 IP 地址租期；如果没有收到 DHCP Server 发送的 DHCP ACK 报文，则 DHCP Client 继续使用这个 IP 地址。

在使用租期超过 87.5%时，DHCP Client 会以广播形式向 DHCP Server 发送 DHCP Request 报文来续租 IP 地址。如果 DHCP Client 成功收到 DHCP Server 发送的 DHCP ACK 报文，则按相应时间延长 IP 地址租期；如果没有收到 DHCP Server 发送的 DHCP ACK 报文，则 DHCP Client 继续使用这个 IP 地址，直到 IP 地址使用租期到期时，DHCP Client 才会向 DHCP Server 发送 DHCP Release 报文来释放这个 IP 地址，并开始新的 IP 地址申请过程。

需要说明的是：DHCP 客户端可以接收到多个 DHCP 服务器的 DHCP Offer 数据包，然后可能接受任何一个 DHCP Offer 数据包，但客户端通常只接受收到的第一个 DHCP Offer 数据包。另外，DHCP 服务器 DHCP Offer 中指定的地址不一定为最终分配的地址，通常情况下，DHCP 服务器会保留该地址直到客户端发出正式请求。

7.2 DHCP 服务端配置

7.2.1 DHCP 配置文件

可以使用 RHEL7 自身携带的 RPM 包安装，安装结束后 DHCP 端口监督程序 dhcpd 配置文件是/etc/dhcp 目录中的名为 dhcpd.conf 的文件，该文件通常包括 3 个部分，即 parameters 参数、declarations 声明和 option 选项。默认情况下/etc/dhcp/dhcpd.conf 并不存在，或者没有内容，需要手工建立该文件。但是当安装了 DHCP 服务器后便提供了一个配置文件的模板，即/usr/share/doc/dhcp-x.x/dhcpd.conf.example 文件，可以使用如下命令将 dhcpd.conf.example 复制到/etc/dhcp 目录中。

```
#cp /usr/share/doc/dhcp-x.x/dhcpd.conf.example /etc/dhcp/dhcpd.conf
```

1. DHCP 配置文件中的 parameters（参数）

parameters 表明如何执行任务，以及是否要执行任务或将哪些网络配置选项发送给客户端，DHCP 配置文件的主要参数如表 7-1 所示。

表 7-1 DHCP 配置文件中的主要参数

参　　数	解　　释
ddns-update-style	配置 DHCP-DNS 互动更新模式
default-lease-time	指定默认租赁时间的长度，单位是秒
max-lease-time	指定最大租赁时间长度，单位是秒
hardware	指定网卡接口类型和 MAC 地址
server-name	通知 DHCP 客户端服务器名称
get-lease-hostnames flag	检查客户端使用的 IP 地址
fixed-address ip	分配给客户端一个固定的地址
authoritative	拒绝不正确的 IP 地址的要求

2. DHCP 配置文件中的 declarations（声明）

declarations 用来描述网络布局及提供客户的 IP 地址等，主要声明如表 7-2 所示。

表 7-2 DHCP 配置文件中的主要声明

声　　明	解　　释
shared-network	用来告知是否一些子网络共享相同网络
subnet	描述一个 IP 地址是否属于该子网
range 起始 IP 终止 IP	提供动态分配 IP 的范围
host 主机名称	参考特别的主机
group	为一组参数提供声明
allow unknown-clients；deny unknown-client	是否动态分配 IP 给未知的使用者
allow bootp;deny bootp	是否响应激活查询
allow booting；deny booting	是否响应使用者查询
filename	开始启动文件的名称，应用于无盘工作站
next-server	设置服务器从引导文件中装入主机名，应用于无盘工作站

3. DHCP 配置文件中的 option（选项）

option 用来配置 DHCP 可选参数，全部用 option 关键字作为开始，主要选项如表 7-3 所示。

表 7-3 DHCP 配置文件中的主要选项

选　　项	解　　释
subnet-mask	为客户端设定子网掩码
domain-name	为客户端指明 DNS 名字
domain-name-servers	为客户端指明 DNS 服务器的 IP 地址
host-name	为客户端指定主机名称
routers	为客户端设定默认网关
broadcast-address	为客户端设定广播地址
ntp-server	为客户端设定网络时间服务器的 IP 地址
time-offset	为客户端设定格林威治时间的偏移时间，单位是秒
nis-server	为客户端设定 nis 域名

7.2.2 配置 DHCP 服务器

RHEL7 DHCP 服务器安装过程如下。

1. 加载光驱

首先插入 Redhat 的安装光盘，加载光驱。

```
#mount /dev/cdrom /media/
mount: block device /dev/cdrom is write-protected, mounting read-only
```

加载成功。

2. 安装 DHCPD 服务软件

```
#rpm -ivh /media/Packages/dhcp-4.1.1-25.P1.el6.i686.rpm
warning: /media/Packages/dhcp-4.1.1-25.P1.el6.i686.rpm:Header V3 RSA/SHA256 Signature,
key ID fd431d51: NOKEY
Preparing...
########################################### [100%]
1:dhcp
########################################### [100%]
```

提示 100%说明安装成功。

3. DHCP 服务的配置

dhcpd.conf 是 DHCP 服务的配置文件，DHCP 服务所有参数都是通过修改 dhcpd.conf 文件来实现的，安装后 dhcpd.conf 是没有做任何配置的，dhcpd.conf 文件是在/etc/dhcp/目录下的。

我们可以使用#cat dhcpd.conf 命令来查看一下文件内容。

```
# DHCP Server Configuration file.
# see /usr/share/doc/dhcp*/dhcpd.conf.sample
# see 'man 5 dhcpd.conf'
```

接下来将/usr/share/doc/ dhcp-4.1.1/dhcpd.conf.sample 复制为 dhcpd.conf 文件进行配置。

```
#cp /usr/share/doc/dhcp-4.1.1/dhcpd.conf.sample /etc/dhcp/dhcpd.conf
cp:是否覆盖"dhcpd.conf"? y
```

复制好了，先看一下模板的内容。

```
#cat dhcpd.conf
```

通过文件内容，我们可以发现模板里就是有几个子网的模板信息，告诉我们可以怎么样来定义我们要分配的 IP 地址。文件内容里很多都是用到域名，其实在实际使用过程中我们都是使用 IP 地址的。

在下面的实例中使用一个 name.ccut.edu.cn 的虚拟域名，用户需要修改其中的内容以满足网络的需求。/etc/dhcp/dhcpd.conf 文件的内容如下。

实例配置的文件分为两个部分，即子网配置信息和全局配置信息。可以有多个子网，这里为了简化，只指定了一个子网。

（1）Subnet

在上面的例子中，一个子网声明以“subset”关键字开始，所以子网信息包括在{}中。{}中的配置信息只对该子网有效，会覆盖全局配置。

（2）Global

所有子网以外的配置都是全局配置，如果同一个全局配置没有被子网配置覆盖，则其将对所有子网生效。

```
# The options outside a subnet directive are global unless
# over-ridden by the same setting inside the subnet directive.
option domain-name-servers 202.198.176.1,202.98.0.68;      //指定客户端应该使用的 DNS 服务器，该选项可以用于全局参数或者子网参数
default-lease-time  21600;      //指定客户端需要刷新配置信息的时间间隔（秒）
max-lease-time  43200;          //为客户端用于无法从服务器获得任何信息的时间，超过该时间则会丢弃之前从该 DHCP 服务器获得的所有信息，从而转向使用 OS 的默认设置
# If this DHCP server is the official DHCP server for the local
# network,  the authoritative directive should be uncommented.authoritative;
# Use this to send dhcp log messages to a different log file (you also
# have to hack syslog.conf to complete the redirection).log-facility local7;
# Handle client dynamic dns updates
ddns-update-style none; //指定一个方法，客户端用该方法来更新 IP 对应的域名信息，本例中禁用了该特性
subnet 192.168.1.0 netmask 255.255.255.0 {  //指定该子网地址和掩码
```

7.2.3 DHCP 服务器的管理

1. 建立客户端租约文件

运行 DHCP 服务器还需要一个名为“dhcpd.leases”的文件，其中保存所有已经分发的 IP 地址。在 Red Hat Linux 发行版本中，该文件位于/var/lib/dhcp/目录中。如果通过 RPM 安装 ISC DHCP，那么该目录应该已经存在。dhcpd.leases 的文件格式为：

```
leases address {statement}
```

一个典型的文件内容如下：

```
lease 192.168.1.255 {                           //DHCP 服务器分配的 IP 地址
starts 1 2015/05/02 03:02:26;                   //lease 开始租约时间
ends 1 2015/05/02 09:02:26;                     //lease 结束租约时间
binding state active;
next binding state free;
hardware ethernet 00:00:e8:a0:25:86;            //客户机网卡 MAC 地址
uid "\001\000\000\350\240%\206";                //用来验证客户机的 UID 标志
```

lease 开始租约时间和 lease 结束租约时间是格林威治标准时间（GMT），不是本地时间。

第 1 次运行 DHCP 服务器时，dhcpd.leases 是一个空文件，也不用手工建立。如果不是通过 RPM 安装 ISC DHCP，或者 dhcpd 已经安装，那么应该试着确定 dhcpd 将其 lease 文件写到何处并确保该文件存在。也可以手工建立一个空文件。

```
#touch /var/lib/dhcp/dhcpd.leases
```

2. 启动和检查 DHCP 服务器

使用命令启动 DHCP 服务器：

```
#service dhcpd start
```

使用 ps 命令检查 dhcpd 进程：

```
#ps -ef | grep dhcpd
root 2402 1 0 14:25 ? 00:00:00 /usr/sbin/dhcpd
root 2764 2725 0 14:29 pts/2 00:00:00 grep dhcpd
```

使用 netstat 检查 dhcpd 运行的端口：

```
#netstat -nutap | grep dhcpd
udp 0 0 0.0.0.0:67 0.0.0.0:* 2402/dhcpd
```

设置服务器重启后也自动重启 dhcpd 服务：

```
#chkconfig  dhcpd on
```

3. 设置 DHCP 转发代理

DHCP 的转发代理（dhcrelay）允许把无 DHCP 服务器子网内的 DHCP 和 BOOTP 请求转发给其他子网内的一台或多台 DHCP 服务器。当某个 DHCP 客户端请求信息时，DHCP 转发代理把该请求转发给 DHCP 转发代理启动时所指定的一台 DHCP 服务器。当某台 DHCP 服务器返回一个回应时，该回应被广播或单播给发送最初请求的网络。除非使用 INTERFACES 指令在/etc/sysconfig/dhcrelay 文件中指定了接口，否则 DHCP 转发代理监听所有接口上的 DHCP 请求。要启动 DHCP 转发代理，使用命令：

```
#service dhcrelay start
```

4. 从指定端口启动 DHCP 服务器

如果系统连接不止一个网络接口，但是只想让 DHCP 服务器启动其中之一，则可以配置 DHCP 服务器只在相应设备上启动。在/etc/sysconfig/dhcpd 中，把接口的名称添加到 DHCPDARGS 的列表中。

```
#Command line options here
DHCPDARGS=eth0
```

如果有一个带有两块网卡的防火墙机器，这种方法就会大派用场。一块网卡可以被配置成 DHCP 客户端从互联网上检索 IP 地址，另一块网卡可以被用作防火墙之后的内部网络的 DHCP 服务器。仅指定连接到内部网络的网卡使系统更加安全，因为用户无法通过互联网来连接其守护进程。

其他可在/etc/sysconfig/dhcpd 中指定的命令行选项如下。

（1）-p<portnum>：指定 dhcpd 应该监听的 UDP 端口号码，默认值为 67。DHCP 服务器在比指定的 UDP 端口大一位的端口号上把回应传输给 DHCP 客户端。例如，如果使用默认端口 67，服务器就会在端口 67 上监听请求，然后在端口 68 上回应客户。如果在此处指定了一个端口号，并且使用了 DHCP 转发代理，所指定的 DHCP 转发代理所监听的端口必须是同一端口。

（2）-f：把守护进程作为前台进程运行，在调试时最常用。

（3）-d：把 DCHP 服务器守护进程记录到标准错误描述器中，在调试时最常用。如果未指定，日志将被写入/var/log/messages 中。

（4）-cf<filename>：指定配置文件的位置，默认为/etc/dhcpd.conf。

（5）-lf<filename>：指定租期数据库文件的位置。如果租期数据库文件已存在，在 DHCP 服务器每次启动时使用同一个文件至关重要。建议只在无关紧要的机器上为调试目的才使用该选项，默认为/var/lib/dhcp/dhcpd.leases。

（6）-q：在启动该守护进程时，不要显示整篇版权信息。

5. 管理 DHCP 服务器端口

常见的 DHCP 服务器是 dhcpd，可以通过命令行设定其监听端口。例如，使用以下命令：

```
#dhcpd eth0
```

该命令允许 dhcpd 进程只在 eth0 网络端口上工作，默认为监听所有端口。由于 DHCP 同样使用 67 和 68 端口通信，所以更改该端口将造成 DHCP 服务无法正常使用。

7.3　DHCP 客户端配置

7.3.1　在 Linux 下配置 DHCP 客户端

配置 DHCP 客户端的第 1 步是确定内核能够识别网卡，多数网卡会在安装过程中被识别，系统会为该网卡配置恰当的内核模块。如果在安装后添加了一块网卡，Kudzu 应该会识别它，并提示为其配置相应的内核模块。通常网管员选择手工配置 DHCP 客户端，需要修改/etc/sysconfig /network 文件来启用联网；修改/etc/sysconfig/network-scripts 目录中每个网络设备的配置文件，在该目录中的每种设备都有一个叫作“ifcfg-eth？”的配置文件。eth？是网络设备的名称，如 eth0 等。如果想在引导时启动联网，NETWORKING 变量必须被设为 yes。除此之外，/etc/sysconfig/network 文件应该包含以下行：

```
NETWORKING=yes                          //是否启用网络
DEVICE=eth0                             //选择网络适配器
BOOTPROTO=dhcp                          //BOOTP 协议类型
ONBOOT=yes
```

每种需要配置使用 DHCP 的设备都需要一个配置文件。其他网络脚本包括的选项如下。

（1）DHCP_HOSTNAME：只有当 DHCP 服务器在接收 IP 地址前需要客户端指定主机名时才使用该选项。

（2）PEERDNS=<answer>：<answer>取值为如下之一。

- yes：使用来自服务器的信息来修改/etc/resolv.conf。若使用 DHCP，那么 yes 是默认值。
- no：不要修改/etc/resolv.conf。

（3）SRCADDR=<address>：<address>是用于输出包的指定源 IP 地址。

（4）USERCTL=<answer>：<answer>取值如下之一。

- yes：允许非根用户控制该设备。
- no：不允许非根用户控制该设备。

7.3.2　在 Windows 下设置 DHCP 客户端

Windows 各个版本的配置方法基本相同，DHCP 客户端的配置很简单。只需要在“控制面板”中双击“网络连接”图标，然后在“本地连接属性”对话框中选择“Internet 协议（TCP/IP）”属性。

“常规”选项卡中选择“自动获取 IP 地址”和“自动获取 DNS 服务器地址”单选按钮，如图 7-2 所示。

现在应该已经可以将一个客户机接入到网络中，并通过 DHCP 请求一个 IP 地址。要通过 Windows 客户端测试，在 DOS 提示符下执行以下操作。

（1）显示 DHCP 客户端的信息，执行命令：

```
ipconfig/all
```

Internet 协议版本 4 (TCP/IPv4) 属性

常规　备用配置

如果网络支持此功能，则可以获取自动指派的 IP 设置。否则，您需要从网络系统管理员处获得适当的 IP 设置。

◉ 自动获得 IP 地址(O)
○ 使用下面的 IP 地址(S):
IP 地址(I):
子网掩码(U):
默认网关(D):

◉ 自动获得 DNS 服务器地址(B)
○ 使用下面的 DNS 服务器地址(E):
首选 DNS 服务器(P):
备用 DNS 服务器(A):

☐ 退出时验证设置(L)　高级(V)...

确定　取消

图 7-2　Windows 操作系统配置 DHCP 客户端

ipconfig/all 命令的执行如图 7-3 所示。

图 7-3　Windows 操作系统显示 DHCP 客户端信息

（2）清除适配器可能已经拥有的 IP 地址信息，执行命令：

```
ipconfig /release
```

（3）向 DHCP 服务器请求一个新的 IP 地址，执行命令：

```
ipconfig /renew
```

7.4　DHCP 服务器的故障排除

通常配置 DHCP 服务器很容易，有一些技巧可以帮助避免出现问题。对服务器而言，要确保网卡正常工作并具备广播功能；对客户端而言，要确保网卡正常工作。最后，要考虑网络的拓扑，以及客户端向 DHCP 服务器发出的广播消息是否会受到阻碍。另外，如果 dhcpd 进程没有启动，那么可以浏览 syslog 消息文件来确定是哪里出了问题，这个消息文件通常是/var/log/messages。

1. 客户端无法获取 IP 地址

DHCP 服务器配置完成且没有语法错误，但是网络中的客户端却无法取得 IP 地址。这通常是由于 Linux DHCP 服务器无法接收来自 255.255.255.255 的 DHCP 客户端的 request 封包造成的，一般是 Linux DHCP 服务器的网卡没有设置 MULTICAST 功能。为了让 dhcpd（dhcp 程序的守护进程）能够正常地和 DHCP 客户端沟通，dhcpd 必须传送封包到 255.255.255.255 这个 IP 地址。但是在有些 Linux 系统中，255.255.255.255 这个 IP 地址被用来作为监听区域子网域（local subnet）广播的 IP 地址。所以需要在路由表（routing table）中加入 255.255.255.255 以激活 MULTICAST 功能，执行命令：

```
#route add -host 255.255.255.255 dev eth0
```

如果报告错误消息：

```
255.255.255.255:Unkown host
```

那么修改/etc/hosts，加入如下命令：

```
255.255.255.255 dhcp
```

2. DHCP 客户端程序和 DHCP 服务器不兼容

由于 Linux 有许多发行版本，不同版本使用的 DHCP 客户端和 DHCP 服务器程序也不相同。Linux 提供了 4 种 DHCP 客户端程序，即 pump、dhclient、dhcpxd 和 dhcpcd。了解不同 Linux 发行版本的服务器端和客户端程序对于排除常见错误是必要的，如果使用 SuSE Linux 9.1 DHCP 服务器和使用 Mandrake Linux 9.0 客户端不兼容的情况，则必须更换客户端程序。方法是停止客户端的网络服务，卸载原程序，然后安装和服务器端兼容的程序。

本章小结

由于 IPv4 地址资源的枯竭与 IPv6 由于种种原因目前还未被商业化，DHCP 服务器已经成为现在无论是办公场所，还是家庭上网不可或缺的服务之一。而作为网络管理者需要配置适应网络环境的 DHCP 服务器来为客户端合理地分配 IP 地址、子网掩码、默认网关和 DNS 服务器等相关参数。在分配的过程中需要考虑 DHCP 的租约、地址更新、主机的访问控制和客户端的配置等信息，配置一套完整、合理的 IP 地址分配系统。

思考与练习

一、选择题

1. 下面关于 DHCP 服务器的配置文件描述正确的是（　　）。

A. DHCP 服务器的配置文件为 /etc/dhcp/dhcpd.conf

B. DHCP 服务器的配置文件为 /etc/dhcpd.conf

C. DHCP 服务器的配置文件默认是存在的，不需要创建

D. DHCP 服务器的配置文件默认是不存在的，需要手工创建

2. DHCP 的前身是（　　）。

A. BOOTP　　B. GRUB　　C. SMTP　　D. VSFTPD

3. 在使用租期超过（　　）时，DHCP Client 会以单播形式向 DHCP Server 发送 DHCP Request 报文来续租 IP 地址。

A. 25%　　B. 50%　　C. 75%　　D. 87.5%

4. 在使用租期超过（　　）时，DHCP Client 会以广播形式向 DHCP Server 发送 DHCP Request 报文来续租 IP 地址。

A. 25%　　B. 50%　　C. 75%　　D. 87.5%

二、填空题

1. 当安装了 DHCP 服务器后便提供了一个配置文件的模板，即________文件，可以使用________命令将其复制到________目录中。

2. 运行 DHCP 服务器还需要一个名为________的文件，其中保存所有已经分发的 IP 地址。在 Red Hat Linux 发行版本中，该文件位于________目录中。

3. 要启动 DHCP 转发代理，使用命令________。

三、简答题

1. 简述 DHCP 的租借过程。

2. 解释如下/etc/dhcp/dhcpd.conf 文件各项配置参数的含义。

```
option domain-name-servers 202.198.176.1,202.98.0.68;
default-lease-time 21600;
max-lease-time 43200;
ddns-update-style none;   subnet 192.168.1.0 netmask 255.255.255.0
{  option domain-name "name.ccut.edu.cn";
   range 192.168.200.1 192.168.1.200;
   option routers 192.168.1.254;
}
```

3. 简述在 Linux 和 Windows 操作系统中启动 DHCP 客户端的过程。

4. 某网络欲分配一个 DHCP 地址段 222.27.50.100-200/24。默认网关为 222.27.50.254，DNS 服务器为 202.198.176.1，所属的域为 ccut.edu.cn。请根据以上信息给出在 Linux 下 DHCP 服务器的配置过程。

5. 简述 DHCP 服务器的常见故障及排除办法。

第8章 Web服务器配置

Web服务是一个平台独立的、低耦合的、自包含的、基于可编程的Web的应用程序，可使用开放的XML（标准通用标记语言下的一个子集）标准来描述、发布、发现、协调和配置这些应用程序，用于开发分布式的互操作的应用程序。

Web服务技术使得运行在不同机器上的不同应用无需借助附加的、专门的第三方软件或硬件，就可相互交换数据或集成。依据Web服务规范实施的应用之间，无论它们所使用的语言、平台或内部协议是什么，都可以相互交换数据。Web服务是自描述、自包含的可用网络模块，可以执行具体的业务功能。Web服务也很容易部署，因为它基于一些常规的产业标准以及已有的一些技术，比如标准通用标记语言下的子集 XML、HTTP。Web 服务减少了应用接口的开销。Web 服务为整个企业甚至多个组织之间的业务流程的集成提供了一个通用机制。

Web已经成为计算机网络服务中不可或缺的组成部分，各种Web服务器产品也比比皆是，本章主要介绍基于Apache的Linux环境下的Web服务器配置过程。

8.1 Apache简介

8.1.1 Apache的起源

Apache HTTP Server（简称Apache）是Apache软件基金会的一个开放源码的网页服务器，可以在大多数计算机操作系统中运行，由于其多平台和安全性被广泛使用，是最流行的Web服务器端软件之一。它快速，可靠并且可通过简单的API扩展，将Perl/Python等解释器编译到服务器中。

Apache HTTP服务器是一个模块化的服务器，源于NCSAhttpd（NCSA是国家超级计算机应用中心的简称）服务器，经过多次修改，成为世界使用排名第一的Web服务器软件。它可以运行在几乎所有广泛使用的计算机平台上。

Apache源于NCSAhttpd服务器，经过多次修改，成为世界上最流行的Web服务器软件之一。Apache取自“a patchy server”的读音，意思是充满补丁的服务器，因为它是自由软件，所以不断有人来为它开发新的功能、新的特性，修改原来的缺陷。Apache的特点是简单，速度快，性能稳定，并可做代理服务器来使用。

本来它只用于小型或试验 Internet 网络，后来逐步扩充到各种 UNIX 系统中，尤其对 Linux 的支持非常好。Apache有多种产品，可以支持SSL技术，支持多个虚拟主机。Apache是以进程为基础的结构，进程要比线程消耗更多的系统开支，不太适合于多处理器环境，因此，在一个

Apache Web 站点扩容时，通常是增加服务器或扩充群集节点，而不是增加处理器。到目前为止，Apache 仍然是世界上用的最多的 Web 服务器，市场占有率达 50%左右。世界上很多著名的网站如 Amazon、Yahoo!、W3 Consortium、Financial Times 等都是 Apache 的产物，它的成功之处主要在于它的源代码开放，有一支开放的开发队伍，支持跨平台的应用（可以运行在几乎所有的 UNIX、Windows、Linux 系统平台上）以及它的可移植性等方面。

Apache 的诞生极富有戏剧性。当 NCSAWWW 服务器项目停顿后，那些使用 NCSAWWW 服务器的人们开始交换他们用于该服务器的补丁程序，他们也很快认识到成立管理这些补丁程序的论坛是必要的。就这样，诞生了 Apache Group，后来这个团体在 NCSA 的基础上创建了 Apache。

Apache 在最鼎盛时期占据了全球 Web 服务器超过 70%的市场，虽然目前在全球活跃网站中使用 Apache 的已经下降到了 50%左右，但是它仍稳居 Web 服务器市场使用率的第一名。

8.1.2 Apache 的版本及特性

1. Apache 的版本

在 Internet 上，Apache 是占有率最高的 Web 服务器。

当前，Apache 主要有两种流行的版本，第一种是 1.3 版，这是比较早期，但十分成熟稳定的版本。第二种是 2.x 版，这是 Apache 最新的版本，增加和完善了一些功能。目前最新版为 2.4.x。

2. Apache 的特性

- 支持最新的 HTTP 通信协议。
- 拥有简单而强有力的基于文件的配置过程。
- 支持通用网关接口。
- 支持基于 IP 和基于域名的虚拟主机。
- 支持多种方式的 HTTP 认证。
- 集成 Perl 处理模块。
- 集成代理服务器模块。
- 支持实时监视服务器状态和定制服务器日志。
- 支持服务器端包含指令（SSI）。
- 支持安全 Socket 层（SSL）。
- 提供用户会话过程的跟踪。
- 支持 FastCGI。
- 通过第三方模块可以支持 Java Servlets。

基于以上优势，如果准备选择 Web 服务器，Apache 仍然是最佳选择。

8.2 Apache 服务器的基本配置

8.2.1 Apache 的运行

1. Apache 的配置文件

（1）httpd.conf：是 Apache 的主配置文件，通常位于$ServerRoot 目录下的 conf 目录中；httpd.conf 文件修改后只有在 httpd 重启后才重新读取，所以修改 httpd.conf 必须要重启 Apache 才有效。

（2）.htaccess：http.conf 文件通常用于 Apache 控制全局的配置信息，httpd.conf 提供了对某一个或多个目录控制，但是当目录增加到很多时，httpd.conf 会急剧膨胀，也会吃不消的，所以，可以用.htaccess 文件对指定的目录进行命令控制。.htaccess 文件位于想要控制的目录中，可以对此目录以及所有子目录设置授权、目录索引(?)、过滤器及其他的控制命令。注：可以用 AccessFileName 对.htaccess 重新命名，AccessFileName .direaccess，但一般情况下不要修改。

（3）access.conf、srm.conf：在 Apache1.3 以前的版本存在这两个文件，在 Apache2.0 以后就删了。httpd.conf、access.conf、srm.conf 是在 Apache 启动或重启时候就读取并执行文件中的配置，但.htaccess 在 apache 运行过程中需要的时候才读取文件中的配置。

2. Apache 配置文件的格式

这些配置文件有两种类型的信息：可选注释和服务器指令。第一个字符为“#”符号的是注释行，它们对服务器软件不起作用，服务器在对这些文件进行语法分析时会忽略掉所有的注释行；除了注释和空行外，服务器把其他的行认为是完整的或部分的指令。指令又分成与 shell 命令类似的命令和伪 HTML 标记。例如：

```
Directive argument argument                //与 shell 命令类似的命令
<Virtualhost www.ccutsoft.com>             //伪 HTML 标记
    Port 80                                //与 shell 命令类似的命令
</Virtualhost>                             //伪 HTML 标记
```

与 HTML 不同，伪 HTML 标记必须各占一行。我们可以把命令组成一组放在某个伪 HTML 标记中，如上例。

3. Apache 相关命令

（1）Apache 的启动、关闭和重启

有两种典型启动 Apache 的方法：

方法 1：`#service  httpd  start|stop|restart`

方法 2：`#apachectl  start|stop|restart`

上述命令只能一次性启动 Apache 服务器，如果要设置每次开机时自动运行 Apache 服务器，可执行如下指令：

```
#chkconfig  httpd  on
```

（2）检查运行状态

```
#service httpd status
```

（3）检查语法

```
#apachectl  configtest
#httpd  -t
```

（4）查看编译时的配置参数

```
#httpd  -V
```

（5）查看已经被编译到 Apache 中的模块

```
#httpd  -l
```

8.2.2 httpd.conf 文件

1. httpd.conf 配置文件的结构

Apache 的主配置文件是/etc/httpd/conf/httpd.conf，默认情况下有 1000 余行，但是其中有很多是注释行，整个配置文件分为三部分。

（1）Section 1：Global Environment（全局操作）

这段的功能是控制 Apache 服务器进程的全局操作。

（2）Section 2：'Main' server configuration（主服务器配置）

这段的功能是处理任何不被<VirtualHost>段处理的请求，即提供默认处理。请注意，Section 2 中指令都可以写在虚拟主机段中。

（3）Section 3：Virtual Hosts（虚拟主机）

这段的功能是提供虚拟主机配置。

本节将介绍前两部分的主要参数，虚拟主机部分将在 8.3 节中介绍。

2. Section 1：Global Environment

（1）ServerTokens　OS

功能：显示 Apache 的版本和操作系统的名称。

（2）ServerRoot　"/etc/httpd"

功能：设置服务器的根目录。

说明

在 Apache 配置文件中，如果文件名不以“/”开头，则认为是相对路径，会在文件名前加上 ServerRoot 命令指定的默认路径名。

（3）PidFile　run/httpd.pid

功能：指定 Apache 服务器进程的进程号文件存放的位置。很明显，此处文件的存放路径应该补上 ServerRoot 指令的值，即/etc/httpd/run/httpd.pid。

（4）Timeout　300

功能：指定超时间隔为 300 秒。

（5）KeepAlive　Off

功能：设置是否允许保持连接。若值为 On，则表示允许保持连接，即允许一次连接可以连续响应多个请求。

（6）MaxKeepAliveRequests 100

功能：设置一次保持连接最多包含的请求数。0 表示不限制。

（7）KeepAliveTimeout 15

功能：设置一次保持连接的超时间隔为 15s。

（8）服务器池设置

Apache2.x 版提供了两种服务器的工作方式，一种是预派生模式 prefork MPM，另一种是工作者模式 worker MPM。

```
<IfModule prefork.c>
StartServers        8      //Apache 开始运行时，立刻启动 8 个服务器子进程
MinSpareServers     5      //设置最小空闲服务器子进程的个数为 5 个
MaxSpareServers     20     //设置最大空闲服务器子进程的个数为 20 个
```

```
ServerLimit        256      //设置 Apache 服务器子进程的个数最多为 256 个
MaxClients         256      //设置同时响应的客户数最多为 256 个。一般情况下该值小于等于 ServerLimit
                              的值
MaxRequestsPerChild  4000  //设置每个服务器子进程最多可以服务的请求数为 4000 个
</IfModule>
```

（9）Listen 80

功能：设置 Apache 服务器监听的端口号为 80。

说明：也可以设置 Apache 服务器监听的 IP 地址和端口号，如：

```
Listen 202.198.176.20:80
```

（10）动态共享对象支持

```
# Dynamic Shared Object (DSO) Support
LoadModule access_module modules/mod_access.so
LoadModule auth_module modules/mod_auth.so
LoadModule auth_anon_module modules/mod_auth_anon.so
LoadModule ldap_module modules/mod_ldap.so
…
LoadModule cgi_module modules/mod_cgi.so
```

功能：Apache 采用模块化的结构，各种可扩展的特定功能以模块形式存在，而没有静态编进 Apache 的内核，这些模块可以动态地载入 Apache 服务进程中。

（11）Include conf.d/*.conf

功能：将/etc/httpd/conf.d/中所有的.conf 结尾的文件包含进来。这是 Apache 配置文件又一灵活之处，使得 Apache 配置文件具有很好的可扩展性。

（12）ExtendedStatus On

功能：当访问 server-status 时，设置是否显示详细的扩展状态信息。默认情况下为 Off。

如 http://192.168.1.100/server-status 可以查看详细的运行状态信息。

该指令还需要后面的指令段<Location /server-status>相配合。

3. Section 2："Main" server configuration

（1）Apache 服务器子进程的运行身份及属组

User　apache

功能：Apache 服务器子进程运行时的身份为 apache。

Group　apache

功能：Apache 服务器子进程运行时的属组为 apache。

（2）ServerAdmin　root@localhost

功能：设置 Apache 服务器管理员的邮箱。

（3）ServerName　new.host.name:80

功能：设置 Apache 默认站点的名称和端口号。

这里的名称可以是 IP 地址，也可以是域名，如果是域名的话，还需要 DNS 服务器的支持。

（4）UseCanonicalName　Off

功能：设置是否使用规范名称。当值为 Off 时，表示使用由客户提供的主机名和端口号；当值为 On 时，表示使用 ServerName 指令设置的值。

如果有一个 web 服务器，其 ServerName 设置的值是 www.ccut.edu.cn，当用户输入 http://www/index.html 时，有以下两种情况。

如果值为 Off，则相当于 http://www/index.html。

如果值为 On，则相当于 http:// www.ccut.edu.cn/index.html。

（5）DocumentRoot　"/var/www/html"

功能：设置默认 Web 站点的文档根目录为/var/www/html。这是基础设置之一，网站（页）应该存放在此目录下。

（6）根目录的访问控制

```
<Directory />
    Options FollowSymLinks
   AllowOverride None
</Directory>
```

功能：在 main server 段中有很多个 Directory 指令配置段，它的写法有些类似 HTML 的格式。

<Directory />表示要对文件系统的目录进行限制。

Options FollowSymLinks 表示允许跟随符号链接，关于 Options 的值将在 8.3 节中详细介绍。

AllowOverride None 表示不允许覆盖。

（7）文档根目录的访问控制

```
<Directory "/var/www/html">        //针对文档根目录"/var/www/html"进行限制
Options Indexes FollowSymLinks     //设置允许跟随符号连接；Indexes 的含义是如果要访问的文档不存在，则会显示出该目录下的文件目录清单
AllowOverride None                 //不允许覆盖当前配置，即不处理.htaccess 文件
Order allow,deny                   //设置访问控制的顺序，本例为先执行 allow 指令，后执行 deny 指令
Allow from all                     //允许从任何地点访问该目录
</Directory>
```

（8）开放个人主页

默认情况下，Apache 禁用了个人主页功能。如果要开放个人主页功能需要做如下的设置：

```
<IfModule mod_userdir.c>
UserDir disable         //开放个人主页功能
UserDir public_html     //指明个人主页的文档根目录名称为 public_html
</IfModule>
```

当访问 http://www.ccut.edu.cn/~s1/ 时，相当于访问 www.ccut.edu.cn 站点中的文件/home/s1/public_html/index.html，即 s1 用户的个人主页。

开放个人主页示例：

```
<IfModule mod_userdir.c>
    UserDir public_html
    UserDir disabled user2
</IfModule>
```

功能：只禁用 user2 的个人主页功能，开放其他用户的个人主页功能。

（9）对每个用户的个人主页的根目录进行限制

以下配置段默认作为注释，可以将“#”去掉，使之生效。

```
<Directory /home/*/public_html>          //此处用到了“*”来配置任意用户，表示对每个用户的个人主页的根目录进行限制
AllowOverride FileInfo AuthConfig Limit   //允许覆盖 FileInfo、AuthConfig、Limit 这三项的配置
Options MultiViews Indexes SymLinksIfOwnerMatch IncludesNoExec
//设置该目录具有如下选项属性 MultiViews、Indexes SymLinksIfOwnerMatch 和 IncludesNoExec
<Limit GET POST OPTIONS>      //Limit 指令仅针对 http 的方法进行限制，本例是针对 GET、POST 和 OPTIONS 方法进行限制
Order allow,deny
Allow from all
</Limit>
<LimitExcept GET POST OPTIONS>   //除了 LimitExcept 指令中列出方法外，对其他未列出的方法进行限制
Order deny,allow
Deny from all
</LimitExcept>
</Directory>
```

一般情况下，当开放个人主页功能时同时启用该配置段，去掉各配置行的“#”即可。

（10）DirectoryIndex index.html index.html.var

功能：指定每个目录的默认文档名。

index.html.var 是内容协商文档，一般情况下，它挑选一个与客户端的请求最相符合的文档来响应客户，如语言相一致。

（11）AccessFileName . htaccess

功能：指定每个目录中访问控制文件的名称为.htaccess。

（12）文件访问控制

```
<Files ~ "^\.ht">
    Order allow,deny
    Deny from all
</Files>
```

功能：针对以.ht 开头的文件进行访问控制。本例为禁止访问以.ht 开头的文件。

这里采用的是扩展的正则表达式，其中“~”表示匹配，“^” 代表“以…开头”，“\”去掉其后面字符的特殊含义。

（13）TypesConfig /etc/mime.types

功能：指定 mime.types 文件的存放位置，mime.types 文件中存放了 mime 定义的各种文件类型。

（14）DefaultType text/plain

功能：指定默认的文件类型。

（15）mime_magic 模块

```
<IfModule mod_mime_magic.c>
```

```
    MIMEMagicFile /usr/share/magic.mime
    MIMEMagicFile conf/magic
</IfModule>
```

功能：通过该模块使得 server 可以按照文件内容中的各种提示信息来决定文件的类型。

（16）HostnameLookups Off

功能：HostnameLookups 指令用来设置在记录日志时是记录客户机的名称，还是 IP 地址。值为 On 表示记录客户机的名称，值为 Off 表示记录客户机的 IP 地址。为了提高速度、降低流量，一般将该值设置为 Off。

（17）ErrorLog logs/error_log

功能：指定错误日志的存放位置。

（18）LogLevel warn

功能：指定日志记录的级别。

（19）日志格式

```
LogFormat "%h %l %u %t \"%r\" %>s %b \"%{Referer}i\" \"%{User-Agent}i\"" combined
LogFormat "%h %l %u %t \"%r\" %>s %b" common
LogFormat "%{Referer}i -> %U" referer
LogFormat "%{User-agent}i" agent
```

功能：指定日志的格式。

（20）CustomLog logs/access_log combined

功能：指定访问日志的位置和类型。

（21）ServerSignature On

功能：在服务器产生的页面中增加一行，该行包括服务器的版本和虚拟主机的名称。

（22）Alias /icons/ "/var/www/icons/"

功能：定义/icons/为"/var/www/icons/"的别名，也可以认为/icons/虚拟目录，其对应真实目录为"/var/www/icons/"。

当用户在浏览器的地址栏输入 http://www.ccut.edu.cn/icons/时，相当于访问该服务器下的/var/www/icons/目录。

```
<Directory "/var/www/icons">
    Options Indexes MultiViews
    AllowOverride None
    Order allow,deny
    Allow from all
</Directory>
```

（23）WebDAV 模块配置段

```
<IfModule mod_dav_fs.c>
    Location of the WebDAV lock database.
    DAVLockDB /var/lib/dav/lockdb
</IfModule>
```

功能：指定 WebDAV 加锁数据库的位置。

当 WebDAV 功能激活后，允许客户通过 Web 方式维护站点的内容。

（24）ScriptAlias　/cgi-bin/　"/var/www/cgi-bin/"

功能：定义脚本别名，将/cgi-bin/定义为"/var/www/cgi-bin/"的别名。

一般情况下，/cgi-bin/中存放的是 CGI 脚本程序，而且脚本程序应该位于文档根目录之外，所以采用了别名（虚拟目录）的方式。

（25）IndexOptions　FancyIndexing　VersionSort　NameWidth=*

功能：设置自动生成目录列表的显示方式，其中三个值的含义如下。

FancyIndexing：在每种类型的文件前加一个小图标以示区别。

VersionSort：对同一个软件的多个版本进行排序。

NameWidth=*：文件名字段自动适应当前目录下的最长文件名。

（26）图标显示

```
AddIconByEncoding  (CMP,/icons/compressed.gif)  x-compress x-gzip
```

功能：用于指定服务器通过 MIME 编码格式来辨别文件类型并显示图标。

```
AddIconByType  (TXT,/icons/text.gif)  text/*
```

功能：指定服务器通过定义的 MIME 类型来显示图标。

```
AddIcon  /icons/binary.gif .bin .exe
…
AddIcon  /icons/blank.gif  ^^BLANKICON^^
```

功能：指定服务器通过文件的扩展名来显示图标。

（27）DefaultIcon　/icons/unknown.gif

功能：定义默认图标。

（28）目录列表的附加内容

```
ReadmeName README.html
```

功能：在进行目录列表时，会将位于该目录下的 README.html 的内容追加到目录列表末尾。

```
HeaderName HEADER.html
```

功能：在进行目录列表时，会将位于该目录下的 HEADER.html 的内容追加到目录列表开头。

（29）IndexIgnore .??* *~ *# HEADER* README* RCS CVS *,v *,t

功能：定义哪些文件名不参与索引。

（30）语言支持

```
AddLanguage ca .ca
…
AddLanguage zh-CN .zh-cn
```

功能：增加语言支持。

（31）LanguagePriority en ca cs da de el eo es et fr he hr it ja ko ltz nl nn no pl pt pt-BR ru sv zh-CN zh-TW

功能：定义语言优先级。

（32）ForceLanguagePriority Prefer Fallback

功能：指定强制语言优先级的方法，含义如下。

Prefer：当有多种语言可以匹配时，使用 LanguagePriority 列表中的第 1 项。

Fallback：当没有语言可以匹配时，使用 LanguagePriority 列表中的第 1 项。

（33）字符集设置

AddDefaultCharset UTF-8

功能：设置默认字符集为 UTF-8。

```
AddCharset ISO-8859-1.iso8859-1.latin1
…
AddCharset GB2312 .gb2312.gb
```

功能：增加各种常用的字符集。

（34）Alias /error/ "/var/www/error/"

功能：定义出错信息的别名目录。

```
ErrorDocument 400 /error/HTTP_BAD_REQUEST.html.var
ErrorDocument 401 /error/HTTP_UNAUTHORIZED.html.var
ErrorDocument 403 /error/HTTP_FORBIDDEN.html.var
…
ErrorDocument 506 /error/HTTP_VARIANT_ALSO_VARIES.html.var
```

功能：定义错误编号与文档的对应关系。

（35）定义浏览器匹配

```
BrowserMatch "Mozilla/2" nokeepalive
BrowserMatch "MSIE 4\.0b2;" nokeepalive downgrade-1.0 force-response-1.0
BrowserMatch "RealPlayer 4\.0" force-response-1.0
BrowserMatch "Java/1\.0" force-response-1.0
BrowserMatch "JDK/1\.0" force-response-1.0
```

功能：定义与浏览器匹配的类型所对应的特性。

（36）定义服务器状态

```
<Location /server-status>
   SetHandler server-status
   Order deny,allow
   Deny from all
   Allow from .example.com
</Location>
```

功能：设置 Apache 可以报告详细的服务器状态信息。

此配置段与#ExtendedStatus On 相关，一般情况下二者同时起作用。

8.3 Apache 服务器的高级配置

8.3.1 访问控制

1. Options

语法：Options [+|-]option[+|-]option…

Options 指令控制在某一目录下可以具有哪些服务器特性。此命令设为 None 时，在它的使用环境里没有附加特性。可以设置的特性见表 8-1。

表 8-1　Options 指令属性表

属　性	用　途
None	不激活任何选项
All	激活除 MultiViews 外的所有选项
ExecCGI	允许执行 CGI 脚本
FollowSymLinks	服务器在某目录下跟踪象征性连接
Includes	Server Side Include（SSI）命令允许标志
IncludesNOEXEC	一系列受限制的 SSI 命令可以被嵌入 SSI 页里，但不能出现#exec 和#include 命令
Indexes	如果被请求的对象是映射到某一目录的 URL，并且在此目录下没有 DirectoryIndex，那么服务器将返回目录的格式化列表
SymLinkIfOwnerMatch	服务器只跟踪象征性连接，这些连接与目标文件或目录属于同一个用户
Multiviews	根据文件的语言进行内容协商

可以使用“+”和“-”号在 Options 指令里打开或取消某选项。如果不使用这两个符号，那么在容器中的 Options 值将完全覆盖以前的 Options 指令里的值。例如，要允许一个目录（如：/www/ccutsoftdoo）执行 CGI 和 SSI，则要在配置文件中加入下面的指令：

```
<Directory /www/ccutsoftdoo>
Options  +ExecCGI +Includes
</Directory>
```

当你使用多个 Options 命令时，应注意小环境里使用的 Options 比大环境里使用的 Options 具有优先权。

2. AllowOverride

语法：AllowOverride　override override

默认值：AllowOverride all

此指令告诉服务器哪些在.htaccess 文件（由 AccessFileName 指定）里声明的指令可以覆盖配置文件中在它们之前出现的指令。

如果 Override 设置为 NONE，服务器将不去读 AccessFileName 指定的文件。这样可以加快服务器的响应时间，因为服务器不必对每一个请求去找 AccessFileName 指定的文件。表 8-2 列出了可以设置的选项。

表 8-2　AllowOverride　指令选项表

属　性	用　途
AuthConfig	允许使用鉴权指令（如 AuthName、require、AuthDBMGroupFile、AuthDBMUserFile、AuthGroupFile、AuthType、AuthUserFile）
FileInfo	允许使用控制文件类型的指令（如 AddEncoding、AddLanguage、DefaultType、LanguagePriority、AddType、ErrorDocument）
Indexes	允许使用控制目录检索的指令（如 AddIcon、AddDescription、AddIconByType、AddIconByEncoding、DefaultIcon、DirectoryIndex、FancyIndexing、HeaderName、IndexIgnore、IndexOptions、ReadmeName）
Limit	允许使用控制主机访问的命令（如 Allow、Deny、Order）
Options	允许使用控制特定文件类型的指令（如 Options、XbitHack）

3. <Limit>

语法：<Limit method method>…</Limit>

这一容器包含了一组访问控制指令，这些指令只针对于所指定的 HTTP 方式。方式的名称列表可以是下面的一个或多个：GET、POST、PUT、DELETE、CONNECT、OPTIONS。如果使用 GET，它还会影响到 HEAD 请求。如果你想限制所有的方式，就不要在<Limit>指令里包含任何的方式名称。

这个容器不能被嵌套，<Directory>容器也不能在它内部出现。另外，方式名称不区分大小写。

8.3.2 主机限制访问

下面三条指令用于 Apache 的 mod_access 模块。使用它们能实现基于 Web 客户 Internet 主机名的访问控制。这里的主机名可以是一个完整的域名，也可以是一个 IP 地址。

1. Allow

语法：Allow from host1 host2 host3

用户可以通过该指令指定一个关于主机的列表，列表中可包含一个或多个主机名或 IP 地址，列表中的主机被允许可访问某一个特定的目录。当指定了多个主机名或 IP 地址时，它们中必须以空格符来分隔。表 8-3 列出了该指令的参数。在描述一栏针对 Allow 指令进行了解释。

表 8-3 Allow、Deny 指令参数表

参 数	示 例	描 述
ALL	Allow from all	允许所有主机访问站点
某主机的完全资格的域名	Allow from 域名 Deny from 域名	仅由 FQDN 所指定的主机才被允许访问
某主机的部分域名	Allow from 域名 Deny from 域名	仅有那些符合部分域名的主机被允许访问
某主机的完全 IP 地址	Allow from IP 地址 Deny from IP 地址	仅有指定 IP 地址的主机才被允许访问站点
部分 IP 地址	Allow from IP 地址 Deny from IP 地址	当在 Allow 指令中 IP 地址的全部四个字节没有完全给出，则该部分 IP 地址根据从左到右的匹配原则，所有匹配该 IP 格式的主机被允许访问
网络/掩码	Allow from IP 地址/子网掩码 Deny from IP 地址/子网掩码	用户通过该参数对，有指定 IP 地址的范围

2. Deny

语法：Deny from host1 host2 host3

该指令的功能与 Allow 指令相反。用户通过它来指定一个关于主机的列表，列表中的主机被拒绝访问某一特定目录。同样，Deny 指令也能接受表 8-3 中的所有参数。

3. Order

语法：Order deny,allow|allow,deny|mutual-failure

该指令控制 Apache 确定 Allow 和 Deny 指令的共同作用范围。例如：

```
<Directory /www/ccutsoft>
  Order deny,allow
  Deny from ccutsoft.ccut.edu.cn  222.27.50.82
  Allow from all
```

```
</Directory>
```

上例中拒绝主机 ccutsoft.ccut.edu.cn 和 222.27.50.82 访问该目录，并且允许所有其他主机访问。Order 指令的参数是以逗号分隔的列表，列表中指定了哪一条指令先执行。特别要注意的是影响所有主机的命令被授予最低的优先级。上例中，由于 Allow 指令影响所有主机，它被授予较低的优先级。参数 mutual-failure 表示仅有那些出现在 Allow 指令列表中，且没有在 Deny 指令列表中出现的主机被授权访问。

8.3.3 .htaccess 文件

当我们将资源放在用户认证下面时，就可以通过要求用户输入名字和口令来获得对资源的访问。这个名字和口令被保存在服务器的数据库文件中。这个数据库可以采用多种形式。Apache 中有如下数据库模块，如普通文件数据库、数据库管理（DBM）文件数据库、MSQL 数据库、Oracle 和 Sybase 数据库等。

默认情况下，可以在某个目录下放一个文件.htaccess，首先介绍一下该文件中的一些基本的配置命令。

（1）AuthName

功能：为口令保护的页面设置认证区域。区域是在提示要求认证时呈现给用户的内容，如“Please Enter Your Name and Password for this Realm”。

（2）AuthType

功能：为这个领域设置认证类型，在 HTTP1.0 中只有一个认证类型——Basic（基本类型）。在 HTTP1.1 中有很多种，如 MD5。

（3）AuthUserFile

功能：指定一个含有名字和口令列表的文件，每行一对。

（4）AuthGroupFile

功能：指定包含用户组清单和这些组的成员的清单文件，组成员之间用空格分开。例如：

```
Managers:joe mark
Production: mark shelley paul
```

（5）require

require 命令指定需要什么条件才能被授权访问。它可以只列出可能连接的指定用户，指定可能连接的用户的一个组或多个组的清单，或指出数据库中的任何有效用户都被自动地授权访问。例如：

require user mark paul（只有 mark 和 paul 可以访问）

require group managers（只有 managers 组可以访问）

require valid-user（在数据库 AuthUserFile 中任何用户都可以访问）

配置文件以下面的方式结束：

```
<Directory /usr/local/apache/htdocs/protected/>
   AuthName  Protected
   AuthType basic
   AuthUserFile /usr/local/apache/conf/users
   <Limit GET POST>
      require valid-user
   </Limit>
</Directory>
```

如果 require 指令出现在<Limit>块内，它将限制访问使用的方式，否则将不允许任何方式的访问操作。在上例中，可以以 HTTP GET 或 POST 的方式访问。为保证其正常运行，require 指令必须与 AuthName 和 AuthType 之类的指令配合使用。

（6）Satisfy

语法：Satisfy 'any'|'all'

默认值：Satisfy all

如果既使用了 Allow 指令，又使用了 require，可以用这条指令告诉 Apache 服务器哪些满足鉴权要求。Satisfy 的值可以是 all 或 any。使用 all，则只有在 Allow 指令和 require 指令都满足的情况下才鉴权成功；如果使用 any，Allow 指令和 require 指令中任何一条指令满足都可以使鉴权操作成功。

（7）用户目录保护

为了给用户 user1 进入访问创建口令文件。

```
#htpasswd -c /var/mypasswd user1
```

将口令文件的属主改为 apache。

```
#chown apache.apache /var/mypasswd
```

为 user1 分配密码。如果想对一个特殊组保护一个目录，配置如下：

```
<Directory /usr/local/apache/htdocs/protected/>
   AuthName Protected
   AuthType basic
   AuthUserFile /usr/local/apache/conf/users
   AuthGroupFile /usr/local/apache/conf/group
   <Limit GET POST>
      require group managers
   </Limit>
</Directory>
```

8.3.4 用户 Web 目录

具有许多用户的网站有时允许用户管理 Web 树中他们自己的部分，用户管理的部分在他们自己的目录中。为此，需要使用如下的 URL：

http://www.mydomain.com/~user

其中的“~user”实际上是用户目录中的一个目录别名。Alias 命令和它不同，它只能把一个特殊的伪目录映射到一个实际的目录中。本例是要把~user 映射到/home/user/public_html 之类的文件中。因为“用户”的数量可以是很多的，所以在这里某种宏是很有用的。这个宏是 UserDir 命令，前面已经介绍过。

UserDir 命令用来指定用户 home 目录中的一个子目录，在这个子目录中，用户可以放置被映射到~user URL 的内容。

在默认设置情况下，用户需要在自己的 home 目录中创建 public_html，然后把他所有的网页文件放在该目录下即可，输入 http://www. mydomain.com/~user 即可进行访问。但是在具体实施时，请注意以下几点。

（1）以 root 登录，以如下指令修改用户主目录权限。

```
#chmod 705 /home/username
```

让其他人有权进入该目录浏览。

（2）由用户在自己的 home 目录中创建 public_html 目录，保证该目录也有正确的权限控制其他用户的进入。

（3）用户自己在目录下创建的目录最好把权限设为 0700，确保其他人不能进入访问。

8.3.5　虚拟主机

虚拟主机是一种在一台服务器上提供多台主机服务的机制。Apache 实现了处理虚拟主机的非常简明的方法。Apache 支持三种类型的虚拟主机，即基于 IP 的虚拟主机、基于端口的虚拟主机及基于名称的虚拟主机。基于 IP 和端口的虚拟主机对所有无论新旧的浏览器提供支持，而基于名称的虚拟主机因为需要 HTTP/1.1 协议的支持，不能支持所有的浏览器。

1. 基于 IP 虚拟主机的配置

提供多台主机服务是通过对一台机器分配多个 IP 地址来实现的，然后将 Apache 捆绑到不同的 IP 地址上。对每一台虚拟主机提供唯一的 IP 地址。

（1）在一台主机上配置多个 IP 地址，执行如下命令。

```
#ifconfig  eth0:1  10.22.1.102  netmask  255.255.255.0
#ifconfig  eth0:2  10.22.1.103  netmask  255.255.255.0
```

功能：eth0:1 为 eth0 的子接口，该命令创建了子接口 eth0:1，同时为该接口配置了 IP 地址 10.22.1.102。

（2）编辑 Apache 的主配置文件 httpd.conf，在文件的末尾追加以下内容。

```
<VirtualHost 10.22.1.102:80>
    ServerAdmin webmaster@tcbuu.cn
    DocumentRoot /www/iproot1
    ServerName 10.22.1.102
    ErrorLog logs/10.22.1.102-error_log
    CustomLog logs/10.22.1.102-access_log common
</VirtualHost>
<VirtualHost 10.22.1.103:80>
    ServerAdmin webmaster2@tcbuu.cn
    DocumentRoot /www/iproot2
    ServerName 10.22.1.103
    ErrorLog logs/10.22.1.103-error_log
    CustomLog logs/10.22.1.103-access_log common
</VirtualHost>
```

（3）建立两个虚拟主机的文档根目录及相应测试页面。

```
#mkdir  -p  /www/iproot1
#mkdir  -p  /www/iproot2
```

#vi　/www/iproot1/index.html 内容如下：

```
<html>
  this is the IP_based VirtualHost 10.22.1.102!
</html>
```

#vi　/www/iproot2/index.html 内容如下：

```
<html>
  this is the IP_based VirtualHost 10.22.1.103!
</html>
```

（4）运行与测试。

```
#service  httpd  restart
#elinks  http://10.22.1.102
#elinks  http://10.22.1.103
```

2. 基于端口虚拟主机的配置

（1）建立新的子接口并配置 IP 地址为 10.22.1.104。

```
#ifconfig  eth0:3  10.22.1.104  netmask  255.255.255.0
```

（2）编辑 Apache 的主配置文件 httpd.conf，增加监听的端口号 8001 和 8002。

在 Section 1 中增加两行配置，分别监听 8001 和 8002 端口。

```
Listen 80
Listen 8001
Listen 8002
```

（3）编辑 Apache 的主配置文件 httpd.conf，建立基于端口的虚拟主机配置段，内容如下。

```
<VirtualHost 10.22.1.104:8001>
   ServerAdmin webmaster3@tcbuu.cn
   DocumentRoot /www/portroot1
   ServerName 10.22.1.104
   ErrorLog logs/10.22.1.104-8001-error_log
   CustomLog logs/10.22.1.104-8001-access_log common
</VirtualHost>
<VirtualHost 10.22.1.104:8002>
   ServerAdmin webmaster4@tcbuu.cn
   DocumentRoot /www/portroot2
   ServerName 10.22.1.104
   ErrorLog logs/10.22.1.104-8002-error_log
   CustomLog logs/10.22.1.104-8002-access_log common
</VirtualHost>
```

3. 基于名称虚拟主机的配置

（1）在 DNS 服务器的区域数据库文件中增加两条 A 记录和两条 PTR 记录。为了不影响前面的虚拟主机，这里再增加一个子接口，并配置为 10.22.1.105。

```
#ifconfig  eth0:4  10.22.1.105  netmask  255.255.255.0
```

接下来，配置 DNS 以支持新的域名解析。DNS 正向区域数据库中增加的记录如下。

```
www1.ccut.edu.cn.  IN  A  10.22.1.105
www2.ccut.edu.cn.  IN  A  10.22.1.105
```

如果需要，也可以配置逆向数据库文件，DNS 数据库文件的含义详见第 9 章。

（2）编辑 Apache 的主配置文件，激活基于名称的虚拟主机，并建立两个基于名称的虚拟主机配置段。

```
NameVirtualHost 10.22.1.105:80
```

功能：针对 10.22.1.105:80 配置基于名称的虚拟主机。

这是非常重要的一条指令，正是该指令的作用才激活了基于名称的虚拟主机的功能。

（3）编辑 Apache 的主配置文件 httpd.conf，建立基于名称的虚拟主机配置段，内容如下。

```
NameVirtualHost 10.22.1.105:80

<VirtualHost 10.22.1.105:80>
    ServerAdmin webmaster5@ccut.edu.cn
    DocumentRoot /www/nameroot1
    ServerName www1. ccut.edu.cn
    ErrorLog logs/www1. ccut.edu.cn -error_log
    CustomLog logs/www1. ccut.edu.cn n-access_log common
</VirtualHost>
<VirtualHost 10.22.1.105:80>
    ServerAdmin webmaster6@ ccut.edu.cn
    DocumentRoot /www/nameroot2
    ServerName www2. ccut.edu.cn
    ErrorLog logs/www2. ccut.edu.cn -error_log
    CustomLog logs/www2. ccut.edu.cn -access_log common
</VirtualHost>
```

8.3.6　代理服务器的配置

要打开代理服务器，需要把 httpd.conf 配置文件中的 ProxyRequests 设定为开（On）状态。然后，就可以根据代理服务器实现的功能来增加配置。任何代理服务器配置语句都应放在<Directory …>容器之间。

1. 设置代理

如果你有一套使用专有非路由 IP 地址的计算机网络，又想为这套系统提供诸如 HTTP/FTP 服务的 Internet 连接，那么只需要一台有合法 IP 地址的计算机，并且它可以在代理模块里运行 Apache。同时，这一台计算机必须在 ProxyRequest 设定为 ON 状态下运行 Apache 代理服务器，此外无需其他配置。所有的 HTTP/FTP 请求都可以由此代理服务器处理。

在这种配置情况下，代理服务器必须设为属于多个网络的，即它既可以访问非路由的个人网络，也可以访问可路由 IP 网络。从一定程度上讲，这一台代理服务器可以作为这个个人网络的网络防火墙。

2. 缓存服务

因为大多数 Internet 和 Intranet Web 站点的内容都比较固定，因此把它们存储到局域代理服务器的高速缓存里将节省珍贵的网络带宽。一个开启缓冲区的代理服务器只有在缓冲区内包含过期文件或请求的文件不在缓冲区时才寻找并装入所请求的文件。可以使用以下命令把你的代理服务器设置为这种工作状态。

```
<Directory proxy:*>
    CacheRoot /www/cache          //把缓存的文件写入 /www/cache 目录下
    CacheSize 10240               //允许写入 10240K 的数据（10MB）
    CacheMaxExpire  24            //存储内容的生存时间为一天（24 小时）
</Directory>
```

本章小结

Apache 服务器以功能强大、配置简单、使用代价小而博得了大量用户的青睐，很快成为使用最广泛的 Web 服务器。本章系统而全面地介绍了 Apache 服务器及其相关知识。

每个希望能对 Apache 服务器进行熟练配置的人都必须深入了解配置文件：httpd.conf。我们可以通过在配置文件中加入命令行来实现各种功能，例如：设置服务器本身的信息，设定某个目录的功能和访问的控制信息，告诉服务器想要 Web 服务器提供何种资源，以及从哪里、如何提供这些资源。

Apache 服务器提供了很好的访问安全机制。可以通过使用 Allow、Deny、Option 这三条指令将站点设置为需要根据客户主机名或 IP 地址限制访问。用户认证可以用来限制某些文档的访问权限，当我们将资源放在用户认证下面时，就可以要求用户输入名字和口令来获得对资源的访问。Apache 服务器提供三种类型的虚拟主机：基于 IP 的虚拟主机、基于端口的虚拟主机和基于名称的虚拟主机。另外，如同其他的 Web 服务器，Apache 也提供了 Proxy 服务。

思考与练习

一、选择题

1. 网络管理员对 www 服务器可进行访问、控制存取和运行等控制，这些控制可在（　　）文件中体现。

A. httpd.conf　　B. lilo.conf　　C. inetd.conf　　D. resolv.conf

2. 配置 HTTPD 验证，可以用（　　）命令来建立用户文件。

A. passwd　　B. apachectl　　C. htpasswd　　D. useradd

3. HTTP 默认使用的 TCP 端口号为（　　）。

A. 23　　B. 25　　C. 443　　D. 80

4. HTTPS 默认使用的 TCP 端口号为（　　）。

A. 23　　B. 25　　C. 443　　D. 80

5. 以下不属于/etc/httpd/conf/httpd.conf 配置文件的部分是（　　）。

A. 主服务器配置　　B. 全局操作　　C. 虚拟主机　　D. 访问控制系统

6. 以下不属于虚拟主机类型的是（　　）。

A. 基于 IP　　B. 基于名字　　C. 基于物理地址　　D. 基于端口号

二、填空题

1. Apache 取自________的读音，意思是充满补丁的服务器。

2. Apache2. 0 以后的版本涉及两个主要的配置文件，分别是________和________。

3. Apache 的主配置文件是/etc/httpd/conf/httpd.conf，默认情况下有 1000 余行，但是其中有很多是注释行，整个配置文件分为三部分，分别是________、________和________。

4. 如果要设置每次开机时自动运行 Apache 服务器，可使用________命令。

5. Apache 设置默认 Web 站点的文档根目录为________。这是基础设置之一，网站（页）应该存放在此目录下。

6. Apache 支持三种类型的虚拟主机，即________、________和________。

三、简答题

1. 简述 Apache 的版本及特性。

2. 简述/etc/httpd/conf/httpd.conf 文件的结构和各部分主要完成的功能。

3. 解释服务器池设置中各项参数含义，并说明这些在防止黑客攻击方面起到的作用。

```
<IfModule prefork.c>
StartServers       8
MinSpareServers    5
MaxSpareServers    20
ServerLimit       256
MaxClients        256
MaxRequestsPerChild  4000
</IfModule>
```

4. 解释如下访问控制信息的作用。

```
<Directory /www/ccutsoft>
  Order deny,allow
  Deny from ccutsoft.ccut.edu.cn  222.27.50.82
  Allow from all
</Directory>
```

5. 解释如下虚拟主机配置文件各项参数的含义和作用。

```
<VirtualHost 10.22.1.102:80>
   ServerAdmin webmaster@tcbuu.cn
   DocumentRoot /www/iproot1
   ServerName 10.22.1.102
   ErrorLog logs/10.22.1.102-error_log
   CustomLog logs/10.22.1.102-access_log common
</VirtualHost>
<VirtualHost 10.22.1.103:80>
   ServerAdmin webmaster2@tcbuu.cn
   DocumentRoot /www/iproot2
   ServerName 10.22.1.103
   ErrorLog logs/10.22.1.103-error_log
   CustomLog logs/10.22.1.103-access_log common
</VirtualHost>
```

6. 简述代理服务的作用及实现办法。

第9章 DNS服务器配置

9.1 DNS简介

DNS（Domain Name Server）服务是域名服务器的简称。在Internet上域名与IP地址之间是一一对应的，域名虽然便于人们记忆，但机器之间只能互相认识IP地址，它们之间的转换工作称为域名解析，域名解析需要由专门的域名解析服务器来完成，DNS就是进行域名解析的服务器，以现代的情况和未来的趋势来看，每个网络或多或少都需要Internet联机以及向Internet提供服务。

9.1.1 域名系统

域名系统（Domain Name System，DNS），因特网上作为域名和IP地址相互映射的一个分布式数据库，能够使用户更方便地访问互联网，而不用去记住能够被机器直接读取的IP数串。通过主机名，最终得到该主机名对应的IP地址的过程叫作域名解析（或主机名解析）。DNS协议运行在UDP协议之上，使用端口号53。

DNS的主要作用是使得用户记忆服务器名字使用域名比IP地址更直观、方便。

9.1.2 DNS域名解析的工作原理

（1）DNS客户机提出域名解析请求，并将该请求发送给本地的域名服务器。

（2）当本地的域名服务器收到请求后，就先查询本地的缓存，如果有该记录项，则本地的域名服务器就直接把查询的结果返回。

（3）如果本地的缓存中没有该记录，则本地域名服务器就直接把请求发给根域名服务器，然后根域名服务器再返回给本地域名服务器一个所查询域（根的子域）的主域名服务器的地址。

（4）本地服务器再向上一步返回的域名服务器发送请求，然后接受请求的服务器查询自己的缓存，如果没有该记录，则返回相关的下级的域名服务器的地址。

（5）重复第（4）步，直到找到正确的记录。

（6）本地域名服务器把返回的结果保存到缓存，以备下一次使用，同时还将结果返回给客户机。

9.1.3 DNS相关属性

1. DNS功能

每个IP地址都可以有一个主机名，主机名由一个或多个字符串组成，字符串之间用小数点隔开。主机名到 IP 地址的映射有两种方式。

（1）静态映射，每台设备上都配置主机到 IP 地址的映射，各设备独立维护自己的映射表，而且只供本设备使用。

（2）动态映射，建立一套域名解析系统（DNS），只在专门的 DNS 服务器上配置主机到 IP 地址的映射，网络上需要使用主机名通信的设备，首先需要到 DNS 服务器查询主机所对应的 IP 地址。

2. 域名结构

Internet 主机域名的一般结构为：主机名.三级域名.二级域名.顶级域名。Internet 的顶级域名由 Internet 网络协会域名注册查询负责网络地址分配的委员会进行登记和管理，它还为 Internet 的每一台主机分配唯一的 IP 地址。

例如：ccut.edu.cn。

3. BIND

BIND 是 Linux 中实现 DNS 服务的软件包，几乎所有 Linux 发行版本都包含 BIND，其版本已发展到了 9.X，本书中主要介绍 Linux 环境下的 DNS 软件包——BIND，BIND 已成为 Internet 上使用最多的 DNS 服务器软件。

9.2　BIND 的主配置文件

9.2.1　BIND 的安装

1. 挂装安装盘

```
# mount  -t iso9660  /dev/cdrom  /mnt/cdrom
```

2. 查找 BIND 软件包

```
# find  /mnt/cdrom  -name  "BIND*"
```

在第 2 张和第 4 张盘上可以找到如下 rpm 包。

```
/mnt/cdrom/RedHat/RPMS/BIND-libs-9.2.4-2.i386.rpm
/mnt/cdrom/RedHat/RPMS/BIND-utils-9.2.4-2.i386.rpm
/mnt/cdrom/RedHat/RPMS/BIND-9.2.4-2.i386.rpm
/mnt/cdrom/RedHat/RPMS/BIND-chroot-9.2.4-2.i386.rpm
/mnt/cdrom/RedHat/RPMS/BIND-devel-9.2.4-2.i386.rpm
# find /mnt/cdrom -name "caching-nameserver*"
```

在第 1 张盘上可以找到如下 rpm 包。

```
/mnt/cdrom/RedHat/RPMS/caching-nameserver-7.3-3.noarch.rpm
```

3. 复制安装

```
# rpm  -ivh  BIND*.rpm
# rpm  -ivh  caching-server*.rpm
```

9.2.2 DNS 相关文件配置介绍

1. /etc/hosts

/etc/hosts 是本地主机数据库文件，也是 DNS 服务器软件的雏形。在主机之间实现按名字进行通信，hosts 文件实际上是一个平面结构，hosts 文件只适合于主机数量很小的网络，一般也仅限于本机解析环回地址使用，或少数几台主机通信。初始内容如下：

```
IP 地址              本机默认域名                别名
127.0.0.1           localhost.localdomain      localhost
202.198.176.10       www.ccut.edu.cn
202.198.176.11       ccutsoft.ccut.edu.cn
```

2. /etc/host.conf

/etc/host.conf 是解析器配置文件（resolver configuration file），用来指定使用解析库（resolver library）的方式。初始内容如下：

```
order  hosts,bind
```

3. /etc/resolv.conf

/etc/resolv.conf 是 DNS 客户端的配置文件，主要用来指定所采用的 DNS 服务器的 IP 地址和本机的域名后缀。初始内容如下：

```
search  example.com
nameserver  202.198.176.1
nameserver  202.198.176.2
```

9.2.3 BIND 主文件配置

BIND 主配置文件由 named 进程运行时首先读取，文件名为“named.conf”，默认在/etc 目录下。该文件只包括 BIND 的基本配置，并不包含任何 DNS 的区域数据。

BIND 主配置文件由 named 进程运行时首先读取，文件名为“named.conf”，一般位于“/etc/”目录中，如果用户启用了“BIND-chroot”功能，则可能于“/var/named/chroot/etc/”目录中。该文件只包括 BIND 的基本配置，并不包含任何 DNS 的区域数据。

主配置文件中主要包括全局配置和区域配置部分，全局配置参数包含在形如“options {…};”的大括号中，而每个 DNS 区域的配置参数使用“zone {…};”的形式声明。注意在每个配置行末尾添加分号“;”。注释符号可以使用类似于 C 语言中的块注释“/*”和“*/”符号对，以及行注释符“//”或“#”。

/var/named/chroot/etc/是虚拟目录，不同的版本不一样。

下面来看看 named.conf 文件的默认配置。

```
options {
        directory  "/var/named";  //指定区域数据库文件存放的位置
        dump-file  "/var/named/data/cache_dump.db"; //指定转储文件的存放位置及文件名
        statistics-file  "/var/named/data/named_stats.txt"; //指定统计文件的存放位置和文件名
        /*
```

```
        * If there is a firewall between you and nameservers you want
        * to talk to, you might need to uncomment the query-source
        * directive below.  Previous versions of BIND always asked
        * questions using port 53, but BIND 8.1 uses an unprivileged
        * port by default.
        */
        // query-source address * port 53;
};
controls {
    inet 127.0.0.1 allow { localhost; } keys { rndckey; }; //指定允许本机利用密钥 rndckey
来控制这台 DNS 服务器
};
zone "." IN {          //关键字 zone 用来定义区域，此处定义根“.”区域
        type hint;     //定义区域类型为提示类型
        file "named.ca"; //指定该区域的数据库文件为 named.ca
};
zone "localdomain" IN {//定义区域 localdomain
        type master;          //定义区域类型为主要类型
        file "localdomain.zone";  //指定该区域的数据库文件为 localdomain.zone
allow-update { none; };  //不允许更新
};
zone "localhost" IN {    //定义区域 localhost
        type master;          //定义区域类型为主要类型
        file "localhost.zone";  //指定该区域的数据库文件为 localhost.zone
        allow-update { none; }; //不允许更新
};
zone "0.0.127.in-addr.arpa" IN {
    //定义反向区域 0.0.127.in-addr.arpa
        type master;          //定义区域类型为主要类型
        file "named.local";  //指定该区域的数据库文件为 named.local

        allow-update { none; };//不允许更新
};
zone "0.0.0.0.0.0.0.0.0.0.0.0.0.0.0.0.0.0.0.0.0.0.0.0.0.0.0.0.0.0.0.0.ip6.arpa" IN
 {   //定义反向区域，该区域为 IPv6 的地址表示方法
        type master;          //定义区域类型为主要类型
        file "named.ip6.local";  //指定该区域的数据库文件为 named.ip6.local
        allow-update { none; };  //不允许更新
};
zone "255.in-addr.arpa" IN { //定义反向区域 255.in-addr.arpa
        type master;          //定义区域类型为主要类型
        file "named.broadcast";  //指定该区域的数据库文件为 named.broadcast
        allow-update { none; };  //不允许更新
};
zone "0.in-addr.arpa" IN {  //定义反向区域 0.in-addr.arpa
        type master;          //定义区域类型为主要类型
        file "named.zero";   //指定该区域的数据库文件为 named.zero
        allow-update { none; };  //不允许更新
};
```

include "/etc/rndc.key"; //将/etc/rndc.key 包含进来，该密钥是前面 controls 段所需要的密钥，rndc 利用该密钥来控制此服务器

默认主配置文件已经能够正常运行，启动 DNS 服务器命令如下：

```
# service  named  start
```

默认主配置文件已经能够正常运行，重新启动 DNS 服务器命令如下：

```
# service  named  restart
```

默认主配置文件已经能够正常运行，停止该服务器可执行如下命令：

```
# service  named  stop
```

9.2.4 自定义主配置文件

首先，介绍 zone 配置段的功能。DNS 服务器是以区域为单位来进行管理的，用 zone 关键字来定义区域。一个区域是一个连续的域名空间区域，名称一般用双引号引起来，如“ccutsoft.ccut.edu.cn”、“ccut.edu.cn”等都可以定义为一个区域。在 zone 段内用 type 关键字定义区域的类型，共 3 种类型：master、hint、slave。

（1）master 类型，即主要类型，表示一个区为主域名服务器。

（2）hint 类型，即提示类型，为根提示类型，说明一个区为启动时初始化高速缓存的域名服务器。

（3）slave 类型，即辅助类型，说明一个区为辅助域名服务器 。

自定义正向区域：区域名为 ccut.edu.cn，区域类型为主要的，区域数据库文件名为 ccut.edu.cn.hosts。

```
zone  "ccut.edu.cn"  IN  {
      type master;
      file "ccut.edu.cn.hosts";
};
```

allow-update 可以省略，并且注意不要丢掉配置行后面的“;”。

再来定义这样的一个反向区域，反向区域是用来实现 IP 地址到域名的释义。反向区域的网段是 202.198.176.0/24，区域类型是主要的，区域数据库文件名为 ccut.edu.cn.rev。

```
zone  "176.198.202.in-addr.arpa"  IN  {
      type master;
      file "ccut.edu.cn.rev";
};
```

9.3 BIND 的数据库文件

9.3.1 正向区域数据库文件

一个区域内的所有数据，包括主机名和对应 IP 地址、刷新间隔和过期时间等，都必须要存放在 DNS 服务器内，而用来存放这些数据的文件就称为区域文件。区域数据库文件存放位置在 Linux

中,其真正的存放位置应该是在/var/named/chroot/var/named 目录下。创建正向区域数据库文件，配置文件中的三个文件 named.ca、named.localhost、named.loopback。上面已经提供有一个 named.ca 了，还有这两个 named.localhost、named.loopback，同样我们也得提供，也是在/var/named/chroot/var/named 目录下创建，执行如下命令。

```
# vi  /var/named/chroot/var/named/ ccut.edu.cn.hosts
@       IN  SOA  server2. ccut.edu.cn.  root.server2. ccut.edu.cn. (
        2015031101        ;serial
        3600              ;refresh
        1800              ;retry
        36000            ;expiry
        3600 )            ;minmum
        IN  NS  server2. ccut.edu.cn.cn.
server2.ccut.edu.cn. IN  A  202.198.176.10
mail.ccut.edu.cn.  IN  CNAME server2.ccut.edu.cn.
```

9.3.2 SOA 资源记录的含义

SOA 是 Start of Authority（起始授权机构）的缩写，它指出这个域名服务器是作为该区数据的权威的来源。每一个区文件都需要一个 SOA 记录，而且只能有一个。SOA 资源记录还要指定一些附加参数，放在 SOA 资源记录后面的括号内。

（1）@ 表示区域名称，其值为主配置文件 named.conf 中相应区域的名称。

（2）IN 表示 Internet 类，还有其他类 heriod、chaos 等，不过目前 Internet 类使用最为广泛，也是默认类。

（3）SOA 是起始授权类，它指出这个域名服务器是作为该区数据的权威的来源。

（4）server2.ccut.edu.cn.是授权 DNS 服务器，注意这里服务器的域名采用的是 FQDN（完全全格的域名），所以末尾采用“.”结尾。

（5）root.server2.ccut.edu.cn.DNS 则是管理员的邮件地址。注意这是在邮件地址中用的，来代替常见的邮件地址中的@，而 SOA 表示授权的开始。

（6）serial 是序列号，行前面的数字表示配置文件的修改版本，格式是年月日当日修改的修改的次数，每次修改这个配置文件时都应该修改这个数字，要不然你所做的修改不会更新到网上的其他 DNS 服务器的数据库上，即你所做的更新很可能对于不以你的所配置的 DNS 服务器为 DNS 服务器的客户端来说就不会反映出你的更新，也就是说对他们来说你的更新是没有意义的。

（7）refresh 定义的是刷新时间，即规定从域名服务器多长时间查询一个主服务器，以保证从服务器的数据是最新的，默认单位为秒，可以指定单位为周（W）、天（D）、小时（H）、分钟（M）等。

（8）retry 值规定了以秒为单位的重试的时间间隔，即当从服务试图在主服务器上查询时，而连接失败了，则这个值规定了从服务多长时间后再试。

（9）expire 表示过期时间，这个用来规定从服务器在向主服务更新失败后多长时间后清除对应的记录，上述的数值是以分钟为单位的。

（10）minimum 表示最小生存周期，这个数据用来规定缓冲服务器不能与主服务联系上后多长时间清除相应的记录。

9.3.3 正向资源记录

```
IN NS server2.ccut.edu.cn.
```

这一行定义了一条 NS 记录，指定本域的域名解析服务器。注意这一行前面必须有空格或者 TAB。

这一行定义指定本域的主机。

```
ns  IN A 202.198.176.1
```

ns 为主机名，A 代表地址类型为 IPv4 地址，202.198.176.1 是实际 IP 地址，这一条记录的含义是 server2.ccut.edu.cn. 的 ip 地址为 202.198.176.1。

```
mail.ccut.edu.cn.   IN  CNAME server2.ccut.edu.cn.
```

这一行定义了一个别名，即 server2.ccut.edu.cn.与 CNAME server2.ccut.edu.cn.指的是同一个主机。

9.3.4 反向区域数据库文件

在理解了正向区域数据库文件的定义后，可以很容易理解反向区域数据库文件。下面来介绍如何建立反向区域数据库文件。

```
# vi  /var/named/chroot/var/named/ccut.edu.cn.rev
```

输入以下内容：

```
@       IN SOA server2.ccut.edu.cn. root.server2.ccut.edu.cn. (
        2015031101 ;serial
        3600          ;refresh
        1800          ;retry
        36000         ;expiry
        3600 )        ;minmum
           IN  NS   server2.ccut.edu.cn.
102        IN  PTR  server2.ccut.edu.cn.
           IN  PTR  mail.ccut.edu.cn.
```

将该文件与 ccut.edu.cn.hosts 文件对比发现，它们的前两条记录 SOA 与 NS 记录是相同的，一般情况下正、反区域数据库文件中的这两条记录是相同的。

接下来，该文件中定义了新的记录类型——PTR 类型。PTR 类型，又称为反向类型，是用来定义由 IP 地址到域名解析翻译的记录。来看如下记录。

```
102  IN  PTR  server2.ccut.edu.cn.
```

该记录中第 1 列的值为 102，请注意此值不是以“.”结尾的，BIND 中是这样规定的：如果最左边或最右边两列值不以“.”结尾，系统会自动在该值后面补上@的值，即补上区域名称构成 FQDN。该区域名称也是在 DNS 主配置文件/etc/named.conf 文件中定义的，等价于“176.198.202.in-addr.arpa”数值。

```
102.176.198.202.in-addr.arpa   IN  PTR  server2.ccut.edu.cn.
```

这样写过长，所以一般情况下写 IP 地址的主机号部分即可。

9.4 运行与测试 DNS

到目前为止，针对 DNS 服务器端的配置已基本完成，总结一下前面共进行了如下 3 个步骤。

（1）配置 DNS 主配置文件，来定义区域名称、类型等。

（2）创建正向区域数据库文件。

（3）创建反向区域数据库文件。

接下来需要进行客户端配置文件编辑，主要用来指定所采用的 DNS 服务器的 IP 地址和本机的域名后缀，用 vi 编辑/etc/resolv.conf 文件，内容如下：

```
search     example.com
nameserver 202.198.176.1
```

这指明了本机的域名后缀为 example.com，以及首选 DNS 服务器为 202.198.176.1。

至此，DNS 配置完成，接下来要开始运行与测试工作了。

9.4.1　运行 DNS 服务

运行 DNS 服务的方法有多种，前面已经介绍过一种。

```
# service  named  start
```

还可以执行如下命令来启动 DNS 服务。

```
# /etc/rc.d/init.d/named  start
```

在/etc/rc.d/init.d 目录下有一个脚本 named，执行该脚本一样可以启动 DNS 服务。

如果希望每次开机或重启后自动执行 DNS 服务，可以采用 chkconfig 命令来实现。

```
#chkconfig  named  on
#chkconfig --list named
named  0:off   1:off   2:on    3:on    4:on    5:on    6:off
```

列出指定的服务在各个运行级的开关选项，“off”表示在该运行级别不运行此服务，“on”表示在该运行级别运行此服务。

Linux 运行级别定义了 7 种运行级别，每个运行级别都可以设置 Linux 特定的运行环境。这 7 种运行级别在/etc/inittab 文件中，内容如下，分别是：

```
#vi /etc/inittab
#Default runlevel. The runlevels used by RHS are:
# 0 - halt (Do NOT set initdefault to this) //关机
# 1 - Single user mode   //单用户模式
# 2 - Multiuser, without NFS (The same as 3, if you do not have networking) //不带网络服务的文字界面
# 3 - Full multiuser mode  //文字界面带网络服务的，一般都是这个，除非是单机
# 4 - unused // 未使用
# 5 - X11    // 就是图形
# 6 - reboot (Do NOT set initdefault to this) // 重新启动
```

一般情况 Linux 运行工作在 3 或 5 级别。

```
#chkconfig  --level 3  named  on
```

可以用 ps 命令来查看一下 DNS 服务器进程是否已经正常运行了。

```
#ps  aux|grep named
```

9.4.2 测试 DNS 服务

DNS 运行服务有 3 种测试工具，分别是 nslookup、host 和 dig。

1. nslookup 命令

nslookup 有两种用法：一种是直接测试法，另一种是子命令测试法。

（1）直接测试法

```
# nslookup  www.ccut.edu.cn

Server:   202.198.176.10
Address:  202.198.176.10#53
Name:     server1. ccut.edu.cn
Address: 202.198.176.10
```

（2）命令测试法

```
# nslookup       //不跟任何参数直接运行 nslookup
      > server                              //查看当前采用哪台 DNS 服务器来解析
      Default server: 202.198.176.10
      Address: 202.198.176.10#53
      > server1. ccut.edu.cn                //测试正向资源记录，直接输入域名
      Server: 202.198.176.10                //显示 DNS 服务器返回的结果
      Address:     202.198.176.10#53

      Name:  server1. ccut.edu.cn           //以下两行是正向记录的查询结果
      Address: 202.198.176.10
      > 202.198.176.10                      //测试反向资源记录，直接输入 IP 地址
      Server: 202.198.176.10
      Address:     202.198.176.10#53
      10.176.198.202.in-addr.arpa    name = server1.ccut.edu.cn. //反向记录测试结果
      > set debug                           //打开调试开关，将显示详细的查询信息
      > mail. ccut.edu.cn                   //以下是该记录的详细信息
      Server: 202.198.176.10
      Address:        202.198.176.10#53
      ------------                          //在这两条虚线之间的是调试信息
         QUESTIONS:                         //查询的内容
            mail. ccut.edu.cn, type = ANY, class = IN
         ANSWERS:                           //回答的内容
      ->  mail. ccut.edu.cn  canonical name = server1.ccut.edu.cn.
         //指出 mail. ccut.edu.cn 是 server1.ccut.edu.cn.的别名
         AUTHORITY RECORDS:                 //授权记录
      ->  ccut.edu.cn nameserver = server1.ccut.edu.cn.
      //指出名字服务器是 server1.ccut.edu.cn.
         ADDITIONAL RECORDS:                //附加记录
      ->  server1. ccut.edu.cn   internet address = 202.198.176.10
        //指出 server1. ccut.edu.cn 的 IP 地址
      ------------
      mail. ccut.edu.cn   canonical name = server1.ccut.edu.cn.
      //指出 mail. ccut.edu.cn 是 server1.ccut.edu.cn.的别名
```

```
> set  nodebug                    //关闭调试模式
```

nslookup 还有其他的一些子命令，请查看帮助自行练习。

2. host 命令的用法

```
# host  -a  server1. ccut.edu.cn

      Trying "server1. ccut.edu.cn "
      ;; ->>HEADER<<- opcode: QUERY, status: NOERROR, id: 43797
      ;; flags: qr aa rd ra; QUERY: 1, ANSWER: 1, AUTHORITY: 1, ADDITIONAL: 0
      ;; QUESTION SECTION:

      ;server1.ccut.edu.cn.     IN       ANY
      ;; ANSWER SECTION:
      server1.ccut.edu.cn.      3600    IN     A      202.198.176.10
      ;; AUTHORITY SECTION:
      ccut.edu.cn.     3600    IN     NS     server1.ccut.edu.cn.
      Received 64 bytes from 202.198.176.10#53 in 55 ms
```

host 命令的-a 参数与 nslookup 类似，增加了详细信息的输出。

3. dig 命令的基本用法

（1）正向查询

```
# dig mail.ccut.edu.cn  //正向查询
```

（2）反向查询

```
# dig  -x  202.198.176.10
```

默认情况下 dig 执行正向查询，如要进行反向查询需要加上-x 参数。

9.5　辅助 DNS

前面讲述了 DNS 基础服务的配置文件、配置步骤及测试命令。下面介绍一下辅助 DNS 的配置方法。

9.5.1　主服务 DNS 与辅助 DNS 的关系

主服务 DNS 可在服务器上直接修改区域数据库的内容。而辅助 DNS 是某个区域的辅助版本，它只提供查询服务，而不能在该服务器上修改该区域。

辅助 DNS 服务器有两个主要用途，一是为主服务 DNS 备份，二是分担主服务 DNS 的负载。其也称为备份备份域名服务器，具有主服务器的绝大部分功能，对于辅助域名服务器只需配置主配置文件、缓存文件和本地反解析文件，而不需要配置区域文件，因为区域文件可以从主域名服务器转移过来后存储在辅助域名服务器的本地硬盘上。

辅助 DNS 中的数据来源于 master DNS，注意，master DNS 是区域传输中的角色，可以由主

（primary）DNS 服务器来充当，也可以由辅助（secondary）DNS 服务器来充当。

区域传输（zone transfer）是指辅 DNS 服务器从 master DNS 服务器中将区域数据库文件复制过来的过程。启动区域传输的机制有以下三种：一是辅 DNS 服务器刚启动，二是 SOA 记录中的刷新间隔到达，三是 master DNS 设置了主动通知辅 DNS 数据有变化。

9.5.2 辅助 DNS 的配置

辅助 DNS 的配置相对简单，因为它的数据库文件是从 master DNS 服务器复制学习过来的，所以无需手工建立。因此，配置辅助 DNS 服务器只需要编辑 DNS 的主配置文件/etc/named.conf 即可。

在辅 DNS 服务器上，用 vi 编辑器打开/etc/named.conf，在最后一行（include 那行）之前，输入以下内容：

```
#vi  /etc/named.conf

     zone " ccut.edu.cn " IN {                       //定义区域 ccut.edu.cn
          type slave;                                //设置为辅助类型
          file "slaves/ccut.edu.cn.hosts.slave";     //指定复制类型的区域数据库文件的存放位置和名称
          masters {202.198.176.10;};                 //指定 master DNS 服务器的 IP 地址
     };
     zone "176.198.202.in-addr.arpa" IN {
          type slave;
          file "slaves/ccut.edu.cn.rev.slave";
          masters {202.198.176.10;};
     };
```

本章小结

本章主要讲述了 DNS 主配置文件、正反向区域数据库文件的配置指令、主 DNS 服务器、辅助 DNS 服务器，介绍了 DNS 访问控制的实现方法和指令。

思考与练习

一、选择题

1. Linux 中，默认情况下 DNS 区域数据文件保存在（　　）目录中。

   A. /etc/named　　B. /var/named

   C. /etc/bind　　D. /var/bind

2. Dig 是 Linux 系统中一个灵活的、强大的 DNS 辅助工具，我们可以使用它完成许多工作，利用 dig 工具更新 DNS 根服务器的地址信息，避免因信息改变造成 DNS 的查询效率减慢。要完成这项工作，应该执行（　　）。

   A. dig a.root-server.net . ns > /var/named/named.ca

   B. dig @a.root-servers.net . ns > /var/named/named.ca

C. dig @a.root-servers.net . mx > /var/named/named.ca

D. dig @a.root-servers.net soa txt chaos version.bind

3. 下列哪个命令用来在 DNS 配置文件中定义反向查询转发（　　）。

A. allowquery　　　　B. allowupdate

C. forwarder　　　　D. dig -x

二、填空题

1. DNS 服务器的进程命名为________，当其启动时，自动装载 /etc 目录下的________文件中定义的 DNS 分区数据库文件。

2. DNS 实际上是分布在 internet 上的主机信息的数据库，其作用是实现________之间的转换。

三、简答题

1. 安装 bind_chroot。

2. 编辑/etc/sysconfig/named，查看 chroot 的路径。

3. 注释掉/etc/resolv.conf 中其他 DNS 的解析。

4. 请配置 DNS 服务器 ccut.edu.cn 和辅助 DNS 服务器。

第 10 章 FTP 服务器配置

10.1 VSFTPD 简介

10.1.1 FTP 概述

FTP 是 File Transfer Protocol（文件传输协议）的英文简称，中文简称为“文传协议”。用于 Internet 上的控制文件的双向传输。同时，它也是一个应用程序（Application）。基于不同的操作系统有不同的 FTP 应用程序，而所有这些应用程序都遵守同一种协议以传输文件。

在 FTP 的使用当中，用户经常遇到两个概念：“下载”（Download）和“上传”（Upload）。“下载”文件就是从远程主机拷贝文件至自己的计算机上，“上传”文件就是将文件从自己的计算机中拷贝至远程主机上。用 Internet 语言来说，用户可通过客户机程序向（从）远程主机上传（下载）文件。

FTP 服务在对外提供服务时需要维护两个连接：一个是控制连接，监听 TCP 21 号端口，用来传输控制命令；另一个是数据连接，在主动传输方式下监听 TCP 20 端口，用来传输数据。

FTP 服务提供了两种常用的传输方式。一是主动传输方式，控制连接的发起方是 FTP 的客户机，如图 10-1 所示，而数据连接的发起方是 FTP 服务器。二是被动传输方式，数据连接的发起方也是 FTP 客户机，如图 10-2 所示，与控制连接的发起方是相同的。

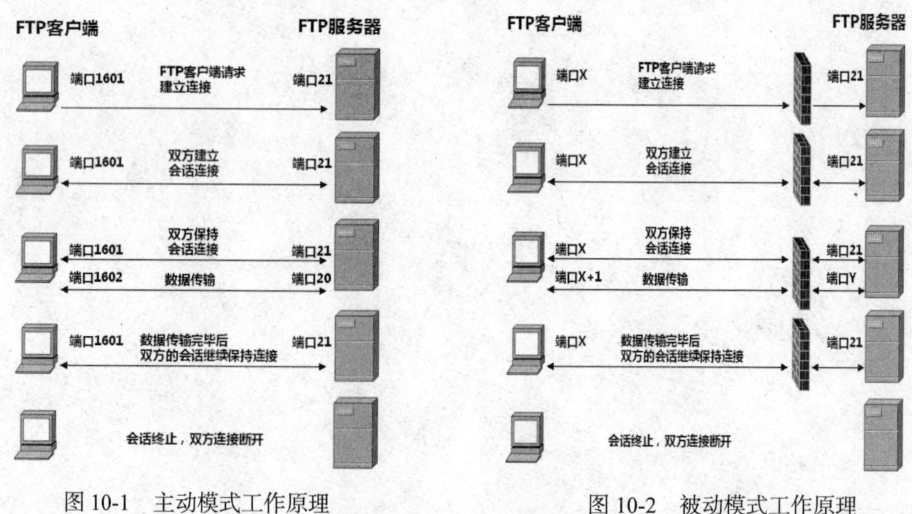

图 10-1　主动模式工作原理　　图 10-2　被动模式工作原理

当前，流行的 FTP 服务器软件有很多种，Linux 环境下常用的有 WU-FTP、PROFTP、VSFTPD 等。目前，VSFTPD（Very Secure FTP Daemon）以其高安全性、简便的配置、丰富的功能成为受到广大用户欢迎的 FTP 服务器软件。

10.1.2　VSFTPD 的特点

VSFTPD 在功能上具有以下特点。

（1）安全性高：针对安全性做了严格的、特殊的处理，比其他早期的 FTP 服务器软件有很大的进步。

（2）稳定性好：VSFTPD 的运行更加稳定，处理的并发请求数更多，如，单机可以支持 4000 个并发连接。

（3）速度更快：在 ASCII 模式下是 Wu-ftpd 的两倍。

（4）匿名 FTP 更加简单的配置：不需要任何特殊的目录结构。

（5）支持基于 IP 的虚拟 FTP 服务器。

（6）支持虚拟用户，而且每个虚拟用户可具有独立的配置。

（7）支持 PAM 认证方式。

（8）支持带宽限制。

（9）支持 tcp_wrappers。

10.1.3　VSFTPD 安装

在 Linux 中 VSFTPD 的安装很简单，如果在安装系统时没有安装上的话，则可以执行如下指令来进行安装。

```
#rpm  -ivh  vsftpd-3.0.X-5.i386.rpm
```

10.1.4　VSFTPD 运行

VSFTPD 有两种运行方式：一是作为独立（standalone）的服务进程来运行，即 vsftpd 独立运行并自己来监听相应的端口；二是由 xinetd（超级服务器）来管理，作为 xinetd 所管理的“小服务”的方式来运行。VSFTPD 的启动方法很简单，只需执行以下指令：

```
#service  vsftpd  start
```

10.2　VSFTPD 基本配置

在 Linux 中，默认情况下 VSFTPD 作为独立的服务进程来运行，其文件名及路径是 /etc/vsftpd/vsftpd.conf。

10.2.1　VSFTPD 默认配置

VSFTPD 默认的配置指令 vsftpd.conf 文件格式如下要求：

1. 指令格式

每条指令的格式都是“option=value”，例如：listen=YES。

2. 写法要求

在 VSFTPD 指令的写法上还需要注意以下两项：一项是每条配置指令应该独占一行并且指令之前不能有空格，另一项在 option、=与 value 之间不能有空格。

接下来，介绍 VSFTPD 默认配置。

```
#vi /etc/vsftpd/vsftpd.conf

anonymous_enable=YES          //允许匿名用户登录
local_enable=YES              //允许本地用户登录
write_enable=YES              //允许本地用户具有写权限
local_umask=022               //设置创建文件权限的反掩码，如此处为 022，则新建文件的权限为
666-022=644（rw-r--r--），新建目录的权限为 777-022=755（rwxr-xr-x）
dirmessage_enable=YES         //激活目录显示消息，即每当进入目录时，会显示该目录下的文件.message
的内容
xferlog_enable=YES            //激活记录上传、下载的日志
connect_from_port_20=YES      //设置服务器端数据连接采用端口 20
xferlog_std_format=YES        //设置日志文件采用标准格式
pam_service_name=vsftpd       //设置 vsftpd 服务利用 PAM 认证时的文件名称是 vsftpd
userlist_enable=YES           //激活用户列表文件来实现对用户的访问控制
listen=YES                    //设置 vsftpd 为独立运行模式
```

10.2.2 VSFTPD 匿名 FTP 服务器

介绍 VSFTPD 的配置之前，先介绍一下 VSFTPD 的用户分类。VSFTPD 有三种方式。

1. 匿名用户形式

在默认安装的情况下，系统只提供匿名用户访问（anonymous 或 ftp）。

2. 本地用户形式

本地用户都有自己的主目录，每次登录时默认都登录到各自的主目录中。

3. 虚拟用户形式

支持将用户名和口令保存在数据库文件或数据库服务器中。相对于 FTP 的本地用户形式来说，虚拟用户只是 FTP 服务器的专有用户，虚拟用户只能访问 FTP 服务器所提供的资源，这大大增强系统本身的安全性。相对于匿名用户而言，虚拟用户需要用户名和密码才能获取 FTP 服务器中的文件，增加了对用户和下载的可管理性。对于需要提供下载服务，但又不希望所有人都可以匿名下载，既需要对下载用户进行管理，又考虑到主机安全和管理方便的 FTP 站点来说，虚拟用户是一种极好的解决方案。

本节先介绍匿名用户形式，下面章节介绍本地用户形式、虚拟用户形式。

在 Linux 中，利用默认配置文件 vsftpd.conf 启动 VSFTPD 服务后，默认是允许匿名用户登录的，但是功能不完善。下面通过示例来进行讲述功能完善匿名用户 FTP 服务器的配置。

示例如下。

1. 创建用户 ccutsoft

```
# useradd ccutsoft
```

因为需要将匿名用户上传文件的所有者改为 ccutsoft，该用户必须是本地用户，所以先创建。

2. 创建匿名上传目录 mypublic

```
# mkdir  /var/ftp/mypublic
# chown  ftp.ftp  /var/ftp/mypublic
# ls  -l  /var/ftp
```

创建用户来存放匿名用户上传文件的目录，并将该目录所有者改为 ftp。

3. 编辑/etc/vsftpd/vsftpd.conf

在文件末尾添加如下内容。

```
anon_upload_enable=YES          //允许匿名上传文件
anon_mkdir_write_enable=YES     //允许匿名创建目录
anon_world_readable_only=NO     //此指令的默认值为 YES,表示仅当所有用户对该文件都拥有读权限时,
才允许匿名用户下载该文件；此处将其值设为 NO，则允许匿名用户下载不具有全部读权限的文件
anon_other_write_enable=YES     //允许匿名用户改名、删除文件
chown_uploads=YES               //允许匿名用户上传文件
chown_username=ccutsoft         //将匿名用户上传文件的所有者改为 ccutsoft
```

添加修改完毕，保存退出，重新启动 VSFTPD 服务。

```
#service vsftpd restart
```

4. 测试

在 Windows（或 Linux）客户端命令行环境下执行如下指令：

```
C:\Documents and Settings\Administrator>ftp 202.198.176.11
Connected to 202.198.176.11.
220 (vsFTPd 2.0.1)
User (202.198.176.1:(none)): anonymous
331 Please specify the password.
Password:
230 Login successful.
ftp> cd mypublic
250 Directory successfully changed.
ftp> put  ccut.txt
#上传文件 ccut.txt
200 PORT command successful. Consider using PASV.
```

10.3 VSFTPD 高级配置

10.3.1 用户 chroot 访问控制

默认情况下，本地用户登录到 VSFTPD 服务器后，初始目录便是自己的主目录，但是用户仍然可以切换到自己主目录以外的目录中去，这样就产生了安全隐患，为了防范这种隐患，VSFTPD

提供了 chroot 指令，可以限制用户访问在各自的主目录中。

在具体的实现中，针对本地用户进行 chroot 可以分为两种情况：一种是针对所有的本地用户都进行 chroot，另一种是针对指定的用户列表进行 chroot。说明：需要把 anonymous_enable=YES 改为 anonymous_enable=NO，示例如下。

（1）编辑/etc/vsftpd/vsftpd.conf 文件，在该文件末尾增加如下指令。

```
chroot_local_user=YES
```

（2）重新启动 VSFTPD 服务，进行测试。

```
#service vsftpd restart
# ftp 202.198.176.11
Connected to 202.198.176.11
220 (vsFTPd 2.0.1)
Name (202.198.176.11:root): ccutsoft1
331 Please specify the password.
Password:
230 Login successful.
Remote system type is UNIX.
Using binary mode to transfer files.
ftp> pwd
257 "/"
ftp>
```

从上面的测试中可以看出，以本地用户 ccutsoft1 的身份登录 VSFTPD 服务器后，执行 pwd 命令发现返回的目录是“/”。

针对所有指定的用户进行 chroot 示例。在 LinuxVSFTPD 服务器上配置服务，使本地用户 ccutsoft1、ccutsoft2、ccutsoft3 在登录 VSFTPD 服务器之后，都被限制在各自的主目录中，不能切换到其他目录，而其他本地用户不受此限制。示例如下：

（1）编辑/etc/vsftpd/vsftpd.conf 文件，在该文件末尾增加如下指令。

```
chroot_local_user=NO          //先禁止所有本地用户执行 chroot
chroot_list_enable=YES        //激活执行 chroot 的用户列表文件
chroot_list_file=/etc/vsftpd.chroot_list      //设置执行 chroot 的用户列表文件名为
/etc/vsftpd.chroot_list
```

经过上述 3 条指令的设置，只有位于/etc/vsftpd.chroot_list 文件中的用户登录 VSFTPD 服务时才执行 chroot 功能，其他用户不受限制。

（2）创建/etc/vsftpd.chroot_list 文件。

```
#vi  /etc/vsftpd.chroot_list
```

增加以下用户。

```
ccutsoft1
ccutsoft2
ccutsoft3
```

每个用户独占一行。

（3）重新启动 VSFTPD 服务，进行测试。

```
#service vsftpd restart
```

```
# ftp 202.198.176.11
Connected to 202.198.176.11.
220 (vsFTPd 2.0.1)
Name (202.198.176.11:root): ccutsoft2
331 Please specify the password.
Password:
230 Login successful.
Remote system type is UNIX.
Using binary mode to transfer files.
ftp> pwd
257 "/"
```

可以看出当前用户 ccutsoft2 登录后，其当前目录已经显示为“/”，实际上这仍然是 ccutsoft2 自己的主目录，由于 ccutsoft 位于/etc/vsftpd.chroot_list 文件中，所以执行了 chroot。再换一个不在文件/etc/vsftpd.chroot_list 中的用户 ccutsoft4 来登录，结果如下。

```
Connected to 202.198.176.11.
220 (vsFTPd 2.0.1)
Name (202.198.176.11:root): ccutsoft4
331 Please specify the password.
Password:
230 Login successful.
Remote system type is UNIX.
Using binary mode to transfer files.
ftp> pwd
257 "/home/user4"
ftp> cd ..
250 Directory successfully changed.
ftp> pwd
257 "/home"
```

实际上指令 chroot_local_user 的功能很有意思，其默认值为 NO，当采用 chroot 用户列表文件/etc/vsftpd.chroot_list 时，列在该文件中的用户都将执行 chroot。但是如果将 chroot_local_user 的值设置为 YES 时，那么位于列表文件/etc/vsftpd.chroot_list 中的用户则不执行 chroot，而其他未列在此文件中的本地用户则要执行 chroot。请自行测试此功能。

10.3.2 主机访问控制

Linux 中的 VSFTPD 在配置时已经支持 tcp_wrappers，可以利用 tcp_wrappers 实现主机访问控制。tcp_wrappers 的配置文件主要有两个/etc/hosts.allow 和/etc/hosts.deny。主机访问控制示例如下。

（1）Linux 中利用 tcp_wrappers 提供的功能，编辑 VSFTPD 的主文件/etc/vsftpd/vsftpd.conf。

```
tcp_wrappers=YES
```

如果是自行安装编译 VSFTPD，则需要编译时激活 tcp_wrappers 功能，并需要在配置文件中手动添加到/etc/vsftpd/vsftpd.conf 文件中。

（2）编辑/etc/hosts.allow 文件，增加如下内容。

```
vsftpd: 202.198.176.11:DENY
vsftpd: 202.198.176., .test.com
```

hosts.allow 文件以行为单位，每行三个字段，中间用冒号分开，其中第三个字段可以省略，默认为允许。第一个字段为服务名称；第二个字段为主机列表（格式灵活），主机可以是 IP 地址，也可以是一个网段，以“.”结尾。

Linux 中的 VSFTPD 在配置时已经支持 tcp_wrappers，可以利用 tcp_wrappers 实现限制用户传输的速度。主机访问控制 2 示例如下。

（3）Linux 中利用 tcp_wrappers 提供的功能，编辑 VSFTPD 的主文件/etc/vsftpd/vsftpd.conf，添加如下指令。

```
anon_max_rate=0
```

指令 anon_max_rate 用来设置匿名用户的最高传输速率，其中值“0”表示不限制，即在主配置文件中没有对匿名用户的传输速率做限制。

（4）创建一个新的配置文件/etc/vsftpd/vsftpd_other.conf，添加如下内容。

```
anon_max_rate=10000
```

在额外的配置文件 vsftpd_other.conf 中仅设置了 anon_max_rate 指令，其目的就是为了与主配置文件中相同的指令产生“矛盾”，可以通过后面的实际测试来进一步说明哪条指令最终有效。

（5）编辑 hosts.allow 文件，增加相关指令。

为了减少干扰，可先去掉上例中关于 VSFTPD 的设置，再添加如下内容。

```
vsftpd:202.198.176.:setenv     VSFTPD_LOAD_CONF
/etc/vsftpd/vsftpd_other.conf
```

这里用到了特殊的环境变量 VSFTPD_LOAD_CONF，利用它可以为 VSFTPD 提供额外的配置文件。

本例的功能是：当来自 202.198.176.0 网段的主机访问 VSFTPD 服务器时，加载额外的配置文件/etc/vsftpd/vsftpd_other.conf。

如果额外的配置文件中相关指令与主配置文件 vsftpd.conf 中的指令相矛盾，则会覆盖掉主配置文件的值，以额外配置文件的值为准。

10.3.3 用户访问控制

VSFTPD 具有灵活的用户访问控制功能。VSFTPD 的用户访问控制分为两类。第一类是传统用户列表文件，在 VSFTPD 中其文件名是/etc/vsftpd.ftpusers，凡是列在此文件中的用户都没有登录此 FTP 服务器的权限。第二类是改进的用户列表文件/etc/vsftpd.user_list，该文件中用户能否登录 FTP 服务器由另外一条指令 userlist_deny 来决定，这样做更加灵活。

在 Linux 上配置 VSFTPD 服务，使得可以采用 root 用户身份成功登录 VSFTPD 服务器。在此，首先要说明的是：为了安全起见，一般情况下，各种 FTP 服务器默认都是拒绝采用 root 身份登录的，VSFTPD 服务器更是如此，允许 root 用户登录 FTP 服务器示例如下。

1. 传统用户列表文件

启动 VSFTPD 服务。

```
# service vsftpd start
```

2. 尝试以 root 身份登录

```
# ftp 202.198.176.11
Connected to 202.198.176.11
220 (vsFTPd 2.0.1)
Name (202.198.176.11:root): root
530 Permission denied.
Login failed.
ftp>
```

很明显，root 用户的登录请求被拒绝了。

3. 查看文件/etc/vsftpd.ftpusers

```
# cat  /etc/vsftpd.ftpusers
# Users that are not allowed to login via ftp
root
bin
…
nobody
```

可以发现此文件中包含 root，前面提到过凡是列在此文件中的用户都被拒绝登录 FTP 服务器。

于是，编辑该文件，删除掉 root 用户或在其行首加上“#”；然后，再次尝试以 root 身份登录，结果仍然不让 root 用户登录。

查看文件/etc/vsftpd.user_list。

```
# cat /etc/vsftpd.user_list
# vsftpd userlist
# If userlist_deny=NO, only allow users in this file
# If userlist_deny=YES (default), never allow users in this file, and
# do not even prompt for a password.
# Note that the default vsftpd pam config also checks /etc/vsftpd.ftpusers
# for users that are denied.
root
…
```

原来，在/etc/vsftpd.user_list 文件中也包含着 root 用户，默认情况下在此文件中的用户也是不让登录的。解决方法仍然是：编辑此文件删除 root 所在行或在该行前加上“#”。最后，再次尝试以 root 身份登录，即可以成功登录。

4. 改进的用户列表文件

在 Linux 上配置 VSFTPD 服务，只允许 ccutsoft1、ccutsoft2、ccutsoft3 三个用户可以登录此 VSFTPD 服务器。

从前面可知，与用户访问控制相关的配置文件有两个：/etc/vsftpd.ftpusers 和/etc/vsftpd.user_list。其中文件/etc/vsftpd.ftpusers 的功能是固定的，凡是位于其中的用户肯定是不能访问 FTP 服务器的，所以该文件中绝不能包含 ccutsoft1、ccutsoft2、ccutsoft3 这三个用户。

5. 编辑传统用户列表文件/etc/vsftpd.ftpusers

一般情况下，管理员创建的本地用户默认不会包含在/etc/vsftpd.ftpusers 文件中，但还是要检查一遍，如果包含这三个用户，请删除相应的行。

编辑 VSFTPD 的主配置文件/etc/vsftpd/vsftpd.conf 在/etc/vsftpd/vsftpd.conf 文件中要有以下三行存在。

```
userlist_enable=YES
userlist_deny=NO
userlist_file=/etc/vsftpd.user_list
```

userlist_enable 的功能是激活用户列表文件；userlist_file 用来指出 userlist_deny 表示该列表文件中用户是否能够登录 VSFTPD，其默认为 YES，此时会禁止位于该文件中的用户。

6. 编辑/etc/vsftpd.user_list 文件

```
ccutsoft1
ccutsoft2
ccutsoft3
```

10.3.4 虚拟主机

与 Apache 相似，VSFTPD 也支持虚拟主机，但它不支持基于名字的虚拟主机，只支持基于 IP 地址和端口的虚拟主机。在 Linux 中，配置基于 IP 地址的虚拟主机的方法很简单，即为不同的虚拟主机编写独立的配置文件，需要注意该配置文件必须以“.conf”结尾，并存放在/etc/vsftpd 目录下即可。

1. 基于不同 IP 地址的虚拟主机

前面提到 VSFTPD 不支持基于名字的虚拟主机，所以本例中采用基于 IP 地址的虚拟主机。显然，基于 IP 地址的虚拟主机是以 IP 地址为单位的，每个虚拟主机对应监听一个 IP 地址，因此，需要在 Linux 配置多个 IP 地址。

（1）创建网卡子接口

```
# ifconfig  eth0:1  202.198.176.101  netmask 255.255.255.0  up
```

（2）建立匿名用户

为虚拟 FTP 服务器建立匿名用户对应的本地账号并创建相关目录及设置适当权限，执行如下命令。

```
# mkdir  -p  /var/ccutsoft1/pub      //功能:创建多级目录/var/ccutsoft1/pub
# echo "ccutcoft" > /var/ ccutsoft1/welcome.txt       //功能:创建测试文件 welcome.txt
# useradd  -d  /var/ ccutsoft1  -M  ccutsoft1    //功能:创建本地账号 ccutsoft1，并设置其主
目录为/var/ ccutsoft1
```

（3）创建虚拟 FTP 服务器的配置文件

在/etc/vsftpd 目录下，创建虚拟 FTP 服务器的配置文件 vsftpd.ccutsoft1.conf，并令其监听子接口 202.198.176.101。

```
# vi  /etc/vsftpd/vsftpd.ccutsoft1.conf
```

内容如下：

```
ftpd_banner=Welcome to my virtual ftp server.
ftp_username= ccutsoft1
listen=YES
listen_address=202.198.176.101
```

（4）编辑原来 VSFTPD 的配置文件/etc/vsftpd/vsftpd.conf

在/etc/vsftpd/vsftpd.conf 文件末尾增加一行。

```
listen_address=202.198.176.11
```

2. 配置虚拟用户 FTP 服务器

VSFTPD 服务完善支持虚拟用户是一大特色，利用 PAM 认证机制，VSFTPD 很好地实现了

虚拟用户的功能。

虚拟用户，是指用户本身不是系统本地用户，即该用户的账户信息不存在于/etc/passwd 文件中。

在 VSFTPD 中需要 PAM 的支持来实现虚拟用户，在 Linux 中，VSFTPD 与 PAM 二者已经在编译阶段建立好联系，因此可以直接进行配置。

（1）创建虚拟用户数据库文件

```
# vi /etc/ccutsoft2.txt
```

内容如下：

```
wangliang
123456
chenming
123456
liyang
123456
```

该文件中奇数行为用户名，偶数行为相应的密码。

（2）执行如下命令生成虚拟用户数据库文件

```
#db_load  -T  -t  hash  -f  /etc/ccutsoft2.txt  /etc/vsftpd/ccutsoft2.db
```

由于身份认证时要采用 hash 格式的数据库文件，上述的 db_load 命令将文本文件转换为 hash 格式的数据库文件。（参数-T 是允许非伯克利数据库格式，-t 是指定数据库格式，-f 是指定用来生成数据库的文本文件。）

（3）改变虚拟用户数据库文件的权限

```
# chmod  600  /etc/vsftpd/ccutsoft2.db
```

安全起见应该赋予该数据库文件严格的权限。

（4）创建虚拟用户使用的 PAM 认证文件

```
# vi  /etc/pam.d/vsftpd.virtual
```

内容如下：

```
auth    required  /lib/security/pam_userdb.so  db=/etc/vsftpd/ccutsoft2pd
account  required  /lib/security/pam_userdb.so  db=/etc/vsftpd/ccutsoft2pd
```

PAM 认证配置文件中有两条规则。第一条规则是设置利用 pam_userdb.so 模块来进行身份认证，其中采用的数据库文件是/etc/vsftpd/ccutsoft2pd；第二条规则是设置在进行账号授权时采用的数据库也是/etc/vsftpd/ccutsoft2pd 文件。

（5）创建虚拟用户所对应的真实账号及其所登录的目录，并设置相应的权限

创建虚拟用户所对应的真实账号及其所登录的目录。

```
# useradd  -d  /var/ccutsoftvirtual  ccutsoftvirtual
```

为该目录设置相应的权限。

```
# chmod  744  /var/ccutsoftvirtual
```

（6）编辑 VSFTPD 的主配置文件/etc/vsftpd/vsftpd.conf

增加或修改的内容如下所示。

```
guest_enable=YES      //激活虚拟用户登录功能
guest_username=ccutsoftvirtual        //指定虚拟用户所对应的真实用户
pam_service_name=vsftpd.virtual      //修改原配置文件中 pam_service_name 的值；设置 PAM 认证时所采用的文件名称，要注意一定和前面第（4）步中的文件名一致
```

本章小结

本章主要介绍了 VSFTPD 服务器的功能及特点，重点讲述了匿名 FTP、配置 chroot、主机访问控制、用户访问控制及虚拟主机。在本章中利用了 PAM 认证机制实现虚拟用户，需要读者体会和练习。

思考与练习

一、选择题

1. vsftpd 服务器中支持匿名用户、本地用户和虚拟用户 3 类用户账号，下列关于 3 类用户描述正确的是（　　）。

A. 虚拟账户首先是系统账户　　B. vsftpd 默认不允许匿名用户登录

C. 所有虚拟用户具有相同的访问权限　　D. 虚拟用户使用 pam 认证

2. 在 vsftpd.conf 中，如果仅仅允许指定的少数用户访问 ftp 服务器，则需要进行下列必要的操作（　　）。

A. 在/etc/vsftpd.ftpuser 中记录这些用户名

B. 在/etc/vsftpd.conf 文件设置：chroot list_enable=yes

C. 在/etc/vsftpd.conf 文件设置：userlist_deny=no

D. 在/etc/vsftpd.conf 文件设置：userlist_deny=yes

3. 关于 vsftp.conf 配置文件的说法中不正确的是（　　）。

A. vsftpd.conf 配置文件是文本文件，可使用 VI 编辑器进行编辑

B. vsftpd.conf 配置文件中的配置修改保存后立即生效

C. vsftpd.conf 配置文件修改后需要重新启动 vsftpd 服务以便修改的配置生效

4. 在 Linux 系统中，设置 TCP Wrappers 策略对 vsftpd 服务进行访问控制。若在/etc/hosts.allow 文件中设置了“vsftpd：202.198.176.10”，在/etc/hosts.deny 文件中设置了“vsftpd：202.198.176.10，202.198.176.11”，则以下说法正确的是（　　）。

A. 除了 202.198.176.11 以外的主机都允许访问该 FTP 服务器

B. 除了 202.198.176.10 和 202.198.176.11 以外的主机都允许访问该 FTP 服务器

C. 只有 IP 为 202.198.176.10 的主机允许访问该 FTP 服务器

D. 任何主机都不允许访问该 FTP 服务器

二、填空题

1. 在使用手工的方法配置网络时，可通过修改/etc/hostname 文件来改变主机名，若要配置该计算机的域名解析客户端，需配置________文件。

2. vsftpd 服务器中提供了灵活的访问控制设置方法，在文件 vsftpd.user_list 中可以设置允许或拒绝访问 FTP 服务器的用户账号，当只允许 vsftpd.user_list 文件中的用户账号登录 vsftpd 服务器时，在 vsftpd.conf 配置文件中应同时设置________、________。

三、简答题

1. 配置 VSFTPD 服务器，实现除了用户 ccut1、root 和 user1 用户外其他本地用户登录 FTP 服务器，都被限制在自己的主目录内。

2. 在一台 VSFTPD 服务器（202.198.176.10）上，配置一个 FTP 虚拟主机，请写出配置过程以及相关指令。

3. VSFTPD 支持哪 3 种用户？每种用户的区别是什么？

4. 配置 VSFTPD 服务器，针对本地用户的下载速度限制为 4000KB/s。

第11章 Samba服务器配置

11.1 Samba简介

11.1.1 Samba概述

Samba是在Linux和UNIX系统上实现SMB协议的一个免费软件,由服务器及客户端程序构成。信息服务块(Server Messages Block,SMB)是一种在局域网上共享文件和打印机的一种通信协议，它为局域网内的不同计算机之间提供文件及打印机等资源的共享服务。SMB协议是客户机/服务器型协议，客户机通过该协议可以访问服务器上的共享文件系统、打印机及其他资源。通过设置"NetBIOS over TCP/IP"使得Samba不但能与局域网络主机分享资源，还能与全世界的电脑分享资源。

Samba是用来实现SMB的一种软件，它的工作原理是让NETBIOS(Windows网络邻居的通信协议)和SMB(Server Message Block)这两个协议运行于TCP/IP通信协议之上，并且使用Windows的NETBEUI协议让Linux计算机可以在网络邻居上被Windows计算机看到。

Samba是一款目前非常流行的、跨平台的共享文件和打印服务的软件。

11.1.2 Samba功能

Samba最初发展的主要目就是要用来沟通Windows与Linux这两个不同的作业平台。最大的好处就是不必让同样的一份数据放置在不同的地方，搞到后来都不晓得哪一份资料是最新的，而且也可以透过这样的一个档案系统使Linux与Windows的档案传输变得更为简单。

11.1.3 Samba的应用环境

开放式的源代码软件在异构操作系统下进行网络资源的共享Samba的核心是两个守护进程，一个是smbd，主要负责处理文件和打印机服务请求，一个是nmbd，主要负责处理NETDIOS名称服务和网络浏览功能。

Samba有五种安全级别：share，user，server，domain，ADS。

11.1.4 Samba特点

Samba具有如下特点。

（1）跨平台，支持 UNIX、Linux 与 Windows 之间文件和打印共享。

（2）支持 SSL，与 OpenSSL 相结合实现安全通信。

（3）支持 LDAP，可与 OpenLDAP 相结合实现基于目录服务的身份认证。

（4）可以充当 Windows 域中的 PDC、成员服务器。

（5）支持 PAM，与 PAM 结合可实现用户和主机访问控制。

11.1.5　Samba 运行

Samba 服务器包含两个守护进程：一是 smbd，它主要负责处理文件和打印服务请求；二是 nmbd，它主要负责处理 NETB 名称服务请求和网络浏览功能。

（1）在 Linux 中可以通过执行如下命令行来启动 Samba 服务器。

```
#service smb start
```

（2）可以用 ps 命令来查看 Samba 服务器的两个进程。

```
#ps -aux | grep smbd
#ps -aux | grep nmbd
```

11.2　Samba 的配置文件

11.2.1　Samba 配置文件结构

Samba 服务的配置文件是/etc/samba/smb.conf，其结构分为两部分：一是全局设置部分，二是共享定义部分。第一部分用来定义 Samba 服务器要实现的功能，这也是 Samba 服务器配置的核心；而第二部分共享定义则用来设置开放的共享目录或打印服务。

11.2.2　Samba 服务基本配置

1. 全局设置部分的配置指令

（1）workgroup = MYGROUP

功能：设置该 Samba 服务器所在的工作组为 MYGROUP，可以在 Windows 的网上邻居中看到该工作组的名称。

（2）server string = Samba Server

功能：设置 Samba 服务器的描述字符串，可以显示在 Windows 的网上邻居中。

（3）printcap name = /etc/printcap

功能：设置打印机配置文件的路径，当 Samba 需要查找打印机的时候，会使用/etc/printcap。

（4）load printers = yes

功能：设置是否加载 printcap 文件中定义的所有打印机。

（5）cups options = raw

功能：设置 cups（common unix print service）的选项类型为 raw。当 cups 服务器的错误日志包含“Unsupported format ‘application/octet-stream’”时，需要将 cups options 的值设置为 raw。

（6）log file = /var/log/samba/%m.log

功能：设置 samba 日志文件的位置和名称。

%m 表示客户机的 netbios 名称，采用%m 表示要为每个访问的客户单独记录访问日志，具体含义见表 11-1。

表 11-1　Samba 典型内置变量

%S	当前服务名
%P	当前服务的根目录
%u	当前服务的用户名
%U	当前会话的用户名
%g	当前服务用户所在的主工作组
%G	当前会话用户所在的主工作组
%H	当前服务的用户的 Home 目录
%V	samba 的版本号
%h	运行 samba 服务机器的主机名
%M	客户端的主机名
%m	客户端的 NetBIOS 名称
%L	服务器的 NetBIOS 名称
%R	所采用的协议等级（CORE/COREPLUS/LANMAN1/LANMAN2/NT1）
%I	客户端的 IP
%T	当前日期和时间

（7）max log size = 50

功能：设置日志文件大小为 50KB，若设置为 0，则不对文件大小做限制。

（8）security = user

功能：设置安全等级为 user，即需要通过身份认证，才能访问 Samba 服务器。

RHEL 4 中采用的是 Samba3.0，该版本支持 5 种安全等级，分别是 share、user、server、domain 和 ads。

（9）socket options = TCP_NODELAY SO_RCVBUF=8192 SO_SNDBUF=8192

功能：设置套接字选项，上述默认值具有较好的性能。

（10）dns proxy = no

功能：设置是否采用 dns 服务来解析 netbios 名称，“no”表示不采用 dns 解析。

2. 共享定义部分的配置指令

（1）用户主目录共享

```
[homes]   //方括号中为共享名，homes 很特殊，它可以代表每个用户的主目录
comment = Home Directories      //comment 设置注释
browseable = no   //设置是否开放每个用户主目录的浏览权限，“no”表示不开放，即每个用户只能访问自己的主目录，无权浏览其他用户的主目录
writable = yes   //设置是否开放写权限，“yes”表示对能够访问主目录的用户开放写权限
```

（2）所有用户都可以访问共享

```
[public]            //设置共享名为 public
```

```
path = /home/samba          //该共享所对应的实际路径
public = yes                //设置对所有用户开放
read only = yes             //默认情况下，将访问该目录的用户设置为只读权限
write list = @staff         //设置只有 staff 组中的用户对该共享才有写权限，"@" 表示组
```

11.3　Samba 配置实例

11.3.1　添加用户

Samba 用户需要单独创建自己的用户账号数据库，而 Samba 用户必须是 Linux 系统中存在的账户。

```
#useradd  ccut1
#passwd  ccut1
#smbpasswd  -a  ccut1
```

11.3.2　配置共享打印

配置打印共享，为了配置 Samba 打印共享，需要在全局配置部分有如下指令。

```
printcap name = /etc/printcap
load printers = yes
printing = cups             //设置打印系统的类型
cups options = raw
```

接下来，在共享部分定义打印机共享配置段。

```
[printers]                  //打印机共享配置段
comment = All Printers
path = /var/spool/samba     //设置打印队列的位置
browseable = no             //不允许浏览该共享,Set public = yes to allow user 'guest 
account' to print
guest ok = no               //不允许匿名用户使用打印机
writable = no               //将非打印共享的写权限设置为"no",即如果用户不是为了打印而直接向该
共享写入文件，则被禁止
printable = yes             //将 printable 设置为 yes,表示激活打印共享的写权限，即可以将打印编
码文档写入该打印共享下的打印队列
```

11.3.3　访问 Samba 服务器及 Windows 上的共享资源

每次修改完 smb.conf 配置文件后，都应该执行 testparm 命令来测试语法是否正确，然后，再启动 Samba 服务。

```
# testparm
```

接下来，重新启动 Samba 服务器。

```
#service  smb  restart
```

在 Samba 服务正确启动后，可以添加 Samba 用户 ccut1。

```
#useradd  ccut1
```

```
#passwd  ccut1
#smbpasswd  -a  ccut1
```

1. 可以通过 Windows 客户机访问 Samba 服务器

在 Windows 客户机上访问 Samba 服务器有两种常见的方法，一是通过网上邻居访问；二是利用 UNC 路径访问。

2. Linux 客户机访问 Samba 服务器

执行如下命令查看是否安装了客户端软件包。

```
# rpm -qa | grep samba-client
samba-client-3.0.X
```

查看本机 Samba 共享的命令行。

```
# smbclient  -L localhost
```

smbclient 命令可以列出指定服务器上的共享资源的情况。上述命令没有指明用户身份，则采用匿名访问。

也可以指定访问身份，命令如下所示。

```
# smbclient  -L  localhost  -U  ccut1
```

命令行中"–U"参数指定用户身份 ccut1，则在共享资源列表中还可以看到 ccut1 的主目录。

smbclient 命令还可以访问 Windows 机器上的共享资源列表，命令如下：

```
# smbclient  -L  \\202.198.176.251  -U  administrator
```

命令中 administrator 是 Windows 机器上的用户名。还可以把"–L"去掉进入 Samba 子命令客户端，请看如下示例。

```
#smbclient  //202.198.176.251/tools  -U administrator
Password:
Domain=[TEACHER] OS=[Windows Server 2003 3790] Server=[Windows Server 2003 5.2]
smb: \>
```

除了 smbclient 命令外，smbmount 命令也可以将 Samba 或 Windows 上开放的共享资源挂装到本地某个目录上，就像挂装光盘、优盘一样，操作起来很方便。请看如下 smbmount 的示例。

```
# smbmount  //202.198.176.251/tools  mytmp  -o username=administrator
Password:
```

11.3.4 主机访问控制

Samba 服务中可以实现比较灵活的主机访问控制功能。

在 smb.conf 文件中利用 hosts　allow 指令来实现对来访主机进行相应的限制，请看如下示例。

```
[global]
…
hosts  allow = .tcbuu.cn  EXCEPT  m36.tcbuu.cn
```

上述指令的功能是：除了 m36.tcbuu.cn 以外的所有 tcbuu.cn 域中主机都可以访问该 Samba 服

务器，其中参数 EXCEPT 表示排除。

```
hosts allow = 192.168.1. 192.168.2. 127.
```

功能：表示允许 192.168.1.0/24、192.168.2.0/24 和 127.0.0.0/8 三个网段的主机可以访问该共享资源。

一是网段之间要用空格隔开，二是表示网段时要以“.”结尾。另外，IP 地址的方式也支持 EXCEPT 参数。

11.3.5　用户访问控制

在 Samba 中也提供了灵活的用户访问控制的功能。其按作用范围的角度来分，可分为两类：一是针对某个具体共享资源的访问控制，二是针对所有共享资源的访问控制。两类指令基本上是一样的，区别仅在于它们的书写位置。

某 Samba 服务器的域名为 ccut.edu.cn，其 IP 地址为 202.169.176.10。该系统中有 3 个用户 ccut1、ccut2 和 ccut3，其中 ccut1 和 ccut2 都属于组 group1，ccut3 属于组 group2。将上述 3 个用户添加为 Samba 账户，让属于 group1 组的用户可以访问目录/var/CCUT，而且只有 user2 可以往该目录中写入文件，属于 group2 组的用户没有访问该共享目录的权限。

案例如下。

（1）创建系统用户、组账户并将 3 个系统账号添加为 Samba 账号。

```
# groupadd  group1
# groupadd  group2
# useradd  -G  group1  ccut1
# passwd  ccut1
# useradd  -G  group1  ccut2
# passwd  ccut2
# useradd  -G  group2 ccut3
# passwd ccut3
#smbpasswd  -a  ccut1
New SMB password:
Retype new SMB password:
Added user user1.
# smbpasswd  -a  ccut2
# smbpasswd  -a  ccut3
```

（2）创建共享目录并赋予相应的权限。

```
# mkdir  -p  /var/CCUT
# chmod  777  /var/CCUT/
```

此处将共享目录的权限设为“777”，即所有用户均可读写，其目的是为了验证用 Samba 的用户访问控制功能来限制不同用户对该目录的访问权限。

（3）编辑 smb.conf 文件配置针对/var/CCUT 的共享。

```
path = /var/CCUT
valid users = @group1
invalid users = @group2
```

```
writeable = no
write list = ccut1
```

说明

在 smb.conf 文件的末尾增加以上配置段。writeable=no 设置本共享的写权限默认为关闭的，但这只是默认情况，该项设置可以被 write list 指令设置的值所覆盖，即本例中用户 ccut1 可以往该共享目录中执行写入操作。

本章小结

本章详细介绍了 Samba 服务器的功能，以示例的形式讲解了 Samba 服务器的应用，包括主机访问控制、用户访问控制和配置共享打印。

思考与练习

一、选择题

1. 某企业使用 Linux 系统搭建了 Samba 文件服务器，在账号为 benet 的员工出差期间，为了避免该账号被其他员工冒用，需要临时将其禁用，可以使用以下（　　）命令。

A. smbpasswd -a benet　　B. smbpasswd -d benet

C. smbpasswd -e benet　　D. smbpasswd -x benet

2. 关于 Samba 用户账号，以下说法错误的是（　　）。

A. 使用 smbpasswd -a 添加的 Samba 账号必须已经是 Linux 的系统用户账号

B. 使用 smbpasswd -x 删除一个 Samba 用户时，同名的系统用户将会被锁定

C. Samba 用户和同名系统用户的口令可以不一致

D. 若 Samba 用户不需要登录 Linux 系统时，同名系统用户可以不设置口令

3. 在 Linux 中，用 Samba 向 Windows 提供共享服务时，使用用户认证来保证合法访问，下列关于 Samba 用户描述错误的是（　　）。

A. Samba 用户必须是系统用户　　B. 可以使用 smbuseradd 添加 Samba 用户

C. Samba 用户必须和系统用户同名　　D. 可以使用 smbpasswd 修改 Samba 用户密码

二、简答题

1. 配置 Samba 服务实现，除了 abc.ccut.edu 的主机之外，允许所有域名为.ccut.edu 的主机访问该 Samba 服务器。

2. 配置 Samba 服务实现，开放/var/ccut 目录，其共享名为 ccut，允许所有用户访问该共享，但只有 group1 组中的用户可以在该目录中有写入权限。

3. 配置 Samba 服务实现，开放/var/ccut 目录，其共享名为 ccut，允许所有用户访问共享，但只有 ccut1 组中的用户可以在目录中写入文件。

第12章 iptables服务器配置

12.1 iptables 简介

目前，网络安全问题日益重要，防火墙存在的必要性也越来越显著。Linux 的防火墙由 netfilter 和 iptables 两个组件构成。

netfilter 组件也称为内核空间（kernelspace），是内核的一部分，由一些信息包过滤表组成，这些表包含内核用来控制信息包过滤处理的规则。iptables 组件也称为用户空间（userspace），是防火墙的管理工具，它是用户和防火墙之间的桥梁，我们通过 iptables 执行命令或者修改配置文件来设置规则，netfilter 接收指令和读取配置文件来使这些规则生效。

这里需要说明的是实际上严格地说 iptables 只能算是防火墙与用户的应用接口，真正起到防火墙作用的是在 Linux 内核中运行的 netfilter。

iptables 就是一款 Linux 系统下著名的防火墙软件。iptables 以其强大的功能、优异的性能吸引了越来越多的用户，已经成为 Linux 系统中防火墙软件的事实标准。

12.1.1 iptables 的功能

netfilter/iptables（简称为 iptables）组成 Linux 平台下的包过滤防火墙，完成封包过滤、数据包拆分和网络地址转换（NAT）等功能。iptables 采用了表、链和规则的结构来具体实现上述功能。

在 iptables 中“表”是最大的容器，iptables 共有 3 张表。filter 表不会对数据报进行修改，而是对数据进行过滤。nat 表实现对需要转发的数据报的源地址进行地址转换。mangle 表可以实现对数据报的修改或给数据报附上一些带外数据报。这 3 张表实现了 iptables 的 3 类功能。表中可以定义多条“链”，每条链中可以定义多条“规则”。

netfilter/iptables 功能的一大特色是：可以根据连接状态来实施规则，因此，又称为基于状态的防火墙。

状态机制实际上是一种连接跟踪机制，即 netfilter/iptables 可以跟踪特定连接所处的状态，可以跟踪的连接状态只有 4 种，分别是 NEW、ESTABLISHED、RELATED 和 INVALID。iptables 用户空间中数据包的四种状态及其解释见表 12-1。

表 12-1　iptables 用户空间中数据包的四种状态

状　　态	解　　释
NEW	NEW 说明：这个包是我们看到的第一个包。这是 conntrack 模块看到的某个连接的第一个包，它即将被匹配了。比如，我们看到一个 SYN 包，是我们所留意的连接的第一个包，就要匹配它。第一个包也可能不是 SYN 包，但它仍会被认为是 NEW 状态。这样做有时会导致一些问题，但对某些情况是有非常大的帮助的
ESTABLISHED	ESTABLISHED 已经注意到两个方向上的数据传输，而且会继续匹配这个连接的包。处于 ESTABLISHED 状态的连接是非常容易理解的。只要发送并接到应答，连接就是 ESTABLISHED 的了。一个连接要从 NEW 变为 ESTABLISHED，只需要接到应答包即可，不管这个包是发往防火墙的，还是要由防火墙转发的。ICMP 的错误和重定向等信息包也被看作是 ESTABLISHED，只要它们是我们所发出的信息的应答
RELATED	RELATED 是个比较麻烦的状态。当一个连接和某个已处于 ESTABLISHED 状态的连接有关系时，就被认为是 RELATE 的了。换句话说，一个连接要想是 RELATED 的，首先要有一个 ESTABLISHED 的连接。这个 ESTABLISHED 连接再产生一个主连接之外的连接，这个新的连接就是 RELATED 的了，当然前提是 conntrack 模块要能理解 RELATED。FTP 是个很好的例子，FTP-data 连接就是和 FTP-control 有 RELATED 的。还有其他的例子，比如，通过 IRC 的 DCC 连接。有了这个状态，ICMP 应答、FTP 传输、DCC 等才能穿过防火墙正常工作。注意，大部分还有一些 UDP 协议都依赖这个机制。这些协议是很复杂的，它们把连接信息放在数据包里，并且要求这些信息能被正确理解
INVALID	INVALID 说明：数据包不能被识别属于哪个连接或没有任何状态。有几个原因可以产生这种情况，比如，内存溢出，收到不知属于哪个连接的 ICMP 错误信息。一般地，我们 DROP 这个状态的任何东西

连接跟踪本身并没有实现什么具体功能，它为状态防火墙和 NAT 提供了基础框架。从连接跟踪的职责来看，它只是完成了数据包从“个性”到“共性”抽象的约定，即它的核心工作是如何针对不同协议报文而定义一个通用的“连接”的概念出来，具体的实现由不同协议自身根据其报文特殊性的实际情况来提供。那么连接跟踪的主要工作其实可以总结为：入口处，收到一个数据包后，计算其 hash 值，然后根据 hash 值查找连接跟踪表，如果没找到连接跟踪记录，就为其创建一个连接跟踪项，如果找到了，则返回该连接跟踪项。出口处，根据实际情况决定该数据包是被还给协议栈继续传递，还是直接被丢弃。

12.1.2　iptables 数据包的流程

iptables 的 3 张表 filter、nat 和 mangle 表，每张表中都默认定义了若干条链。在 filter 表中默认定义了 3 条链，分别是 INPUT、OUTPUT 与 FORWARD 链；nat 表中默认定义了 3 条链，分别是 PREROUTING、OUTPUT 和 POSTROUTING 链；mangle 表中默认定义了 5 条链，分别是 INPUT、OUTPUT、FORWARD、PREROUTING 和 POSTROUTING 链。此外，用户还可以自定义链。数据包如何通过这些链是非常的重要问题，防火墙规则的设计者首先要清楚数据包是如何通过 iptables 的表和链的。数据包通过 iptables 的流程如图 12-1 所示。

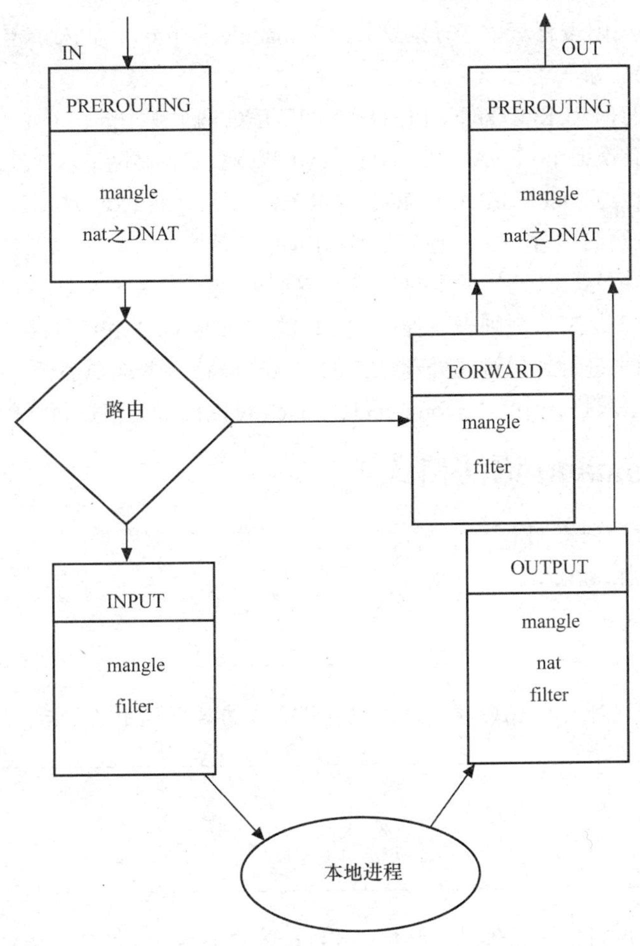

图 12-1　数据包通过 iptables 流程

12.1.3　IP 转发

Linux 主机配置成网关防火墙，需要在执行 iptables 命令之前激活 IP 数据包的转发功能。因为普通主机只能处理目标地址为单播数据包，而防火墙需要对符合规则且目标地址为其他主机的数据包进行转发，这样就必须要激活 IP 转发功能才能实现，激活 IP 转发功能命令如下。

```
#vi /etc/sysctl.conf
net.ipv4.ip_forward = 1
#sysctl -p
```

12.2　iptables 基本配置

iptables 用途广泛，功能强大，命令格式丰富，其格式如下：

```
iptables [-t table] command [match] [-j target/jump]
[-t table] 指定规则表
```

-t 参数，内建的规则表有三个，分别是：nat、mangle 和 filter，如未指定规则表，则一律视为 filter。各规则表的功能如下。

nat：此规则表拥有 PREROUTING 和 POSTROUTING 两个规则链，主要功能为进行一对一、一对多、多对多等网址转换工作（SNAT、DNAT），这个规则表除了做网址转换外，请不要做其他用途。

mangle：此规则表拥有 PREROUTING、FORWARD 和 POSTROUTING 三个规则链。除了进行网址转换工作会改写封包外，在某些特殊应用可能也必须去改写封包（TTL、TOS）或者是设定 MARK（将封包做记号，以进行后续的过滤），这时就必须将这些工作定义在 mangle 规则表中。

filter：这个规则表是默认规则表，拥有 INPUT、FORWARD 和 OUTPUT 三个规则链，这个规则表顾名思义是用来进行封包过滤处理动作的，我们会将基本规则都建立在此规则表中。

下面对 iptables 语法格式中参数 command、match 可以设置的值进行详细描述。

12.2.1 command 语法格式

command 常用命令列表如下。

1. 命令 -A, --append

```
iptables -A INPUT…
```

新增规则到某个规则链中，该规则将会成为规则链中的最后一条规则。

2. 命令 -D, --delete

```
iptables -D INPUT --dport 80 -j DROP iptables -D INPUT 1
```

从某个规则链中删除一条规则，可以输入完整规则，或直接指定规则编号加以删除。

3. 命令 -R, --replace

```
iptables -R INPUT 1 -s 202.198.176.10 -j DROP
```

取代现行规则，规则被取代后并不会改变顺序。

4. 命令 -I, --insert

```
iptables -I INPUT 1 --dport 80 -j ACCEPT
```

插入一条规则，原本该位置上的规则将会往后移动一个顺位。

5. 命令 -L, --list

```
iptables -L INPUT
```

列出某规则链中的所有规则。

```
iptables -t nat -L
```

列出 nat 表所有链中的所有规则。

6. 命令 -F, --flush

```
iptables -F INPUT
```

删除 filter 表中 INPUT 链的所有规则。

7. 命令 -Z, --zero

```
iptables -Z INPUT
```

将封包计数器归零。封包计数器是用来计算同一封包出现次数，过滤阻断式攻击不可或缺的工具。

8. 命令 -N, --new-chain

```
iptables -N allowed
```

定义新的规则链。

9. 命令 -X, --delete-chain

```
iptables -X allowed
```

删除某个规则链。

10. 命令 -P, --policy

```
iptables -P INPUT DROP
```

定义过滤政策，也就是未符合过滤条件之封包默认的处理方式。

11. 命令 -E, --rename-chain

```
iptables -E allowed disallowed
```

修改某自定义规则链的名称。

12.2.2 match 语法格式

1. 参数 -p, --protocol

```
iptables -A INPUT -p tcp
```

匹配通信协议类型是否相符，可以使用 ! 运算符进行反向匹配，例如：-p !tcp，意思是指除 tcp 以外的其他类型，如 udp、icmp 等。如果要匹配所有类型，则可以使用 all 关键词，例如：-p all。

2. 参数 -s, --src, --source

```
iptables -A INPUT -s 192.168.1.1
```

用来匹配封包的来源 IP，可以匹配单机或网络，匹配网络时请用数字来表示子网掩码，例如：-s 202.198.176.0/24。

匹配 IP 时可以使用 ! 运算符进行反向匹配，例如：-s ! 202.198.176.0/24。

3. 参数 -d, --dst, --destination

```
iptables -A INPUT -d  202.198.176.10。
```

用来匹配封包的目的 IP，设定方式同上。

4. 参数 -i, --in-interface

```
iptables -A INPUT -i eth0
```

用来匹配封包是从哪块网卡进入的，可以使用通配字符 + 来做大范围匹配，例如：-i eth+。

表示所有的 ethernet 网卡也可以使用 ! 运算符进行反向匹配，例如：-i !eth0。

5. 参数 -o, --out-interface

```
iptables -A FORWARD -o eth0
```

用来匹配封包要从哪块网卡送出，设定方式同上。

6. 参数 --sport, --source-port

```
iptables -A INPUT -p tcp --sport 22
```

用来匹配封包的源端口，可以匹配单一端口，或是一个范围，例如：--sport 22:80。

表示从 22 到 80 端口之间都算是符合条件，如果要匹配不连续的多个端口，则必须使用 --multiport 参数。匹配端口号时，可以使用 ! 运算符进行反向匹配。

7. 参数 --dport, --destination-port

```
iptables -A INPUT -p tcp --dport 22
```

用来匹配封包的目的地端口号，设定方式同上。

8. 参数 --tcp-flags

```
iptables -p tcp --tcp-flags SYN,FIN,ACK SYN
```

匹配 TCP 封包的状态标志，参数分为两个部分，第一个部分列举出想匹配的标志，第二部分则列举前述标志中哪些有被设置，未被列举的标志必须是空的。TCP 状态标志包括：SYN（同步）、ACK（应答）、FIN（结束）、RST（重设）、URG（紧急）、PSH（强迫推送）等均可使用于参数中，除此之外还可以使用关键词 ALL 和 NONE 进行匹配。匹配标志时，可以使用 ! 运算符行反向匹配。

9. 参数 --syn

```
iptables -p tcp --syn
```

用来表示 TCP 通信协议中，SYN 位被打开，而 ACK 与 FIN 位关闭的分组，即 TCP 的初始连接，与 iptables -p tcp --tcp-flags SYN,FIN,ACK SYN 的作用完全相同，如果使用 !运算符，可用来匹配非要求连接封包。

10. 参数 -m multiport --source-port

```
iptables -A INPUT -p tcp -m multiport --source-port 22, 53, 80, 110。
```

用来匹配不连续的多个源端口，一次最多可以匹配 15 个端口，可以使用 ! 运算符进行反向匹配。

11. 参数 -m multiport --destination-port

```
iptables -A INPUT -p tcp -m multiport --destination-port 22, 53, 80, 110
```

用来匹配不连续的多个目的地端口号，设定方式同上。

12. 参数 -m multiport --port

```
iptables -A INPUT -p tcp -m multiport --port 22, 53, 80, 110
```

这个参数比较特殊，用来匹配源端口和目的端口号相同的封包，设定方式同上。

注意

在本例中，如果来源端口号为 80，目的地端口号为 110，这种封包并不算符合条件。

13. 参数 --icmp-type

```
iptables -A INPUT -p icmp --icmp-type 8
```

用来匹配 ICMP 的类型编号，可以使用代码或数字编号来进行匹配。

14. 参数 -m limit --limit

```
iptables -A INPUT -m limit --limit 3/hour
```

用来匹配某段时间内封包的平均流量，上面的例子是用来匹配每小时平均流量是否超过一次 3 个封包。除了每小时平均次外，也可以每秒钟、每分钟或每天平均一次，默认值为每小时平均一次，参数有：/second、/minute、/day。除了进行封包数量的匹配外，设定这个参数也会在条件达成时，暂停封包的匹配动作，以避免因骇客使用洪水攻击法，导致服务被阻断。

15. 参数 --limit-burst

```
iptables -A INPUT -m limit --limit-burst 5
```

用来匹配瞬间大量封包的数量，上面的例子用来匹配一次同时涌入的封包是否超过 5 个（这是默认值），超过此上限的封包将被直接丢弃。使用效果同上。

16. 参数 -m mac --mac-source

```
iptables -A INPUT -m mac --mac-source 00:00:00:00:00:01
```

用来匹配封包来源网络接口的硬件地址，这个参数不能用在 OUTPUT 和 POSTROUTING 规则链上，这是因为封包要送到网卡后，才能由网卡驱动程序透过 ARP 通信协议查出目的地的 MAC 地址，所以 iptables 在进行封包匹配时，并不知道封包会送到哪个网络接口去。

17. 参数 --mark

```
iptables -t mangle -A INPUT -m mark --mark 1
```

用来匹配封包是否被表示某个号码，当封包被匹配成功时，我们可以透过 MARK 处理动作，将该封包标示一个号码，号码最大不可以超过 4294967296。

18. 参数 -m owner --uid-owner

```
iptables -A OUTPUT -m owner --uid-owner 500
```

用来匹配来自本机的封包是否为某特定使用者所产生的，这样可以避免服务器使用 root 或其他身份将敏感数据传出，可以降低系统被骇的损失。可惜这个功能无法匹配出来自其他主机的封包。

19. 参数 -m owner --gid-owner

```
iptables -A OUTPUT -m owner --gid-owner 0
```

用来匹配来自本机的封包是否为某特定使用者群组所产生的，使用时机同上。

20. 参数 -m owner --pid-owner

```
iptables -A OUTPUT -m owner --pid-owner 78
```

用来匹配来自本机的封包是否为某特定进程所产生的，使用时机同上。

21. 参数 -m owner --sid-owner

```
iptables -A OUTPUT -m owner --sid-owner 100
```

用来匹配来自本机的封包是否为某特定连接（Session ID）的响应封包，使用时机同上。

22. 参数 -m state --state

```
iptables -A INPUT -m state --state RELATED,ESTABLISHED
```

用来匹配连接状态，连接状态共有四种：INVALID、ESTABLISHED、NEW 和 RELATED。

INVALID 表示该封包的连接编号（Session ID）无法辨识或编号不正确。

ESTABLISHED 表示该封包属于某个已经建立的连接。

NEW 表示该封包想要起始一个连接（重设连接或将连接重定向）。

RELATED 表示该封包是属于某个已经建立的连接，所建立的新连接。例如：FTP-DATA 连接必定源自某个 FTP 连接。

12.2.3 iptables 目标动作

[-j target/jump] 常用的处理动作如下。

-j 参数用来指定要进行的处理动作，常用的处理动作包括：ACCEPT、REJECT、DROP、REDIRECT、MASQUERADE、LOG、DNAT、SNAT、MIRROR、QUEUE、RETURN、MARK，分别说明如下。

ACCEPT：将封包放行，进行完此处理动作后，将不再匹配其他规则，直接跳往下一个规则链（natostrouting）。

REJECT：拦阻该封包，并传送封包通知对方，可以传送的封包有几个选择，ICMP port-unreachable、ICMP echo-reply 或是 tcp-reset（这个封包会要求对方关闭连接），进行完此处理动作后，将不再匹配其他规则，直接中断过滤程序。

例如：iptables -A FORWARD -p TCP --dport 22 -j REJECT --reject-with tcp-reset。

DROP：丢弃封包不予处理，进行完此处理动作后，将不再匹配其他规则，直接中断过滤程序。

REDIRECT：将封包重新导向到另一个端口（PNAT），进行完此处理动作后，将会继续匹配其他规则。这个功能可以用来实现透明代理或用来保护 Web 服务器。

例如：iptables -t nat -A PREROUTING -p tcp --dport 80 -j REDIRECT --to-ports 8080。

MASQUERADE：改写封包来源 IP 为防火墙 NIC IP，可以指定 port 对应的范围，进行完此处理动作后，直接跳往下一个规则链（manglepostrouting）。

SNAT：改写封包来源 IP 为某特定 IP 或 IP 范围，可以指定 port 对应的范围，进行完此处理动作后，将直接跳往下一个规则（mangleostrouting）。

DNAT：改写封包目的地 IP 为某特定 IP 或 IP 范围，可以指定 port 对应的范围，进行完此处理动作后，将会直接跳往下一个规则链（filter:input 或 filter:forward）。例如：iptables -t nat -A PREROUTING -p tcp -d 15.45.23.67 --dport 80 -j DNAT --to-destination 202.198.176.10-202.198.176.20:80-100。

MIRROR：镜射封包，也就是将来源 IP 与目的地 IP 对调后，将封包送回，进行完此处理动作后，将会中断过滤程序。

QUEUE：中断过滤程序，将封包放入队列，交给其他程序处理。通过自行开发的处理程序，可以进行其他应用，例如：计算连接费用等。

RETURN：结束在目前规则链中的过滤程序，返回主规则链继续过滤，如果把自定义规则链看成是一个子程序，那么这个动作，就相当于提前结束子程序并返回到主程序中。

MARK：将封包标上某个代号，以便提供作为后续过滤的条件判断依据，进行完此处理动作后，将会继续匹配其他规则。例如：iptables –t mangle -A PREROUTING –p tcp –dport 22 –j MARK --set-mark 2。

12.3 配 置 实 例

iptables 命令可用于配置 Linux 的包过滤规则，常用于实现防火墙、NAT。

1. 删除已有规则

在新设定 iptables 规则时，我们一般先确保旧规则被清除，用以下命令清除旧规则。

```
iptables -F
(or iptables --flush)
```

2. 配置服务项

利用 iptables，我们可以对日常用到的服务项进行安全管理，比如设定只能通过指定网段，由指定网口通过 SSH 连接本机。

```
iptables -A INPUT -i eth0 -p tcp -s 202.198.176.0/24 --dport 22 -m state --state NEW,ESTABLESHED -j ACCEPT
iptables -A OUTPUT -o eth0 -p tcp --sport 22 -m state --state ESTABLISHED -j ACCEPT
```

若要支持由本机通过 SSH 连接其他机器，在本机端口建立连接，还需要设置以下规则。

```
iptables -A INPUT -i eth0 -p tcp -s 202.198.176.0/24 --dport 22 -m state --state ESTABLESHED -j ACCEPT
iptables -A OUTPUT -o eth0 -p tcp --sport 22 -m state --state NEW,ESTABLISHED -j ACCEPT
```

相似的，对于 HTTP/HTTPS（80/443）、pop3（110）、rsync（873）、MySQL（3306）等基于 TCP 连接的服务，也可以参照上述命令配置。

对于基于 UDP 的 DNS 服务，使用以下命令开启端口服务。

```
iptables -A OUTPUT -p udp -o eth0 --dport 53 -j ACCEPT
iptables -A INPUT -p udp -i eth0 --sport 53 -j ACCEPT
```

3. 设置 chain 策略

对于 filter table，默认的 chain 策略为 ACCEPT，我们可以通过以下命令修改 chain 的策略。

```
iptables -P INPUT DROP
iptables -P FORWARD DROP
iptables -P OUTPUT DROP
```

以上命令配置将接收、转发和发出包均丢弃，实行比较严格的包管理。由于接收和发包均被设置为丢弃，当进一步配置其他规则的时候，需要注意针对 INPUT 和 OUTPUT 分别配置。当然，如果信任主机往外发包，以上第三条规则可不必配置。

4. 屏蔽指定 ip

有时候我们发现某个 ip 不停地往服务器发包，这时我们可以使用以下命令，将指定 ip 发来的包丢弃。

```
BLOCK_THIS_IP="202.198.176.20"
iptables -A INPUT -i eth0 -p tcp -s "$BLOCK_THIS_IP" -j DROP
```

以上命令设置将由 202.198.176.20 ip 发往 eth0 网口的 tcp 包丢弃。

5. 网口转发配置

对于用作防火墙或网关的服务器，一个网口连接到公网，其他网口的包转发到该网口实现内网向公网通信，假设 eth0 连接内网，eth1 连接公网，配置规则如下：

```
iptables -A FORWARD -i eth0 -o eth1 -j ACCEPT
```

6. 端口转发配置

对于端口，我们也可以运用 iptables 完成转发配置。

```
iptables -t nat -A PREROUTING -p tcp -d 202.198.176.10 --dport 422 -j DNAT --to
202.198.176.10:22
```

以上命令将目的端口为 422 的包转发到 22 端口，因而通过 422 端口也可进行 SSH 连接。当然对于使用 422 端口转发还需要通信双方做事先的约定。

7. DoS 攻击防范

利用扩展模块 limit，我们还可以配置 iptables 规则，实现 DoS 攻击防范。

```
iptables -A INPUT -p tcp --dport 80 -m limit --limit 25/minute --limit-burst 100 -j
ACCEPT
```

--litmit 25/minute 指示每分钟限制最大连接数为 25。

--litmit-burst 100 指示当总连接数超过 100 时，启动 litmit/minute 限制。

8. 配置 web 流量均衡

我们可以将一台主机作为前端服务器，利用 iptables 进行流量分发，配置方法如下。

```
iptables -A PREROUTING -i eth0 -p tcp --dport 80 -m state --state NEW -m nth --counter
0 --every 3 --packet 0 -j DNAT --to-destination 202.198.176.10:80
iptables -A PREROUTING -i eth0 -p tcp --dport 80 -m state --state NEW -m nth --counter
0 --every 3 --packet 0 -j DNAT --to-destination202.198.176.11:80
iptables -A PREROUTING -i eth0 -p tcp --dport 80 -m state --state NEW -m nth --counter
0 --every 3 --packet 0 -j DNAT --to-destination 202.198.176.12:80
```

以上配置规则用到 nth 扩展模块，将 80 端口的流量均衡到三台服务器。

本章小结

本章简单介绍了 netfilter/iptables 的功能，详细讲述了 iptables 的语法以及相关命令、参数、目标，给出了使用示例。请读者应注意 iptables 规则的执行顺序很重要。

思考与练习

一、选择题

1. 在 netfilter/iptables 中内建了三个表:filter/nat/mangle。在 nat 表中不包括的链有（　　）。

A. PREROUTING　　B. INPUT　　C. OUTPUT　　D. POSTROUTING

2. 一台 Linux 主机配置了防火墙，若要禁止客户机 192.168.1.20/24 访问该主机的 telnet 服务，可以添加（　　）规则。

A. iptables -A INPUT -p tcp -s 192.168.1.20 --dport 23 -j REJECT

B. iptables -A INPUT -p tcp -d 192.168.1.20 --sport 23 -j REJECT

C. iptables -A OUTPUT -p tcp -s 192.168.1.20 --dport 23 -j REJECT

D. iptables -A OUTPUT -p tcp -d 192.168.1.20 --sport 25 -j REJECT

3. 在配置 netfilter/iptables 时，通常需要开启设备的转发功能，下列哪个操作可以完成转发功能的开启？（　　）

A. 给该设备设置正确的网关地址

B. vi /proc/sys/net/ipv4/ip_forward 将该文件值设置为“1”

C. echo“1”>/proc/sys/net/

D. vi /etc/sysconf/network 将 NETWORKING=YES

二、简答题

1. iptables 有哪几张表?

2. Linux 内核通过 netfilter/iptables 实现的防火墙功能属于包过滤防火墙，可以实现哪些功能?

3. 设主机 A 的 IP 地址为 202.198.176.1，主机 B 的 Ip 地址为 202.198.176.2。请在主机 B 上编写防火墙规则实现：主机 A 可以主动 ping 通主机 B，而主机 B 不能主动 ping 通主机 A。

第 13 章 数据库服务器配置

MySQL 是一个关系型数据库管理系统，由瑞典 MySQL AB 公司开发，目前属于 Oracle 旗下公司。MySQL 是最流行的关系型数据库管理系统，在 Web 应用方面 MySQL 是最好的关系数据库管理系统（Relational Database Management System，RDBMS）应用软件之一。MySQL 是一种关联数据库管理系统，关联数据库将数据保存在不同的表中，而不是将所有数据放在一个大仓库内，这样就增加了速度并提高了灵活性。MySQL 所使用的 SQL 语言是用于访问数据库的最常用标准化语言。目前 MySQL 分为社区版和商业版，由于其体积小，速度快，总体拥有成本低，尤其是开放源码这一特点，一般中小型网站的开发都选择 MySQL 作为网站数据库。

Oracle 数据库是甲骨文公司的一款关系数据库管理系统。它是在数据库领域一直处于领先地位的产品。可以说 Oracle 数据库系统是目前世界上流行的关系数据库管理系统，系统可移植性好，使用方便，功能强，适用于各类大、中、小、微机环境。它是一种高效率、可靠性好的、适应高吞吐量的数据库解决方案。

下面就来介绍下这两种数据库在 Linux 下的安装和配置。

13.1 MySQL 服务器配置

13.1.1 安装准备工作

1. 确保以下软件包已经安装在 Linux 中

gcc、gcc-c++、make、autoconf、libtool-ltdl-devel、gd-devel、freetype-devel、libxml2-devel、libjpeg-devel、libpng-devel、openssl-devel、curl-devel、bison、patch、unzip、libmcrypt-devel、libmhash-devel、ncurses-devel、sudo、bzip2、flex libaio-devel。

2. 下载 cmake 包

cmake 是一个跨平台的安装（编译）工具，可以用简单的语句来描述所有平台的安装（编译过程）。它能够输出各种各样的 makefile 或者 project 文件，能测试编译器所支持的 C++特性，类似 UNIX 下的 automake。本书示范安装下载的版本为 cmake 3.3.2，读者可以根据版本更新的情况自行下载最新版本。

3. 安装 cmake

安装 cmake 的步骤为先解压缩安装包，然后再执行安装程序，具体命令如下：

```
tar zxvf cmake-3.3.2.tar.gz
cd cmake-3.3.2
./bootstrap
make && make install
```

4. 下载 MySQL

本书示范安装下载的版本为 mysql-5.6.26.tar.gz，建议读者使用 MySQL 5.5 以上版本。

13.1.2 安装 MySQL

1. 解压缩

首先我们需要将 mysql 安装包拷贝至安装位置并解压缩（如特定位置/opt 等），具体命令如下：

```
tar zxvf /opt/mysql-5.6.26.tar.gz
```

2. 建立 MySQL 用户

具体命令如下：

```
useradd mysql
```

3. 初始化数据库

```
cd /opt
mkdir /data/mysql
chown -R mysql:mysql /data/mysql
./scripts/mysql_install_db --user=mysql --datadir=/data/mysql
```

在以上命令中--user 定义数据库的所有者，--datadir 定义数据库安装到哪里，建议放到大空间的分区上，这个目录需要自行创建。

4. 复制配置文件

```
cp support-files/my-large.cnf /etc/my.cnf
```

5. 复制启动脚本文件并修改其属性

```
cp support-files/mysql.server /etc/init.d/mysqld
chmod 755 /etc/init.d/mysqld
```

6. 修改启动脚本

```
vim /etc/init.d/mysqld
```

需要修改的地方有 datadir=/data/mysql（前面初始化数据库时定义的目录）。

7. 把启动脚本加入系统服务项，并设定开机启动，启动 MySQL

```
chkconfig --add mysqld
chkconfig mysqld on
service mysqld start
```

如果启动不了，请到/data/mysql/ 下查看错误日志，这个日志通常是主机名.err。

13.1.3 登录 MySQL

登录 MySQL 的命令是 mysql，MySQL 的使用语法如下：

```
mysql [-u username] [-h host] [-p[password]] [dbname]
```

username 与 password 分别是 MySQL 的用户名与密码，MySQL 的初始管理账号是 root，没有密码。注意：这个 root 用户不是 Linux 的系统用户。MySQL 默认用户是 root，由于初始没有密码，第一次进时只需键入 mysql 即可。

```
[root@test1 local]# mysql
Welcome to the MySQL monitor.  Commands end with ; or \g.
Your MySQL connection id is 1 to server version: 5.6.26-standard
Type 'help;' or '\h' for help. Type '\c' to clear the buffer.
mysql>
```

出现了“mysql>”提示符，恭喜你，安装成功！

增加了密码后的登录格式如下：

```
mysql -u root -p
Enter password: (输入密码)
```

其中-u 后跟的是用户名，-p 要求输入密码，回车后在输入密码处输入密码。

这个 mysql 文件在/usr/bin 目录下，与后面讲的启动文件/etc/init.d/mysql 不是一个文件。

13.1.4　MySQL 的几个重要目录

MySQL 安装完成后不像 SQL Server 默认安装在一个目录，它的数据库文件、配置文件和命令文件分别在不同的目录，了解这些目录非常重要，尤其对于 Linux 的初学者，因为 Linux 本身的目录结构就比较复杂，如果搞不清楚 MySQL 的安装目录那就无从谈起深入学习。

下面就介绍一下这几个目录。

1. 数据库目录

```
/var/lib/mysql/
```

2. 配置文件

```
/usr/share/mysql (mysql.server 命令及配置文件)
```

3. 相关命令

```
/usr/bin(mysqladmin mysqldump 等命令)
```

4. 启动脚本

```
/etc/rc.d/init.d/ (启动脚本文件 mysql 的目录)
```

13.1.5　修改登录密码

MySQL 默认没有密码，安装完毕增加密码的重要性是不言而喻的。

1. 命令

```
usr/bin/mysqladmin -u root password 'new-password'
```

格式：mysqladmin -u 用户名-p 旧密码 password 新密码

2. 范例

实例 13-1：给 root 加个密码 123456。

键入以下命令：

```
[root@test1 local]# /usr/bin/mysqladmin -u root password 123456
```

注意

因为开始时 root 没有密码，所以-p 旧密码一项就可以省略了。

3. 测试是否修改成功

（1）不用密码登录

```
[root@test1 local]# mysql
ERROR 1045: Access denied for user: 'root@localhost' (Using password: NO)
```

显示错误，说明密码已经修改。

（2）用修改后的密码登录

```
[root@test1 local]# mysql -u root -p
Enter password: (输入修改后的密码 123456)
Welcome to the MySQL monitor.  Commands end with ; or \g.
Your MySQL connection id is 4 to server version: 5.6.26-standard
Type 'help;' or '\h' for help. Type '\c' to clear the buffer.
mysql>
成功!
```

这是通过 mysqladmin 命令修改的口令，也可通过修改库来更改口令。

13.1.6 启动与停止

1. 启动

MySQL 安装完成后启动文件 mysql 在/etc/init.d 目录下，在需要启动时运行下面命令即可。

```
[root@test1 init.d]# /etc/init.d/mysql start
```

2. 停止

```
/usr/bin/mysqladmin -u root -p shutdown
```

3. 自动启动

（1）察看 MySQL 是否在自动启动列表中

```
[root@test1 local]#  /sbin/chkconfig -list
```

（2）把 MySQL 添加到你系统的启动服务组里面去

```
[root@test1 local]#  /sbin/chkconfig  - add  mysql
```

（3）把 MySQL 从启动服务组里面删除

```
[root@test1 local]#  /sbin/chkconfig  - del  mysql
```

13.1.7 更改 MySQL 目录

MySQL 默认的数据文件存储目录为/var/lib/mysql。假如要把目录移到/home/data 下需要进行下面几步。

1. home 目录下建立 data 目录

```
cd /home
mkdir data
```

2. 把 MySQL 服务进程停掉

```
mysqladmin -u root -p shutdown
```

3. 把/var/lib/mysql 整个目录移到/home/data

```
mv /var/lib/mysql  /home/data/
```

这样就把 MySQL 的数据文件移到了/home/data/mysql 下。

4. 找到 my.cnf 配置文件

如果/etc/目录下没有 my.cnf 配置文件，请到/usr/share/mysql/下找到*.cnf 文件，拷贝其中一个到/etc/并改名为 my.cnf)中。命令如下：

```
[root@test1 mysql]# cp /usr/share/mysql/my-medium.cnf  /etc/my.cnf
```

5. 编辑 MySQL 的配置文件/etc/my.cnf

为保证 MySQL 能够正常工作，需要指明 mysql.sock 文件的产生位置。修改 socket=/var/lib/mysql/mysql.sock 一行中等号右边的值为：/home/mysql/mysql.sock 。操作如下：

```
vi  my.cnf （用 vi 工具编辑 my.cnf 文件，找到下列数据修改之）
# The MySQL server
   [mysqld]
   port= 3306
   #socket = /var/lib/mysql/mysql.sock（原内容，为了更稳妥用“#”注释此行）
   socket= /home/data/mysql/mysql.sock  （加上此行）
```

6. 修改 MySQL 启动脚本/etc/rc.d/init.d/mysql

最后，需要修改 MySQL 启动脚本/etc/rc.d/init.d/mysql，把其中 datadir=/var/lib/mysql 一行中，等号右边的路径改成你现在的实际存放路径：/home/data/mysql。

```
[root@test1 etc]# vi  /etc/rc.d/init.d/mysql
#datadir=/var/lib/mysql  （注释此行）
datadir=/home/data/mysql  （加上此行）
```

7. 重新启动 MySQL 服务

```
/etc/rc.d/init.d/mysql  start
```

或用 reboot 命令重启 Linux。

如果工作正常移动就成功了，否则对照前面的 7 步再检查一下。

13.1.8　MySQL 的常用操作

注意

MySQL 中每个命令后都要以分号；结尾。

1. 显示数据库

MySQL 刚安装完有两个数据库：mysql 和 test，如图 13-1 所示。MySQL 库非常重要，它里面有 MySQL 的系统信息，我们改密码和新增用户，实际上就是用这个库中的相关表进行操作。

2. 显示数据库中的表

当我们使用 use 命令选定想要操作的数据库后，即可使用 show tables 命令查看该数据库中所有表的信息，如图 13-2 所示。

```
mysql> show databases;
+--------------------+
| Database           |
+--------------------+
| information_schema |
| test               |
+--------------------+
2 rows in set (0.06 sec)
```

图 13-1 显示数据库

3. 显示数据表的结构

```
describe 表名;
```

4. 显示表中的记录

```
select * from 表名;
```

例如：显示 MySQL 库中 user 表中的记录。所有能对 MySQL 用户操作的用户都在此表中。

```
Select * from user;
```

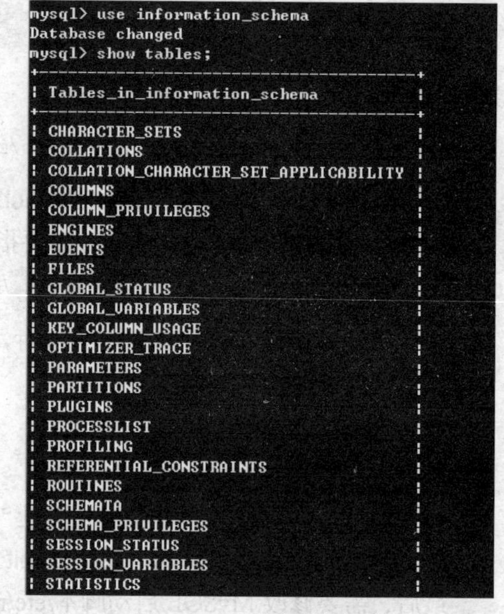

```
mysql> use information_schema
Database changed
mysql> show tables;
+---------------------------------------+
| Tables_in_information_schema          |
+---------------------------------------+
| CHARACTER_SETS                        |
| COLLATIONS                            |
| COLLATION_CHARACTER_SET_APPLICABILITY |
| COLUMNS                               |
| COLUMN_PRIVILEGES                     |
| ENGINES                               |
| EVENTS                                |
| FILES                                 |
| GLOBAL_STATUS                         |
| GLOBAL_VARIABLES                      |
| KEY_COLUMN_USAGE                      |
| OPTIMIZER_TRACE                       |
| PARAMETERS                            |
| PARTITIONS                            |
| PLUGINS                               |
| PROCESSLIST                           |
| PROFILING                             |
| REFERENTIAL_CONSTRAINTS               |
| ROUTINES                              |
| SCHEMATA                              |
| SCHEMA_PRIVILEGES                     |
| SESSION_STATUS                        |
| SESSION_VARIABLES                     |
| STATISTICS                            |
```

图 13-2 显示库中全部表

5. 建库

```
create database 库名;
```

例如：创建一个名字为 aaa 的库。

```
mysql> create database aaa;
```

6. 建表

```
use 库名;
create table 表名 (字段设定列表);
```

例如：在刚创建的 aaa 库中建立表 name，表中有 id（序号，自动增长），xm（姓名），xb（性别），csny（出身年月）四个字段。

```
mysql> use test
Database changed
mysql> create table name (id int(3) auto_increment not null primary key, xm char(8),xb char(2),csny date);
Query OK, 0 rows affected (0.44 sec)

mysql> describe name;
+-------+---------+------+-----+---------+----------------+
| Field | Type    | Null | Key | Default | Extra          |
+-------+---------+------+-----+---------+----------------+
| id    | int(3)  | NO   | PRI | NULL    | auto_increment |
| xm    | char(8) | YES  |     | NULL    |                |
| xb    | char(2) | YES  |     | NULL    |                |
| csny  | date    | YES  |     | NULL    |                |
+-------+---------+------+-----+---------+----------------+
4 rows in set (0.00 sec)
```

图 13-3 建表并查看表结构

7. 增加记录

例如：增加几条相关记录。

```
mysql> insert into name values('','张三','男','1971-10-01');
mysql> insert into name values('','白云','女','1972-05-20');
```

可用 select 命令来验证结果，如图 13-4 所示。

```
mysql> insert into name values('','张三','男','1971-10-01');
Query OK, 1 row affected, 3 warnings (0.08 sec)

mysql> insert into name values('','白云','女','1972-05-20');
Query OK, 1 row affected, 3 warnings (0.08 sec)

mysql> select * from name;
+----+------+------+------------+
| id | xm   | xb   | csny       |
+----+------+------+------------+
|  1 | ??   | ?    | 1971-10-01 |
|  2 | ??   | ?    | 1972-05-20 |
+----+------+------+------------+
2 rows in set (0.00 sec)
```

图 13-4　查询表

8. 修改记录

例如：将张三的出生年月改为 1971-01-10。

```
mysql> update name set csny='1971-01-10' where xm='张三';
```

9. 删除记录

例如：删除张三的记录。

```
mysql> delete from name where xm='张三';
```

10. 删库和删表

```
drop database 库名;
drop table 表名;
```

13.1.9　增加 MySQL 用户

格式：grant select on 数据库.* to 用户名@登录主机 identified by "密码"

实例 13-2：增加一个用户 user_1，密码为 123，让他可以在任何主机上登录，并对所有数据库有查询、插入、修改、删除的权限。首先以 root 用户连入 MySQL，然后输入以下命令。

```
mysql> grant select,insert,update,delete on *.* to user_1@"%" Identified by "123";
```

实例 13-2 中增加的用户是十分危险的，如果知道了 user_1 的密码，那么该用户就可以在网上的任何一台电脑上登录 use_1 的 MySQL 数据库并并修改数据，解决办法见实例 13-3。

实例 13-3：增加一个用户 user_2，密码为 123，让此用户只可以在 localhost 上登录，并可以对数据库 aaa 进行查询、插入、修改、删除的操作（localhost 指本地主机，即 MySQL 数据库所在的那台主机），这样用户即使知道 user_2 的密码，他也无法从网上直接访问数据库，只能通过 MySQL 主机来操作 aaa 库，可输入如下命令。

```
mysql>grant select,insert,update,delete on aaa.* to user_2@localhost identified by "123";
```

如果新增的用户如果登录不了 MySQL，在登录时可使用如下命令：

```
mysql -u user_1 -p  -h 192.168.113.50   （-h 后跟的是要登录主机的 IP 地址）
```

13.1.10　备份与恢复

1. 备份

例如：将上例创建的 aaa 库备份到文件 back_aaa 中。

```
[root@test1 root]# cd  /home/data/mysql  （进入库目录，本例库已由/val/lib/mysql 转到/home/data/mysql，见上述 13.1.7 节内容）
```

```
[root@test1 mysql]# mysqldump -u root -p --opt aaa > back_aaa
```

2. 恢复

```
[root@test mysql]# mysql -u root -p ccc < back_aaa
```

13.2 Oracle 服务器配置

13.2.1 安装准备工作

安装开始前，最好先装好 java，别用 Oracle 自带的 jdk，这样好配置；另外确认你的系统符合 Oracle 的最小安装要求：512MB 内存，1GB 交换分区。

确认系统已经安装了 gcc, make, binutils, lesstif2, libc6, libc6-dev, libstdc++5, libaio1, mawk 和 rpm 包。

可以用以下命令验证系统内存、交换分区和磁盘情况。

```
#grep MemTotal /proc/meminfo
#grep SwapTotal /proc/meminfo
#df -h
```

1. 设置用户

我们需要为安装程序创建一个 Oracle 用户和两个组。首先检查它们是否已经存在。

```
$grep oinstall /etc/group
$grep dba /etc/group
$grep nobody /etc/group
```

如果它们还不在系统中，那么创建它们。

```
$sudo su
#addgroup oinstall
#addgroup dba#addgroup nobody
#useradd -g oinstall -G dba oracle
#passwd oracle
#usermod -g nobody nobody
```

用 useradd -p 选项给出的密码在有些 Linux 发行版本下不好用，所以最好使用单独的命令 passwd 来指定 Oracle 用户密码。

2. 创建目录和设置权限

Oracle 默认目录在/home/oracle 里，出于管理上的考虑，建议将 Oracle 安装到一个独立的分区上，这里更改为/opt/ora10g 和/opt/oradata。

```
#mkdir -p /opt/ora10g
#mkdir -p /opt/oradata
#chown -R oracle:oinstall /opt/ora*
#chmod -R 775 /opt/ora*
```

3. 更改配置

（1）修改 sysctl.conf 文件

```
#gedit /etc/sysctl.conf
```

添加以下行到 /etc/sysctl.conf 文件中。

```
kernel.shmall = 2097152
kernel.shmmax = 2147483648
kernel.shmmni = 4096
kernel.sem = 250 32000 100 128
fs.file-max = 65536
net.ipv4.ip_local_port_range = 1024 65000
```

更新系统，运行：

```
#sysctl -p
```

（2）修改 limits.conf 文件

```
#gedit /etc/security/limits.conf
```

添加以下行到/etc/security/limits.conf 文件中。

```
* soft nproc 2407
* hard nproc 16384* soft nofile 1024
* hard nofile 65536
```

（3）建立软连接

```
#ln -s /usr/bin/awk /bin/awk
#ln -s /usr/bin/rpm /bin/rpm
#ln -s /usr/bin/basename /bin/basename
```

（4）创建附加文件

此步骤为可选步骤，如果使用的 Linux 版本并不是 Oracle 支持的（如 Ubuntu.Mint 等），那么可以通过创建一个新文件来欺骗安装程序让它以为我们的系统是 RedHat，该文件名为/etc/redhat-release，创建文件后还需在该文件中添加以下内容:

```
Red Hat Linux release 4.1
```

4. 设置 Oracle 用户环境变量

加入以下四行到/etc/bash.bashrc 文件中。

```
export ORACLE_HOME="/opt/ora10g/dbms"
export ORACLE_BASE="/opt/ora10g"
export ORACLE_SID="ORCL"
export PATH="$ORACLE_HOME/bin:$PATH"
```

13.2.2 Oracle 安装

将 Oracle 安装文件解压得到 database 文件夹，然后以 Oracle 用户身份运行该文件夹中的 runInstaller 文件。运行该文件时要注意执行权限，若没有可以授予该文件。

$./runInstaller -jreLoc $JAVA_HOME/jre

注意，-jreLoc 选项是为了指定使用我们自己安装的 jre 环境，否则 oracle 使用自带的 jre，图形界面的中文就会变小方块。使用该选项的前提是我们已经将 jre 的中文环境配置好，否则也会乱码（jre 中文环境很好配，在$JRE_HOME/lib/fonts 文件夹下新建 fallback 文件夹，再复制进去一个中文字体文件即可）。另外切换到 Oracle 用户的方式有两种。第一种可以使用#su oracle 的方式切换用户，但是这需要设置 DISPLAY 参数，还要启动 XServer 服务，在操作上较为麻烦。第二种可以直接用图形界面切换到 Oracle 用户。

图形安装界面跳出后，按照安装向导配置安装即可，最后还需要以 root 身份执行两个脚本：`/opt/ora10g/oraInventory/orainstRoot.sh` 和 `/opt/ora10g/RDBMS/root.sh`

13.2.3 Oracle 安装常见问题解决方法及配置

1. 修正图形界面工具乱码

安装完毕 Oracle 之后，若使用附带的图形界面工具，如 DBCA 等，会发现界面还是乱码。对于这种情况，可以修改文件进行处理（以 DBCA 为例）。

在 Oracle 用户下进入$ORACLE_HOME/bin，用编辑器打开 dbca 文件，将# Directory Variables 部分的 JRE_DIR 的值改为$JAVA_HOME/jre，保存并重新执行 dbca 即可。

2. Oracle 命令翻动配置

为了能够像 Windows 下一样能够使用上下键翻动命令，还可以安装 rlwrap 包。

```
yum install rlwrap
```

然后修改 oracle 用户的~/.bashrc 文件，在其最后添加两行。

```
alias sqlplus="rlwrap sqlplus"
alias rman="rlwrap rman"
```

3. 修正命令行界面工具乱码

Oracle 命令行工具（如 sqlplus 等）发生的乱码情况一般是由中文字符集的不匹配引起的。一般情况下，启动 Oracle 后会发现命令行中所有的提示中文都是“?”，这其实是服务器端字符集和客户端字符集不一致造成的，解决方法为：

以 DBA 身份进入 sqlplus，做查询 select userenv('language') from dual；将查询结果复制，在/etc/bash.bashrc 文件中再加一行：export NLS_LANG="查询结果"，重新登录，问题即可解决。例如：查询结果为 SIMPLIFIED CHINESE_CHINA.AL32UTF8，则新加一行为 export NLS_LANG=“SIMPLIFIED CHINESE_CHINA.AL32UTF8”。

本章小结

数据库作为信息化最重要的系统软件之一已经与我们的生活密不可分，随着其市场的不断增长，基于 Linux 系统的数据库服务器也将越来越多，因此本章介绍了现在市场上的两种主流数据库的安装过程。其中 MySQL 主要用于中小型数据库，本章不仅讲述了其安装的过程，还简要介绍了它的部分使用命令以帮助读者快速应用 MySQL。Oracle 主要用于大中型数据库，本章详细讲述了其安装过程，此外还介绍了在安装过程中和安装后可能遇到的问题及其解决方法。

思考与练习

一、填空题

1. MySQL 分为______和商业版，由于其体积小，速度快，总体拥有成本低，尤其是______这一特点，一般中小型网站的开发都选择它作为网站数据库。

2. 目前在数据库领域一直处于市场领先地位的产品是________数据库。

3. Oracle 命令行工具（如 sqlplus 等）发生的乱码情况一般是由________的不匹配引起的。
4. MySQL 配置文件的名字叫作________。

二、简答题

1. 简单描述在 Linux 中安装 MySQL 的步骤。
2. 简单描述在 Linux 中安装 Oracle 的步骤。
3. 在 Linux 下出现 Oracle 乱码的解决方式是什么？
4. 在 Linux 中如何备份 MySQL 数据库？
5. 在 Linux 中如何修改 MySQL 用户密码？

第14章 Shell编程基础

Shell是Linux中必不可少的一部分，因为早期的Linux都是命令行界面，所有的功能都通过命令行完成，所以Shell是很重要的，即使现在有了图形用户界面，很多系统维护、自动化处理方面的任务还是通过Shell完成更加高效，而且有的功能只有通过命令来完成。

除此之外，Shell命令在主机、服务器的远程登录方面具有优势，因为安全和节省带宽。比如服务器托管在电信机房，管理员可以在公司远程登录并进行维护。

14.1 Shell基础知识

14.1.1 Shell简介

Shell是用户和Linux内核之间的接口程序。它接收用户输入的命令并把它送入内核去执行。实际上Shell是一个命令解释器，它解释由用户输入的命令并且把它们送到内核。不仅如此，Shell有自己的编程语言用于对命令的编辑，它允许用户编写由Shell命令组成的程序。Shell编程语言具有普通编程语言的很多特点，比如它也有循环结构和分支控制结构等，用这种编程语言编写的Shell程序与其他应用程序具有同样的效果。

简单点理解，就是系统跟计算机硬件交互时使用的中间介质，它只是系统的一个工具。实际上，在Shell和计算机硬件之间还有一层东西那就是系统内核了。打个比方，如果把计算机硬件比作一个人的躯体，而系统内核则是人的大脑，至于Shell，把它比作人的五官似乎更加贴切些。回到计算机上来，用户直接面对的不是计算机硬件而是Shell，用户把指令告诉Shell，然后Shell再传输给系统内核，接着内核再去支配计算机硬件去执行各种操作。

14.1.2 Bash Shell及其特点

常见的Linux发布版本（如Redhat，CentOS等）系统默认安装的Shell叫做bash，即Bourne Again Shell，它是sh（Bourne Shell）的增强版本。Bourn Shell是最早行起来的一个Shell，创始人叫Steven Bourne，为了纪念他所以叫作Bourn Shell，简称为sh。那么这个bash有什么特点呢？

1. 记录命令历史

我们敲过的命令，Linux是会有记录的，预设可以记录1000条历史命令。这些命令保存在用户的家目录中的.bash_history文件中。有一点需要知道的是，只有当用户正常退出当前Shell时，在当前Shell中运行的命令才会保存至.bash_history文件中。

与命令历史有关的有一个有意思的字符那就是"!"了。常用的有这么几个应用。如图 14-1 所示。

（1）!! 连续两个“!”），表示执行上一条指令。

（2）!n（这里的 n 是数字），表示执行命令历史中第 n 条指令，例如“!100”表示执行命令历史中第 100 个命令。

（3）!字符串（字符串大于等于 1），例如!ta，表示执行命令历史中最近一次以 ta 为开头的指令。

```
[root@localhost ~]# ls
123  1.txt  456  anaconda-ks.cfg  file1  install.log  install.log.syslog
[root@localhost ~]# !!
ls
123  1.txt  456  anaconda-ks.cfg  file1  install.log  install.log.syslog
[root@localhost ~]# history |grep 996
  996  abc=123
 1008  history |grep 996
[root@localhost ~]# !996
abc=123
[root@localhost ~]# !ab
abc=123
```

图 14-1　历史命令示例

2. 指令和文件名补全

在本书最开始就介绍过这个功能了，记得吗？对了就是按 Tab 键，它可以帮用户补全一个指令，也可以补全一个路径或者一个文件名。连续按两次 Tab 键，系统则会把所有的指令或者文件名都列出来。

3. 别名

前面也出现过 alias 的介绍，这个就是 bash 所特有的功能之一了。我们可以通过 alias 把一个常用的并且很长的指令别名一个简洁易记的指令。如果不想用了，还可以用 unalias 解除别名功能。直接敲 alias 会看到目前系统预设的 alias 如图 14-2 所示。

```
[root@localhost ~]# alias
alias cp='cp -i'
alias l.='ls -d .* --color=tty'
alias ll='ls -l --color=tty'
alias ls='ls --color=tty'
alias mv='mv -i'
alias rm='rm -i'
alias which='alias | /usr/bin/which --tty-only --read-alias --show-dot --show-ti
lde'
```

图 14-2　别名示例

看到了吧，系统预设的 alias 指令也就这几个而已，用户也可以自定义想要的指令别名。alias 语法很简单，alias [命令别名]=[‘具体的命令’]。

4. 通配符

在 bash 下，可以使用*来匹配零个或多个字符，而用?匹配一个字符，如图 14-3 所示。

```
[root@localhost ~]# ls -d test*
test  test1.txt  test3  test4  test.txt
[root@localhost ~]# ls -d test?
test3  test4
```

图 14-3　通配符示例

5. 输入输出重定向

输入重定向用于改变命令的输入，输出重定向用于改变命令的输出。输出重定向更为常用，它经常用于将命令的结果输入到文件中，而不是屏幕上。输入重定向的命令是<，输出重定向的命令是>，另外还有错误重定向 2>，以及追加重定向>>，稍后会详细介绍。

6. 管道符

前面已经提到过管道符“|”，就是把前面的命令运行的结果丢给后面的命令。

7. 作业控制

当运行一个进程时，用户可以将它暂停（按组合键 Ctrl+Z），然后使用 fg 命令恢复它，利用 bg 命令使它到后台运行，当然也可以使它终止（按组合键 Ctrl+C）。

14.2 Shell 变量

14.2.1 环境变量

前面章节中曾经介绍过环境变量 PATH，这个环境变量就是 Shell 预设的一个变量，通常 Shell 预设的变量都是大写的。变量，说简单点就是使用一个较简单的字符串来替代某些具有特殊意义的设定以及数据。就拿 PATH 来讲，这个 PATH 就代替了所有常用命令的绝对路径的设定。因为有了 PATH 这个变量，所以我们运行某个命令时不再去输入全局路径，直接敲命令名即可。可以使用 echo 命令显示变量的值，如图 14-4 所示。

```
[root@localhost ~]# echo $PATH
/usr/lib/qt-3.3/bin:/usr/kerberos/sbin:/usr/kerberos/bin:/usr/local/sbi
n:/usr/local/bin:/sbin:/bin:/usr/sbin:/usr/bin:/root/bin
[root@localhost ~]# echo $PWD
/root
[root@localhost ~]# echo $HOME
/root
[root@localhost ~]# echo $LOGNAME
root
```

图 14-4　环境变量的值

除了 PATH，HOME，LOGNAME 外，系统预设的环境变量还有哪些呢？

使用 env 命令即可列出系统预设的全部系统变量了，如图 14-5 所示。不过登录的用户不一样，这些环境变量的值也不一样。当前显示的就是 root 这个账户的环境变量了。下面简单介绍一下常见的环境变量。

```
[root@localhost ~]# env
HOSTNAME=localhost
TERM=xterm
SHELL=/bin/bash
HISTSIZE=1000
KDE_NO_IPV6=1
SSH_CLIENT=10.0.2.34 2222 22
QTDIR=/usr/lib/qt-3.3
QTINC=/usr/lib/qt-3.3/include
SSH_TTY=/dev/pts/0
USER=root
LS_COLORS=no=00:fi=00:di=00;34:ln=00;36:pi=40;33:so=00;35:bd=40;33;01
1:*.taz=00;31:*.lzh=00;31:*.zip=00;31:*.z=00;31:*.Z=00;31:*.gz=00;31:
KDEDIR=/usr
MAIL=/var/spool/mail/root
PATH=/usr/lib/qt-3.3/bin:/usr/kerberos/sbin:/usr/kerberos/bin:/usr/lo
INPUTRC=/etc/inputrc
PWD=/root
LANG=en_US.UTF-8
KDE_IS_PRELINKED=1
SHLVL=1
HOME=/root
LOGNAME=root
QTLIB=/usr/lib/qt-3.3/lib
CVS_RSH=ssh
SSH_CONNECTION=10.0.2.34 2222 10.0.2.60 22
LESSOPEN=|/usr/bin/lesspipe.sh %s
G_BROKEN_FILENAMES=1
_=/bin/env
```

图 14-5　系统环境变量

PATH 决定了 Shell 将到哪些目录中寻找命令或程序

HOME 当前用户主目录

HISTSIZE 历史记录数

LOGNAME 当前用户的登录名

HOSTNAME 指主机的名称

SHELL 当前用户 Shell 类型

LANG 语言相关的环境变量，多语言可以修改此环境变量

MAIL 当前用户的邮件存放目录

PWD 当前目录

env 命令显示的变量只是环境变量，系统预设的变量其实还有很多，可以使用 set 命令把系统预设的全部变量都显示出来，如图 14-6 所示。

```
[root@localhost ~]# set
BASH=/bin/bash
BASH_ARGC=()
BASH_ARGV=()
BASH_LINENO=()
BASH_SOURCE=()
BASH_VERSINFO=([0]="3" [1]="2" [2]="25" [3]="1" [4]="release" [5]="i686
-redhat-linux-gnu")
BASH_VERSION='3.2.25(1)-release'
COLORS=/etc/DIR_COLORS.xterm
COLUMNS=71
CVS_RSH=ssh
DIRSTACK=()
EUID=0
```

图 14-6 系统预设变量

14.2.2 用户定义变量

限于篇幅，在上例中并没有把所有显示结果都截图。set 不仅可以显示系统预设的变量，也可以连同用户自定义的变量都显示出来。用户自定义变量？是的，用户自己同样可以定义变量，如图 14-7 所示。

```
[root@localhost ~]# myname=Aming
[root@localhost ~]# echo $myname
Aming
[root@localhost ~]# set |grep myname
myname=Aming
```

图 14-7 查看自定义变量

虽然用户可以自定义变量，但是该变量只能在当前 Shell 中生效，若再登录一个 Shell，则该变量失效，如图 14-8 所示。

```
[root@localhost ~]# bash
[root@localhost ~]# echo $myname

[root@localhost ~]# exit
[root@localhost ~]# echo $myname
Aming
```

图 14-8 不同 Shell 中的自定义变量

使用 bash 命令即可再打开一个 Shell，此时先前设置的 myname 变量已经不存在了，退出当前 Shell 回到原来的 Shell，myname 变量还在。那要想设置的变量一直生效怎么办？有两种情况。

1. 要想系统内所有用户登录后都能使用该变量

需要在/etc/profile 文件最末行加入“export myname=Aming”，然后运行“source /etc/profile”就可以生效了。此时再运行 bash 命令或者直接 su - test 账户结果，如图 14-9 所示。

```
[root@localhost ~]# source /etc/profile
[root@localhost ~]# bash
[root@localhost ~]# echo $myname
Aming
[root@localhost ~]# su - test
[test@localhost ~]$ echo $myname
Aming
```

图 14-9　自定义变量在系统内自动生效

2. 只想让当前用户使用该变量

需要在用户主目录下的.bashrc 文件最后一行加入“export myname=Aming”，然后运行“source .bashrc”就可以生效了。这时候再登录 test 账户，myname 变量就不会生效了。上面用的 source 命令的作用是将目前设定的配置刷新，即不用注销再登录也能生效。

在上例中使用“myname=Aming”来设置变量 myname，如图 14-10 所示，那么在 Linux 下设置自定义变量有哪些规则呢？

① 设定变量的格式为“a=b”，其中 a 为变量名，b 为变量的内容，等号两边不能有空格。

② 变量名只能由英文、数字以及下画线组成，而且不能以数字开头。

③ 当变量内容带有特殊字符（如空格）时，需要加上单引号。

```
[root@localhost test]# myname='Aming Li'
[root@localhost test]# echo $myname
Aming Li
```

图 14-10　自定义变量赋值

有一种情况需要注意，就是变量内容中本身带有单引号的，这就需要用到双引号了，如图 14-11 所示。

```
[root@localhost ~]# myname="Aming's"
[root@localhost ~]# echo $myname
Aming's
```

图 14-11　带有特殊符号的赋值

④ 如果变量内容中需要用到其他命令的运行结果，则可以使用反引号，如图 14-12 所示。

```
[root@localhost test]# myname=`pwd`
[root@localhost test]# echo $myname
/root/test
```

图 14-12　带有命令的赋值

⑤ 变量内容可以累加其他变量的内容，需要加双引号，如图 14-13 所示。

```
[root@localhost test]# myname="$LOGNAME"Aming
[root@localhost test]# echo $myname
rootAming
```

图 14-13　累加变量赋值

在这里如果不小心把双引号加错为单引号，将得不到想要的结果，如图 14-14 所示。

```
[root@localhost ~]# myname='$LOGNAME'Aming
[root@localhost ~]# echo $myname
$LOGNAMEAming
```

图 14-14　错误赋值

通过上面几个例子也许读者已经能够看出单引号和双引号的区别，即用双引号时不会取消里面出现的特殊字符的本身作用（这里的$），而使用单引号则里面的特殊字符全部失去它本身的作用。

在前面的例子中多次使用了 bash 命令，如果在当前 shell 中运行 bash 指令后，则会进入一个新的 Shell，这个 Shell 就是原来 Shell 的子 Shell 了，不妨用 pstree 指令来查看一下，如图 14-15 所示。

```
[root@localhost ~]# pstree |grep bash
     |-sshd---sshd---bash-+-grep
[root@localhost ~]# bash
[root@localhost ~]# pstree |grep bash
     |-sshd---sshd---bash---bash-+-grep
```

图 14-15 子 Shell 结构

pstree 这个指令会把 Linux 系统中所有进程通过树形结构打印出来。限于篇幅这里没有全部列出，直接输入 pstree 查看即可。在父 Shell 中设定一个变量后，进入子 Shell 后该变量是不会生效的，如果想让这个变量在子 Shell 中生效，则要用到 export 指令，如图 14-16 所示。

```
[root@localhost ~]# abc=123
[root@localhost ~]# echo $abc
123
[root@localhost ~]# bash
[root@localhost ~]# echo $abc

[root@localhost ~]# exit
[root@localhost ~]# export abc
[root@localhost ~]# bash
[root@localhost ~]# echo $abc
123
```

图 14-16 使变量生效

export 其实就是声明一下这个变量的意思，让该 Shell 的子 Shell 也知道变量 abc 的值是 123。如果 export 后面不加任何变量名，则它会声明所有的变量，如图 14-17 所示。

```
[root@localhost ~]# export
declare -x CVS_RSH="ssh"
declare -x G_BROKEN_FILENAMES="1"
declare -x HISTSIZE="1000"
declare -x HOME="/root"
declare -x HOSTNAME="localhost"
declare -x INPUTRC="/etc/inputrc"
declare -x KDEDIR="/usr"
declare -x KDE_IS_PRELINKED="1"
declare -x KDE_NO_IPV6="1"
declare -x LANG="en_US.UTF-8"
declare -x LESSOPEN="|/usr/bin/lesspipe.sh %s"
declare -x LOGNAME="root"
declare -x LS_COLORS="no=00:fi=00:di=00;34:ln=00;36:pi=40;33:so=00;35:bd=40;33;0
1:cd=40;33;01:or=01;05;37;41:mi=01;05;37;41:ex=00;32:*.cmd=00;32:*.exe=00;32:*.c
om=00;32:*.btm=00;32:*.bat=00;32:*.sh=00;32:*.csh=00;32:*.tar=00;31:*.tgz=00;31:
*.arj=00;31:*.taz=00;31:*.lzh=00;31:*.zip=00;31:*.z=00;31:*.Z=00;31:*.gz=00;31:*
.bz2=00;31:*.bz=00;31:*.tz=00;31:*.rpm=00;31:*.cpio=00;31:*.jpg=00;35:*.gif=00;3
5:*.bmp=00;35:*.xbm=00;35:*.xpm=00;35:*.png=00;35:*.tif=00;35:"
declare -x MAIL="/var/spool/mail/root"
declare -x OLDPWD
declare -x PATH="/usr/lib/qt-3.3/bin:/usr/kerberos/sbin:/usr/kerberos/bin:/usr/l
ocal/sbin:/usr/local/bin:/sbin:/bin:/usr/sbin:/usr/bin:/root/bin"
declare -x PWD="/root"
declare -x QTDIR="/usr/lib/qt-3.3"
declare -x QTINC="/usr/lib/qt-3.3/include"
declare -x QTLIB="/usr/lib/qt-3.3/lib"
declare -x SHELL="/bin/bash"
declare -x SHLVL="2"
declare -x SSH_CLIENT="10.0.2.34 3337 22"
declare -x SSH_CONNECTION="10.0.2.34 3337 10.0.2.60 22"
declare -x SSH_TTY="/dev/pts/0"
declare -x TERM="xterm"
declare -x USER="root"
declare -x abc="123"
declare -x myname="Aming"
```

图 14-17 声明所有变量

在最后，连同我们自定义的变量都被声明了。

前面光讲如何设置变量，如果想取消某个变量怎么办？输入“unset 变量名”即可，如图 14-18 所示。

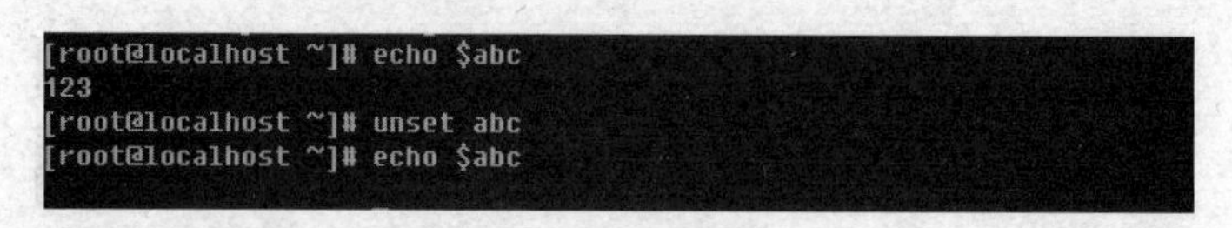
```
[root@localhost ~]# echo $abc
123
[root@localhost ~]# unset abc
[root@localhost ~]# echo $abc
```

图 14-18　取消变量

用 unset abc 后，再 echo $abc，则不再输出任何内容。

14.2.3　系统环境变量与个人环境变量的配置文件

上面讲了很多系统的变量，那么在 Linux 系统中，这些变量被存到了哪里呢？什么用户一登录 Shell 就自动有了这些变量呢？

/etc/profile：这个文件预设了几个重要的变量，例如 PATH，USER，LOGNAME，MAIL，INPUTRC，HOSTNAME，HISTSIZE，umas 等。

/etc/bashrc：这个文件主要预设 umask 以及 PS1。这个 PS1 就是我们在输入命令时，前面那串字符了，例如本书的示范 Linux 系统 PS1 就是 [root@localhost ~]#，如图 14-19 所示。

```
[root@localhost ~]# echo $PS1
[\u@\h \W]\$
```

图 14-19　PS1 变量设定

\u 就是用户，\h 是主机名，\W 则是当前目录，\$就是那个‘#’了，如果是普通用户，则显示为‘$’。

除了两个系统级别的配置文件外，每个用户的主目录下还有几个这样的隐藏文件。

.bash_profile：定义了用户的个人化路径与环境变量的文件名称。每个用户都可使用该文件输入专用于自己使用的 Shell 信息，当用户登录时，该文件仅仅执行一次。

.bashrc：该文件包含专用于当前用户的 Shell 的 bash 信息，当登录时以及每次打开新的 Shell 时，该该文件被读取。例如可以将用户自定义的 alias 或者自定义变量写到这个文件中。

.bash_history：记录命令历史用的。

.bash_logout：当退出 Shell 时，会执行该文件。可以把一些清理的工作放到这个文件中。

14.2.4　Linux Shell 中的特殊符号

在学习 Linux 的过程中，读者也许已经接触过某个特殊符号。例如“*”，它是一个通配符号，代表零个或多个字符或数字。下面就说一说常用到的特殊字符。

（1）*：代表零个或多个字符或数字，如图 14-20 所示。

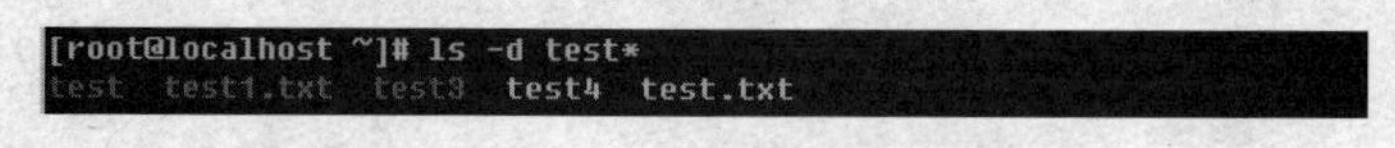
```
[root@localhost ~]# ls -d test*
test  test1.txt  test3  test4  test.txt
```

图 14-20　通配符*的使用

test 后面可以没有任何字符，也可以有多个字符，总之有或没有都能匹配出来。

（2）?：只代表一个任意的字符，如图 14-21 所示。

```
[root@localhost ~]# touch testa testb testaa
[root@localhost ~]# ls -d test?
test3  test4  testa  testb
```

图 14-21　通配符?的使用

不管是数字，还是字母，只要是一个都能匹配出来。

（3）#：这个符号在 Linux 中表示注释说明的意思，即忽略“#”后面的内容 Linux，如图 14-22 所示。

```
[root@localhost ~]# #alsdjflaksjdflkasjdf
[root@localhost ~]# echo $?
0
[root@localhost ~]# ls test3 # list
test2  test4
```

图 14-22　注释符的使用

在命令的开头或者中间插入“#”，Linux 都会忽略掉的。这个符号在 Shell 脚本中用的很多。

（4）\：脱意符，将后面的特殊符号（例如“*”）还原为普通字符，如图 14-23 所示。

```
[root@localhost ~]# ls test\*
ls: test*: No such file or directory
```

图 14-23　脱意符的使用

（5）|：管道符，前面多次说过，它的作用在于将符号前面命令的结果丢给符号后面的命令。这里提到的后面的命令，并不是所有的命令都可以，一般针对文档操作的命令比较常用，例如 cat，less，head，tail，grep，cut，sort，wc，uniq，tee，tr，split，sed，awk 等，其中 grep，sed，awk 为正则表达式必须掌握的工具，在后续内容中详细介绍。

（6）$：除了用于变量前面的标识符外，还有一个妙用，就是和‘!’结合起来使用，如图 14-24 所示。

```
[root@localhost ~]# ls test.txt
test.txt
[root@localhost ~]# ls !$
ls test.txt
test.txt
```

图 14-24　!$的使用

‘!$’表示上条命令中最后一个变量（也许称为变量不合适，总之就是上条命令中最后出现的那个东西），例如上边命令最后是 test.txt，那么在当前命令下输入!$则代表 test.txt。

① grep：过滤一个或多个字符，将会在后续内容中详细介绍其用法，如图 14-25 所示。

```
[root@localhost ~]# cat /etc/passwd |grep root
root:x:0:0:root,root,000,001:/root:/bin/bash
operator:x:11:0:operator:/root:/sbin/nologin
```

图 14-25　grep 命令的使用

② cut：截取某一个字段。

语法：cut -d“分隔字符”[-cf] n

这里的 n 是数字。

-d：后面跟分隔字符，分隔字符要用双引号括起来。

-c：后面接的是第几个字符。

-f：后面接的是第几个区块。

```
[root@localhost ~]# cat /etc/passwd |cut -d ":" -f 1
root
bin
daemon
adm
lp
sync
shutdown
halt
```

图 14-26 cut 命令的使用

-d 后面跟分隔字符，这里使用冒号作为分割字符，-f 1 就是截取第一段，-f 和 1 之间的空格可有可无。

```
[root@localhost ~]# head -n2 /etc/passwd |cut -c2
o
i
[root@localhost ~]# head -n2 /etc/passwd |cut -c1
r
b
[root@localhost ~]# head -n2 /etc/passwd |cut -c1-10
root:x:0:0
bin:x:1:1:
[root@localhost ~]# head -n2 /etc/passwd |cut -c5-10
:x:0:0
x:1:1:
```

图 14-27 cut 命令的使用

-c 后面可以是 1 个数字 n，也可以是一个区间 n1-n2，还可以是多个数字 n1，n2，n3。

```
[root@localhost ~]# head -n2 /etc/passwd |cut -c1,2,5
ro:
bix
```

图 14-28 cut 命令的使用

③ sort：用作排序。

语法：sort [-t 分隔符] [-kn1,n2] [-nru]

这里的 n1 < n2。

-t 分隔符：作用跟 cut 的-d 一个意思。

-n：使用纯数字排序。

-r：反向排序。

-u：去重复。

-kn1,n2：由 n1 区间排序到 n2 区间，可以只写-kn1，即对 n1 字段排序。

```
[root@localhost ~]# head -n5 /etc/passwd |sort
adm:x:3:4:adm:/var/adm:/sbin/nologin
bin:x:1:1:bin:/bin:/sbin/nologin
daemon:x:2:2:daemon:/sbin:/sbin/nologin
lp:x:4:7:lp:/var/spool/lpd:/sbin/nologin
root:x:0:0:root,root,000,001:/root:/bin/bash
```

图 14-29 sort 命令的使用

```
[root@localhost ~]# head -n5 /etc/passwd |sort -t: -k3n
root:x:0:0:root,root,000,001:/root:/bin/bash
bin:x:1:1:bin:/bin:/sbin/nologin
daemon:x:2:2:daemon:/sbin:/sbin/nologin
adm:x:3:4:adm:/var/adm:/sbin/nologin
lp:x:4:7:lp:/var/spool/lpd:/sbin/nologin
[root@localhost ~]# head -n5 /etc/passwd |sort -t: -k3,5n
root:x:0:0:root,root,000,001:/root:/bin/bash
bin:x:1:1:bin:/bin:/sbin/nologin
daemon:x:2:2:daemon:/sbin:/sbin/nologin
adm:x:3:4:adm:/var/adm:/sbin/nologin
lp:x:4:7:lp:/var/spool/lpd:/sbin/nologin
```

图 14-30 sort 命令的使用

```
[root@localhost ~]# head -n5 /etc/passwd |sort -t: -k3nr
lp:x:4:7:lp:/var/spool/lpd:/sbin/nologin
adm:x:3:4:adm:/var/adm:/sbin/nologin
daemon:x:2:2:daemon:/sbin:/sbin/nologin
bin:x:1:1:bin:/bin:/sbin/nologin
root:x:0:0:root,root,000,001:/root:/bin/bash
```

图 14-31　sort 命令的使用

④ wc：统计文档的行数、字符数、词数，常用的选项如下。

-l：统计行数。

-m：统计字符数。

-w：统计词数。

```
[root@localhost ~]# echo "hello world" >123.txt
[root@localhost ~]# echo "hello1 world2" >>123.txt
[root@localhost ~]# cat 123.txt
hello world
hello1 world2
[root@localhost ~]# cat 123.txt |wc -l
2
[root@localhost ~]# cat 123.txt |wc -m
26
[root@localhost ~]# cat 123.txt |wc -w
4
```

图 14-32　wc 命令的使用

⑤ uniq：去重复的行，常用的选项只有一个。

-c：统计重复的行数，并把行数写在前面。

```
[root@localhost ~]# echo "hello1 world2" >>123.txt
[root@localhost ~]# cat 123.txt
hello world
hello1 world2
hello1 world2
[root@localhost ~]# cat 123.txt |uniq
hello world
hello1 world2
[root@localhost ~]# cat 123.txt |uniq -c
      1 hello world
      2 hello1 world2
```

图 14-33　wc 命令的使用

有一点需要注意，在进行 uniq 之前，需要先用 sort 排序，然后才能 uniq，否则将得不到想要的结果，上面的试验当中已经排过序，所以省略掉那步了。

⑥ tee：后跟文件名，类似于重定向 “>”，但是比重定向多了一个功能，在把文件写入后面所跟的文件中的同时，还显示在屏幕上。

```
[root@localhost ~]# echo "asldkfjalskdjf" |tee 1.txt
asldkfjalskdjf
[root@localhost ~]# cat 1.txt
asldkfjalskdjf
```

图 14-34　tee 命令的使用

⑦ tr：替换字符，常用来处理文档中出现的特殊符号，如 DOS 文档中出现的^M 符号。常用的选项有两个。

-d：删除某个字符，-d 后面跟要删除的字符。

-s：把重复的字符。

最常用的就是把小写变大写：tr '[a-z]' '[A-Z]'。

```
[root@localhost ~]# head -n1 /etc/passwd |tr '[a-z]' '[A-Z]'
ROOT:X:0:0:ROOT,ROOT,000,001:/ROOT:/BIN/BASH
```

图 14-35　tr 命令的使用

当然替换一个字符也是完全可以的，如图 14-36 所示。

```
[root@localhost ~]# cp /etc/passwd 1.txt
[root@localhost ~]# cat 1.txt |grep root
root:x:0:0:root,root,000,001:/root:/bin/bash
operator:x:11:0:operator:/root:/sbin/nologin
[root@localhost ~]# cat 1.txt |grep root | tr 'r' 'R'
Root:x:0:0:Root,Root,000,001:/Root:/bin/bash
opeRatoR:x:11:0:opeRatoR:/Root:/sbin/nologin
```

图 14-36　tr 命令替换单个字符

不过替换、删除以及去重复都是针对一个字符来讲的，有一定局限性。如果是针对一个字符串就不再管用了，所以本书建议只是简单了解这个 tr 即可，以后还会学到更多可以实现针对字符串操作的工具，如图 14-37 所示。

```
[root@localhost ~]# cat 1.txt |grep root
root:x:0:0:root,root,000,001:/root:/bin/bash
operator:x:11:0:operator:/root:/sbin/nologin
[root@localhost ~]# cat 1.txt |grep root |tr -d 'o'
rt:x:0:0:rt,rt,000,001:/rt:/bin/bash
peratr:x:11:0:peratr:/rt:/sbin/nlgin
[root@localhost ~]# cat 1.txt |grep root |tr -s 'o'
rot:x:0:0:rot,rot,000,001:/rot:/bin/bash
operator:x:11:0:operator:/rot:/sbin/nologin
```

图 14-37　tr 命令的使用

⑧ split：切割文档，如图 14-38 所示，常用选项如下。

-b：依据大小来分割文档，单位为 byte。

```
[root@localhost ~]# split -b 500 /etc/passwd passwd
[root@localhost ~]# ls passwd*
passwdaa  passwdab  passwdac
```

图 14-38　依据大小分割文档

格式如上例，后面的 passwd 为分割后文件名的前缀，分割后的文件名为 passwdaa，passwdab，passwdac……，如图 14-39 所示。

-l：依据行数来分割文档。

```
[root@localhost ~]# wc -l /etc/passwd
26 /etc/passwd
[root@localhost ~]# rm -rf passwd*
[root@localhost ~]# split -l 10 /etc/passwd passwd
[root@localhost ~]# wc -l passwd*
  10 passwdaa
  10 passwdab
   6 passwdac
```

图 14-39　依据行数分割文档

（7）;：平时我们都是在一行中输入一个命令，然后回车就运行了，那么想在一行中运行两个或两个以上的命令应该如何呢？这就需要在命令之间加一个“;”了，如图 14-40 所示。

```
[root@localhost ~]# ls -d test* ; touch test5; ls -d test*
test  test1.txt  test3  test4  testa  testaa  testb  test.txt
test  test1.txt  test3  test4  test5  testa  testaa  testb  test.txt
```

图 14-40　一行运行多个命令

（8）~：用户的家目录，如果是 root，则是 /root，普通用户则是 /home/username，如图 14-41 所示。

```
[root@localhost ~]# cd ~
[root@localhost ~]# pwd
/root
[root@localhost ~]# su test
[test@localhost root]$ cd ~
[test@localhost ~]$ pwd
/home/test
```

图 14-41　返回家目录

（9）&：如果想把一条命令放到后台执行的话，则需要加上这个符号。通常用于命令运行时间非常长的情况，如图 14-42 所示。

```
[root@localhost ~]# sleep 100 &
[1] 2133
[root@localhost ~]#
[root@localhost ~]# jobs
[1]+  Running                 sleep 100 &
```

图 14-42　后台执行命令

使用 jobs 可以查看当前 Shell 中后台执行的任务。用 fg 可以调到前台执行，如图 14-43 所示。这里的 sleep 命令就是休眠的意思，后面跟数字，单位为秒，常用于循环的 Shell 脚本中。

```
[root@localhost ~]# fg
sleep 100
```

图 14-43　后台命令调到前台

此时按一下 Ctrl +Z 组合键，使之暂停，然后再输入 bg 可以再次进入后台执行，如图 14-44 所示。

```
[1]+  Stopped                 sleep 100
[root@localhost ~]# bg
[1]+ sleep 100 &
```

图 14-44　前台命令调入后台

如果在多任务情况下，想要把任务调到前台执行的话，fg 后面跟任务号，任务号可以使用 jobs 命令得到，如图 14-45 所示。

```
[root@localhost ~]# sleep 20 &
[1] 2136
[root@localhost ~]# sleep 30 &
[2] 2137
[root@localhost ~]# jobs
[1]-  Running                 sleep 20 &
[2]+  Running                 sleep 30 &
[root@localhost ~]# fg 1
sleep 20
```

图 14-45　调出指定后台任务

（10）>，>>，2>，2>>：前面讲过重定向符号> 以及>>分别表示取代和追加的意思，然后还有两个符号就是这里的 2>和 2>>分别表示错误重定向和错误追加重定向，当我们运行一个命令报错时，报错信息会输出到当前的屏幕，如果想重定向到一个文本里，则要用 2>或者 2>>，如图 14-46 所示。

```
[root@localhost ~]# ls aaaa
ls: aaaa: No such file or directory
[root@localhost ~]# ls aaaa >error
ls: aaaa: No such file or directory
[root@localhost ~]# cat error
[root@localhost ~]# ls aaaa 2>error
[root@localhost ~]# cat error
ls: aaaa: No such file or directory
```

图 14-46　输出重定向

（11）[ ]：中括号，中间为字符组合，代表中间字符中的任意一个，如图 14-47 所示。

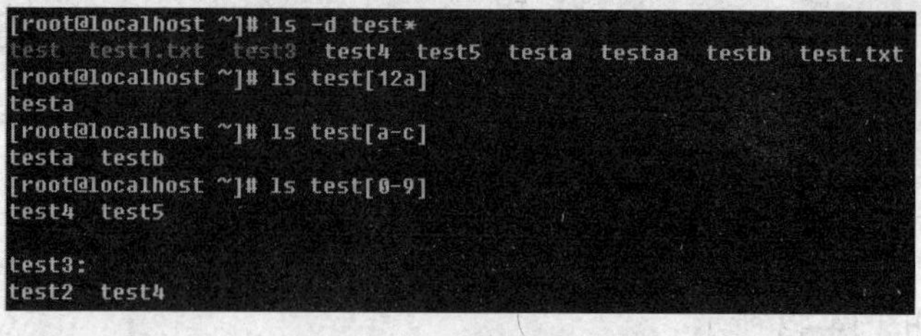

```
[root@localhost ~]# ls -d test*
test  test1.txt  test3  test4  test5  testa  testaa  testb  test.txt
[root@localhost ~]# ls test[12a]
testa
[root@localhost ~]# ls test[a-c]
testa  testb
[root@localhost ~]# ls test[0-9]
test4  test5

test3:
test2  test4
```

图 14-47　[]通配符的使用

（12）&& 与 ||。

在上面刚刚提到了分号，其是用于多条命令间的分隔符。另外还有两个可以用于多条命令中间的特殊符号，那就是“&&”和“||”。下面把这几种情况全列出。

① command1 ; command2。

② command1 && command2。

③ command1 || command2。

使用“;”时，不管 command1 是否执行成功都会执行 command2；使用“&&”时，只有 command1 执行成功后，command2 才会执行，否则 command2 不执行；使用“||”时，command1 执行成功后 command2 不执行，否则去执行 command2，总之 command1 和 command2 总有一条命令会执行，如图 14-48 所示。

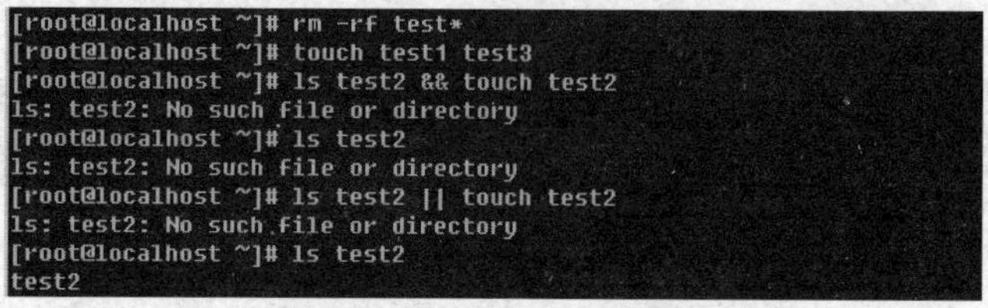

```
[root@localhost ~]# rm -rf test*
[root@localhost ~]# touch test1 test3
[root@localhost ~]# ls test2 && touch test2
ls: test2: No such file or directory
[root@localhost ~]# ls test2
ls: test2: No such file or directory
[root@localhost ~]# ls test2 || touch test2
ls: test2: No such file or directory
[root@localhost ~]# ls test2
test2
```

图 14-48　逻辑运算符的使用

14.3　正则表达式

在计算机科学中，正则表达式是这样解释的：它是指一个用来描述或者匹配一系列符合某个句法规则的字符串的单个字符串。在很多文本编辑器或其他工具里，正则表达式通常被用来检索和/或替换那些符合某个模式的文本内容。许多程序设计语言都支持利用正则表达式进行字符串操作。对于系统管理员来讲，正则表达式贯穿在我们的日常运维工作中，无论是查找某个文档，抑或查询某个日志文件分析其内容，都会用到正则表达式。

其实正则表达式只是一种思想、一种表示方法。只要我们使用的工具支持表示这种思想，那么这个工具就可以处理正则表达式的字符串。常用的工具有 grep，sed，awk 等，下面就介绍一下这三种工具的使用方法。

14.3.1　grep/egrep 命令

前面的内容中多次提到并用到 grep 命令，可见它的重要性。grep 连同下面讲的 sed，awk 都是针对文本的行进行操作的，如图 14-49 所示。

语法：grep [-cinvABC] 'word' filename

-c：打印符合要求的行数。

-i：忽略大小写。

-n：在输出符合要求的行的同时连同行号一起输出。

-v：打印不符合要求的行。

-A：后跟一个数字（有无空格都可以），例如：–A2 表示打印符合要求的行以及下面两行。

-B：后跟一个数字，例如-B2 表示打印符合要求的行以及上面两行。

-C：后跟一个数字，例如-C2 表示打印符合要求的行以及上下各两行。

```
[root@localhost ~]# grep -A 2 halt /etc/passwd
halt:x:7:0:halt:/sbin:/sbin/halt
mail:x:8:12:mail:/var/spool/mail:/sbin/nologin
news:x:9:13:news:/etc/news:
[root@localhost ~]# grep -B 2 halt /etc/passwd
sync:x:5:0:sync:/sbin:/bin/sync
shutdown:x:6:0:shutdown:/sbin:/sbin/shutdown
halt:x:7:0:halt:/sbin:/sbin/halt
[root@localhost ~]# grep -C 2 halt /etc/passwd
sync:x:5:0:sync:/sbin:/bin/sync
shutdown:x:6:0:shutdown:/sbin:/sbin/shutdown
halt:x:7:0:halt:/sbin:/sbin/halt
mail:x:8:12:mail:/var/spool/mail:/sbin/nologin
news:x:9:13:news:/etc/news:
[root@localhost ~]# grep -C2 halt /etc/passwd
sync:x:5:0:sync:/sbin:/bin/sync
shutdown:x:6:0:shutdown:/sbin:/sbin/shutdown
halt:x:7:0:halt:/sbin:/sbin/halt
mail:x:8:12:mail:/var/spool/mail:/sbin/nologin
news:x:9:13:news:/etc/news:
```

图 14-49　grep 过滤器的使用

以下举几个小例子帮助读者好好掌握这个 grep 工具的用法。

（1）过滤出带有某个关键词的行并输出行号。

```
[root@localhost ~]# grep -n 'root' /etc/passwd
1:root:x:0:0:root,root,000,001:/root:/bin/bash
12:operator:x:11:0:operator:/root:/sbin/nologin
```

图 14-50　grep 输出结果带行号

（2）过滤不带某个关键词的行，并输出行号。

```
[root@localhost ~]# grep -vn 'nologin' /etc/passwd
1:root:x:0:0:root,root,000,001:/root:/bin/bash
6:sync:x:5:0:sync:/sbin:/bin/sync
7:shutdown:x:6:0:shutdown:/sbin:/sbin/shutdown
8:halt:x:7:0:halt:/sbin:/sbin/halt
10:news:x:9:13:news:/etc/news:
25:test:x:500:500:test,test's Office,12345,67890:/home/test:/bin/bash
26:test1:x:501:500::/home/test1:/bin/bash
```

图 14-51　grep 反过滤

（3）过滤出所有包含数字的行。

```
[root@localhost ~]# cat test.txt
aaaaaaaaaaaa
121aaaaaaaaaaaaaaa
1212121212121212121212
bbbbbbbbbbbbbbbbbbbbb
3333ddddd4444444dddddd
eeeeeeeeeeeee11111111
[root@localhost ~]# grep [0-9] test.txt
121aaaaaaaaaaaaaaa
1212121212121212121212
3333ddddd4444444dddddd
eeeeeeeeeeeee11111111
[root@localhost ~]# grep -v [0-9] test.txt
aaaaaaaaaaaa
bbbbbbbbbbbbbbbbbbbbb
```

图 14-52　grep 使用通配符过滤

在前面也提到过这个“[ ]”的应用，如果是数字的话，就用[0-9]这样的形式，当然有时候也可以用这样的形式[15]，即只含有 1 或者 5，注意，它不会认为是 15。如果要过滤出数字以及大小写字母，则要这样写[0-9a-zA-Z]。另外[ ]还有一种形式，就是[^字符] 表示除[ ]内的字符之外的字符。

```
[root@localhost ~]# grep '[^r]oo' /etc/passwd
lp:x:4:7:lp:/var/spool/lpd:/sbin/nologin
mail:x:8:12:mail:/var/spool/mail:/sbin/nologin
uucp:x:10:14:uucp:/var/spool/uucp:/sbin/nologin
exim:x:93:93::/var/spool/exim:/sbin/nologin
```

图 14-53　grep 通配符使用技巧

这表示筛选包含 oo 字符串，但是不包含 r 字符。

（4）过滤出文档中以某个字符开头或者以某个字符结尾的行。

```
[root@localhost ~]# grep '^r' /etc/passwd
root:x:0:0:root,root,000,001:/root:/bin/bash
[root@localhost ~]# grep 'h$' /etc/passwd
root:x:0:0:root,root,000,001:/root:/bin/bash
test:x:500:500:test,test's Office,12345,67890:/home/test:/bin/bash
test1:x:501:500::/home/test1:/bin/bash
[root@localhost ~]# grep 'sh$' /etc/passwd
root:x:0:0:root,root,000,001:/root:/bin/bash
test:x:500:500:test,test's Office,12345,67890:/home/test:/bin/bash
test1:x:501:500::/home/test1:/bin/bash
[root@localhost ~]# grep '^test' /etc/passwd
test:x:500:500:test,test's Office,12345,67890:/home/test:/bin/bash
test1:x:501:500::/home/test1:/bin/bash
```

图 14-54　用首尾字符过滤行

在正则表达式中，“^”表示行的开始，“$”表示行的结尾，那么空行表示“^$”，如果只想筛选出非空行，则可以使用 “grep -v ‘^$’ filename”得到想要的结果。

```
[root@localhost ~]# echo "123" >test.txt
[root@localhost ~]# echo "abc" >>test.txt
[root@localhost ~]# echo "456" >>test.txt
[root@localhost ~]# echo "abc456" >>test.txt
[root@localhost ~]# grep '^[^a-zA-Z]'  test.txt
123
456
[root@localhost ~]# echo ".*&abc456" >>test.txt
[root@localhost ~]# grep '^[^a-zA-Z]'  test.txt
123
456
.*&abc456
```

图 14-55　grep 过滤空行

（5）过滤任意一个字符与重复字符。

```
[root@localhost ~]# grep 'r..o' /etc/passwd
operator:x:11:0:operator:/root:/sbin/nologin
gopher:x:13:30:gopher:/var/gopher:/sbin/nologin
vcsa:x:69:69:virtual console memory owner:/dev:/sbin/nologin
```

图 14-56　grep 单字符通配符

“.”表示任意一个字符，上例中，就是把符合 r 与 o 之间有两个任意字符的行过滤出来。

“*”表示零个或多个前面的字符。

```
[root@localhost ~]# grep 'ooo*' /etc/passwd
root:x:0:0:root,root,000,001:/root:/bin/bash
lp:x:4:7:lp:/var/spool/lpd:/sbin/nologin
mail:x:8:12:mail:/var/spool/mail:/sbin/nologin
uucp:x:10:14:uucp:/var/spool/uucp:/sbin/nologin
operator:x:11:0:operator:/root:/sbin/nologin
exim:x:93:93::/var/spool/exim:/sbin/nologin
```

图 14-57　grep 通配符重复

“ooo*” 表示 oo，ooo，oooo，…或者更多的 “o”。

```
[root@localhost ~]# grep '.*' /etc/passwd |wc -l
26
[root@localhost ~]# wc -l /etc/passwd
26 /etc/passwd
```

图 14-58 grep 任意行匹配

“.* ” 表示零个或多个任意字符，空行也包含在内。

（6）指定要过滤字符出现的次数。

```
[root@localhost ~]# grep 'o\{2\}' /etc/passwd
root:x:0:0:root,root,000,001:/root:/bin/bash
lp:x:4:7:lp:/var/spool/lpd:/sbin/nologin
mail:x:8:12:mail:/var/spool/mail:/sbin/nologin
uucp:x:10:14:uucp:/var/spool/uucp:/sbin/nologin
operator:x:11:0:operator:/root:/sbin/nologin
exim:x:93:93::/var/spool/exim:/sbin/nologin
```

图 14-59 按出现次数过滤

这里用到了{ }，其内部为数字，表示前面的字符要重复的次数。上例中表示包含有两个 o，即 “oo” 的行。注意，{ }左右都需要加上脱意字符 “\”。另外，使用{ }我们还可以表示一个范围的，具体格式是 ‘\{n1,n2\}’，其中 n1<n2，表示重复 n1 到 n2 次前面的字符，n2 还可以为空，表示大于等于 n1 次。

除了 grep，egrep 也是经常使用的工具。简单来讲，后者是前者的扩展版本，我们可以用 egrep 完成 grep 不能完成的工作，当然 grep 能完成的 egrep 完全可以完成。如果仅以日常工作来界定的话，grep 的功能已经足够胜任了，了解 egrep 一下即可。下面介绍 egrep 不同于 grep 的几个用法。为了试验方便，本书把 test.txt 编辑成如下内容：

```
rot:x:0:0:/rot:/bin/bash
operator:x:11:0:operator:/root:/sbin/nologin
operator:x:11:0:operator:/rooot:/sbin/nologin
roooot:x:0:0:/rooooot:/bin/bash
1111111111111111111111111111111
aaaaaaaaaaaaaaaaaaaaaaaaaaaaaaa
```

（1）筛选一个或一个以上前面的字符。

```
[root@localhost ~]# egrep 'o+' test.txt
rot:x:0:0:/rot:/bin/bash
operator:x:11:0:operator:/root:/sbin/nologin
operator:x:11:0:operator:/rooot:/sbin/nologin
roooot:x:0:0:/rooooot:/bin/bash
[root@localhost ~]# egrep 'oo+' test.txt
operator:x:11:0:operator:/root:/sbin/nologin
operator:x:11:0:operator:/rooot:/sbin/nologin
roooot:x:0:0:/rooooot:/bin/bash
[root@localhost ~]# egrep 'ooo+' test.txt
operator:x:11:0:operator:/rooot:/sbin/nologin
roooot:x:0:0:/rooooot:/bin/bash
```

图 14-60 egrep 通配符重复

和 grep 不同的是 egrep 这里是使用 ‘+’ 的。

（2）筛选零个或一个前面的字符。

```
[root@localhost ~]# egrep  'o?' test.txt
rot:x:0:0:/rot:/bin/bash
operator:x:11:0:operator:/root:/sbin/nologin
operator:x:11:0:operator:/rooot:/sbin/nologin
roooot:x:0:0:/rooooot:/bin/bash
1111111111111111111111111111111
aaaaaaaaaaaaaaaaaaaaaaaaaaaaaaa
[root@localhost ~]# egrep  'oo?' test.txt
rot:x:0:0:/rot:/bin/bash
operator:x:11:0:operator:/root:/sbin/nologin
operator:x:11:0:operator:/rooot:/sbin/nologin
roooot:x:0:0:/rooooot:/bin/bash
```

图 14-61　egrep 筛选 0 或 1 个字符

（3）筛选字符串 1 或者字符串 2。

```
[root@localhost ~]# egrep '111|aaa' test.txt
1111111111111111111111111111111
aaaaaaaaaaaaaaaaaaaaaaaaaaaaaaa
```

图 14-62　egrep 选择匹配

中间有一个“|”表示或者的意思，这个在实际工作中较为常用。

（4）egrep 中‘()’的应用。

```
[root@localhost ~]# egrep 'r(oo)|(at)o' test.txt
operator:x:11:0:operator:/root:/sbin/nologin
operator:x:11:0:operator:/rooot:/sbin/nologin
roooot:x:0:0:/rooooot:/bin/bash
```

图 14-63　egrep 字符聚合过滤

用‘()’表示一个整体，例如 (oo)+ 就表示 1 个‘oo’或者多个‘oo’。

```
[root@localhost ~]# egrep '(oo)+' test.txt
operator:x:11:0:operator:/root:/sbin/nologin
operator:x:11:0:operator:/rooot:/sbin/nologin
roooot:x:0:0:/rooooot:/bin/bash
```

图 14-64　egrep 多个聚合字符过滤

14.3.2　sed 工具的使用

grep 工具的功能其实还不够强大，说白了，grep 实现的只是查找功能，而它却不能实现替换查找的内容。以前用 vim 的时候，可以查找，也可以替换，但是只局限于在文本内部来操作，而不能输出到屏幕上。sed 工具以及下面要讲的 awk 工具就能实现把替换的文本输出到屏幕上的功能了，而且还有其他更丰富的功能。sed 和 awk 都是流式编辑器，是针对文档的行来操作的。

（1）打印某行用 sed -n ‘n’p filename，单引号内的 n 是一个数字，表示第几行。

```
[root@localhost ~]# sed -n '2'p test.txt
operator:x:11:0:operator:/root:/sbin/nologin
```

图 14-65　sed 打印单行

（2）打印多行，以及打印整个文档用 -n ‘1,$’p。

```
[root@localhost ~]# sed -n '2,4'p test.txt
operator:x:11:0:operator:/root:/sbin/nologin
operator:x:11:0:operator:/rooot:/sbin/nologin
roooot:x:0:0:/rooooot:/bin/bash
[root@localhost ~]# sed -n '1,$'p test.txt
rot:x:0:0:/rot:/bin/bash
operator:x:11:0:operator:/root:/sbin/nologin
operator:x:11:0:operator:/rooot:/sbin/nologin
roooot:x:0:0:/rooooot:/bin/bash
1111111111111111111111111111111
aaaaaaaaaaaaaaaaaaaaaaaaaaaaaaa
```

图 14-66　sed 打印多行

（3）打印包含某个字符串的行。

```
[root@localhost ~]# sed -n '/root/'p test.txt
operator:x:11:0:operator:/root:/sbin/nologin
```

图 14-67　字符串过滤打印

上面 grep 中使用的特殊字符，如‘^’，‘$’，‘.’，‘*’等同样也能在 sed 中使用。

```
[root@localhost ~]# sed -n '/^1/'p test.txt
1111111111111111111111111111111
[root@localhost ~]# sed -n '/in$/'p test.txt
operator:x:11:0:operator:/root:/sbin/nologin
operator:x:11:0:operator:/rooot:/sbin/nologin
```

图 14-68　sed 首尾过滤打印

```
[root@localhost ~]# sed -n '/r..o/'p test.txt
operator:x:11:0:operator:/root:/sbin/nologin
operator:x:11:0:operator:/rooot:/sbin/nologin
roooot:x:0:0:/rooooot:/bin/bash
[root@localhost ~]# sed -n '/ooo*/'p test.txt
operator:x:11:0:operator:/root:/sbin/nologin
operator:x:11:0:operator:/rooot:/sbin/nologin
roooot:x:0:0:/rooooot:/bin/bash
```

图 14-69　sed 单字符匹配

（4）-e 可以实现多个行为。

```
[root@localhost ~]# sed -e '1'p  -e '/111/'p -n test.txt
rot:x:0:0:/rot:/bin/bash
1111111111111111111111111111111
```

图 14-70　sed 多行为打印

（5）删除某行或者多行。

```
[root@localhost ~]# sed '1'd test.txt
operator:x:11:0:operator:/root:/sbin/nologin
operator:x:11:0:operator:/rooot:/sbin/nologin
roooot:x:0:0:/rooooot:/bin/bash
1111111111111111111111111111111
aaaaaaaaaaaaaaaaaaaaaaaaaaaaaaa
[root@localhost ~]# sed '1,3'd test.txt
roooot:x:0:0:/rooooot:/bin/bash
1111111111111111111111111111111
aaaaaaaaaaaaaaaaaaaaaaaaaaaaaaa
[root@localhost ~]# sed '/oot/'d test.txt
rot:x:0:0:/rot:/bin/bash
1111111111111111111111111111111
aaaaaaaaaaaaaaaaaaaaaaaaaaaaaaa
```

图 14-71　sed 删除行

‘d’这个字符就是删除的动作了，不仅可以删除指定的单行以及多行，而且还可以删除匹配某个字符的行；另外还可以删除从某一行一直到文档末行。

```
[root@localhost ~]# sed '2,$'d test.txt
rot:x:0:0:/rot:/bin/bash
```

图 14-72　sed 匹配删除

（6）替换字符或字符串。

```
[root@localhost ~]# sed '1,2s/ot/to/g' test.txt
rto:x:0:0:/rto:/bin/bash
operator:x:11:0:operator:/roto:/sbin/nologin
operator:x:11:0:operator:/rooot:/sbin/nologin
roooot:x:0:0:/rooooot:/bin/bash
1111111111111111111111111111111
aaaaaaaaaaaaaaaaaaaaaaaaaaaaaaa
```

图 14-73　sed 替换字符

上例中的‘s’就是替换的命令，‘g’为本行中全局替换，如果不加‘g’，只换该行中出现的第一个。

除了可以使用‘/’外，还可以使用其他特殊字符，例如‘#’或者‘@’都没有问题。

```
[root@localhost ~]# sed 's#ot#to#g' test.txt
rto:x:0:0:/rto:/bin/bash
operator:x:11:0:operator:/roto:/sbin/nologin
operator:x:11:0:operator:/rooto:/sbin/nologin
roooto:x:0:0:/rooooto:/bin/bash
1111111111111111111111111111111
aaaaaaaaaaaaaaaaaaaaaaaaaaaaaaa
[root@localhost ~]# sed 's@ot@to@g' test.txt
rto:x:0:0:/rto:/bin/bash
operator:x:11:0:operator:/roto:/sbin/nologin
operator:x:11:0:operator:/rooto:/sbin/nologin
roooto:x:0:0:/rooooto:/bin/bash
1111111111111111111111111111111
aaaaaaaaaaaaaaaaaaaaaaaaaaaaaaa
```

图 14-74　sed 特殊字符的使用

现在思考一下，如何删除文档中的所有数字或者字母？

```
[root@localhost ~]# sed 's/[0-9]//g' test.txt
rot:x:::/rot:/bin/bash
operator:x:::operator:/root:/sbin/nologin
operator:x:::operator:/rooot:/sbin/nologin
roooot:x:::/rooooot:/bin/bash

aaaaaaaaaaaaaaaaaaaaaaaaaaaaaaa
```

图 14-75　sed 删除所有数字

[0-9]表示任意的数字。这里也可以写成[a-zA-Z]，甚至[0-9a-zA-Z]。

```
[root@localhost ~]# sed 's/[a-zA-Z]//g' test.txt
::0:0:/://
::11:0::/://
::11:0::/://
::0:0:/://
1111111111111111111111111111111

[root@localhost ~]# sed 's/[0-9a-zA-Z]//g' test.txt
::::/://
:::::/://
:::::/://
::::/://

```

图 14-76　sed 删除所有字母

（7）调换两个字符串的位置。

```
[root@localhost ~]# sed 's/\(rot\)\(.*\)\(bash\)/\3\2\1/' test.txt
bash:x:0:0:/rot:/bin/rot
operator:x:11:0:operator:/root:/sbin/nologin
operator:x:11:0:operator:/rooot:/sbin/nologin
roooot:x:0:0:/rooooot:/bin/bash
1111111111111111111111111111111
aaaaaaaaaaaaaaaaaaaaaaaaaaaaaaa
```

图 14-77　sed 调换两个字符串位置

这个就需要解释一下了，上例中用‘()’把所想要替换的字符括起来成为一个整体，因为括号在 sed 中属于特殊符号，所以需要在前面加脱意字符‘\’，替换时则写成‘\1’，‘\2’，‘\3’的形式。除了调换两个字符串的位置外，实际工作中还经常用到在某一行前或者后增加指定内容。

```
[root@localhost ~]# sed 's/^.*$/123&/' test.txt
123rot:x:0:0:/rot:/bin/bash
123operator:x:11:0:operator:/root:/sbin/nologin
123operator:x:11:0:operator:/rooot:/sbin/nologin
123roooot:x:0:0:/rooooot:/bin/bash
123111111111111111111111111111111111
123aaaaaaaaaaaaaaaaaaaaaaaaaaaaaaaa
[root@localhost ~]# sed 's/^.*$/&321/' test.txt
rot:x:0:0:/rot:/bin/bash321
operator:x:11:0:operator:/root:/sbin/nologin321
operator:x:11:0:operator:/rooot:/sbin/nologin321
roooot:x:0:0:/rooooot:/bin/bash321
111111111111111111111111111111111321
aaaaaaaaaaaaaaaaaaaaaaaaaaaaaaaa321
```

图 14-78　sed 增加指定内容

（8）直接修改文件的内容。

sed -i 's/:/#/g' test.txt，这样就可以直接更改 test.txt 文件中的内容了。由于这个命令可以直接把文件修改，所以在修改前最好先复制一下文件以免改错。

14.3.3　awk 工具的使用

上面也提到了 awk 和 sed 一样是流式编辑器，它也是针对文档中的行来操作的，一行一行地去执行。awk 比 sed 更加强大，它能做到 sed 能做到的，同样也能做到 sed 不能做到的。awk 工具其实是很复杂的，甚至有专门的书籍来介绍它的应用，但是本书仅介绍比较常见的 awk 应用，只要能处理日常管理工作中的问题即可，如果读者感兴趣可以深入研究。

1. 截取文档中的某个段

```
[root@localhost ~]# head -n2 test.txt |awk -F':' '{print $1}'
root
bin
```

图 14-79　awk 截取文档内容

解释一下，-F 选项的作用是指定分隔符，如果不加-F 指定，则以空格或者 tab 为分隔符。

```
[root@localhost ~]# head -n2 /etc/inittab
#
# inittab       This file describes how the INIT process should set up
[root@localhost ~]# head -n2 /etc/inittab |awk '{print $2,$3}'

inittab This
```

图 14-80　awk 打印字段

Print 为打印的动作，用来打印出某个字段。$1 为第一个字段，$2 为第二个字段，依次类推，有一个特殊的那就是$0，它表示整行。

```
[root@localhost ~]# head -n2 test.txt |awk -F':' '{print $0}'
root:x:0:0:root,root,000,001:/root:/bin/bash
bin:x:1:1:bin:/bin:/sbin/nologin
```

图 14-81　awk 打印整行

注意 awk 的格式，-F 后紧跟单引号，然后里面为分隔符，print 的动作要用‘{ }’括起来，否则会报错。print 还可以打印自定义的内容，但是自定义的内容要用双引号括起来。

```
[root@localhost ~]# head -n2 test.txt |awk -F':' '{print $1"@"$2"@"$3}'
root@x@0
bin@x@1
```

图 14-82　awk 打印自定义内容

2. 匹配字符或字符串

```
[root@localhost ~]# awk  '/root/' test.txt
root:x:0:0:root,root,000,001:/root:/bin/bash
operator:x:11:0:operator:/root:/sbin/nologin
```

图 14-83　awk 匹配字符串

跟 sed 很类似，不过还有比 sed 更强大的匹配。

```
[root@localhost ~]# awk -F':' '$1~/root/' test.txt
root:x:0:0:root,root,000,001:/root:/bin/bash
```

图 14-84　awk 匹配段

可以让某个段去匹配，这里的‘~’就是匹配的意思，继续往下看。

```
[root@localhost ~]# awk -F':' '/root/ {print $3} /test/ {print $3}' test.txt
0
11
500
501
```

图 14-85　awk 多次匹配

awk 还可以多次匹配，如上例中匹配完 root，再匹配 test，它还可以只打印所匹配的段。

```
[root@localhost ~]# awk -F':' '$1~/root/ {print $1}' test.txt
root
```

图 14-86　awk 打印匹配段

不过这么做没有意义，这里只是为了说明 awk 确实比 sed 强大。

3. 条件操作符

```
[root@localhost ~]# awk -F':' '$3=="0"' test.txt
root:x:0:0:root,root,000,001:/root:/bin/bash
```

图 14-87　awk 条件操作符的使用

awk 中是可以用逻辑符号判断的，比如‘==’就是等于，也可以理解为“精确匹配”。另外也有‘>’，‘>=’，‘<’，‘<=’，‘!=’等，值得注意的是即使$3 为数字，awk 也不会把它当作数字看待，它会认为其是一个字符。所以不要妄图去拿$3 当数字去和数字做比较。

```
[root@localhost ~]# cat test.txt |awk -F':' '$3>="500"'
shutdown:x:6:0:shutdown:/sbin:/sbin/shutdown
halt:x:7:0:halt:/sbin:/sbin/halt
mail:x:8:12:mail:/var/spool/mail:/sbin/nologin
news:x:9:13:news:/etc/news:
nobody:x:99:99:Nobody:/:/sbin/nologin
vcsa:x:69:69:virtual console memory owner:/dev:/sbin/nologin
dbus:x:81:81:System message bus:/:/sbin/nologin
exim:x:93:93::/var/spool/exim:/sbin/nologin
avahi:x:70:70:Avahi daemon:/:/sbin/nologin
sshd:x:74:74:Privilege-separated SSH:/var/empty/sshd:/sbin/nologin
haldaemon:x:68:68:HAL daemon:/:/sbin/nologin
test:x:500:500:test,test's Office,12345,67890:/home/test:/bin/bash
test1:x:501:500::/home/test1:/bin/bash
```

图 14-88　awk 错误比较

这样是得不到我们想要的效果的。这里只是字符与字符之间的比较，‘6’是>‘500’的。

```
[root@localhost ~]# cat test.txt |awk -F':' '$7!="/sbin/nologin"'
root:x:0:0:root,root,000,001:/root:/bin/bash
sync:x:5:0:sync:/sbin:/bin/sync
shutdown:x:6:0:shutdown:/sbin:/sbin/shutdown
halt:x:7:0:halt:/sbin:/sbin/halt
news:x:9:13:news:/etc/news:
test:x:500:500:test,test's Office,12345,67890:/home/test:/bin/bash
test1:x:501:500::/home/test1:/bin/bash
```

图 14-89　awk 不等于用法

上例中用的是‘!=’，即不匹配。

```
[root@localhost ~]# awk -F':' '$3<$4' test.txt
adm:x:3:4:adm:/var/adm:/sbin/nologin
lp:x:4:7:lp:/var/spool/lpd:/sbin/nologin
mail:x:8:12:mail:/var/spool/mail:/sbin/nologin
news:x:9:13:news:/etc/news:
uucp:x:10:14:uucp:/var/spool/uucp:/sbin/nologin
games:x:12:100:games:/usr/games:/sbin/nologin
gopher:x:13:30:gopher:/var/gopher:/sbin/nologin
ftp:x:14:50:FTP User:/var/ftp:/sbin/nologin
```

图 14-90　awk 比较符使用

另外还可以使用‘&&’和‘||’表示“并且”和“或者”的意思。

```
[root@localhost ~]# awk -F':' '$3>"5" && $3<"7"' test.txt
shutdown:x:6:0:shutdown:/sbin:/sbin/shutdown
vcsa:x:69:69:virtual console memory owner:/dev:/sbin/nologin
haldaemon:x:68:68:HAL daemon:/:/sbin/nologin
test:x:500:500:test,test's Office,12345,67890:/home/test:/bin/bash
test1:x:501:500::/home/test1:/bin/bash
```

图 14-91　awk 与运算使用

也可以是或者的关系。

```
[root@localhost ~]# awk -F':' '$3<"1" || $3>"8"' test.txt
root:x:0:0:root,root,000,001:/root:/bin/bash
news:x:9:13:news:/etc/news:
nobody:x:99:99:Nobody:/:/sbin/nologin
dbus:x:81:81:System message bus:/:/sbin/nologin
exim:x:93:93::/var/spool/exim:/sbin/nologin
```

图 14-92　awk 或运算使用

4. awk 的内置变量

常用的变量如下。

NF：用分隔符分隔后一共有多少段。

NR：行数。

```
[root@localhost ~]# head -n5 test.txt |awk -F':' '{print NF}'
7
7
7
7
7
[root@localhost ~]# head -n5 test.txt |awk -F':' '{print $NF}'
/bin/bash
/sbin/nologin
/sbin/nologin
/sbin/nologin
/sbin/nologin
```

图 14-93　awk 分隔后段数

上例中，打印总共的段数以及最后一段的值。

```
[root@localhost ~]# awk 'NR>=20' test.txt
exim:x:93:93::/var/spool/exim:/sbin/nologin
avahi:x:70:70:Avahi daemon:/:/sbin/nologin
sshd:x:74:74:Privilege-separated SSH:/var/empty/sshd:/sbin/nologin
xfs:x:43:43:X Font Server:/etc/X11/fs:/sbin/nologin
haldaemon:x:68:68:HAL daemon:/:/sbin/nologin
test:x:500:500:test,test's Office,12345,67890:/home/test:/bin/bash
test1:x:501:500::/home/test1:/bin/bash
apache:x:48:48:Apache:/var/www:/sbin/nologin
```

图 14-94　awk 打印指定行

可以使用 NR 作为条件，来打印出指定的行。

```
[root@localhost ~]# awk -F':' 'NR>=20 && $1~/ssh/' test.txt
sshd:x:74:74:Privilege-separated SSH:/var/empty/sshd:/sbin/nologin
```

图 14-95　awk 条件打印

5. awk 中的数学运算

```
[root@localhost ~]# head -n 5 test.txt |awk -F':' '$1="root"'
root x 0 0 root,root,000,001 /root /bin/bash
root x 1 1 bin /bin /sbin/nologin
root x 2 2 daemon /sbin /sbin/nologin
root x 3 4 adm /var/adm /sbin/nologin
root x 4 7 lp /var/spool/lpd /sbin/nologin
```

图 14-96　awk 数学运算

awk 比较强的地方，还在于能把某个段改成指定的字符串，下面还有更强的呢。

```
[root@localhost ~]# head -n 2 test.txt |awk -F':' '{$7=$3+$4; print $3,$4,$7}'
0 0 0
1 1 2
```

图 14-97　awk 替换段为字符串

当然还可以计算某个段的总和。

```
[root@localhost ~]# cat test.txt |awk -F':' '{(tot+=$3)};END {print tot}'
1767
```

图 14-98　awk 计算段总和

这里的 END 要注意一下，表示所有的行都已经执行，这是 awk 特有的语法，其实 awk 连同 sed 都可以写成一个脚本文件，而且有它们特有的语法，在 awk 中使用 if 判断、for 循环都是可以的，只是日常管理工作中没有必要使用那么复杂的语句而已。

```
[root@localhost ~]# awk -F':' '{if ($1=="root") print $0}' test.txt
root:x:0:0:root,root,000,001:/root:/bin/bash
```

图 14-99　awk 加条件判断

注意这里‘( )’的使用。

14.4　流程控制语句

到现在为止，你明白什么是 Shell 脚本吗？如果明白最好了，不明白也没有关系，相信随着学习的深入你就会越来越了解到底什么是 Shell 脚本。首先它是一个脚本，并不能作为正式的编程语言。因为它运行在 Linux 的 Shell 中，所以叫 Shell 脚本。通俗地说，Shell 脚本就是一些命令的集合。举个例子，我想实现这样的操作：（1）进入到/tmp/目录；（2）列出当前目录中所有的文件名；（3）把所有当前的文件拷贝到/root/目录下；（4）删除当前目录下所有的文件。简单的 4 步在 Shell 窗口中需要输入 4 次命令，按 4 次 Enter 键。这样是不是很麻烦？当然这 4 步操作非常简单，如果是更加复杂的命令设置需要几十次操作呢？那样的话一次一次敲键盘会很麻烦。所以不妨把所有的操作都记录到一个文档中，然后去调用文档中的命令，这样一步操作就可以完成。其实这个文档就是 Shell 脚本了，只是这个 Shell 脚本有它特殊的格式。

Shell 脚本能帮助我们很方便地去管理服务器，因为我们可以指定一个任务计划定时去执行某一个 Shell 脚本实现我们想要的需求。这对于 Linux 系统管理员来说是一件非常值得自豪的事情。现在的 139 邮箱很好用，发邮件的同时还可以发一条邮件通知的短信给用户，利用这点，我们就可以在我们的 Linux 服务器上部署监控的 Shell 脚本，比如网卡流量有异常了或者服务器 Web 服务器停止了，就可以发一封邮件给管理员，同时发送给管理员一个报警短信，这样可以让我们及时地知道服务器出问题了。

有一个问题需要约定一下，凡是自定义的脚本建议放到/usr/local/sbin/目录或其他特定目录下，这样做的目的，一来可以更好地管理文档，二来以后接管的管理员都知道自定义脚本放在哪里，方便维护。

14.4.1　Shell 脚本的基本结构及执行

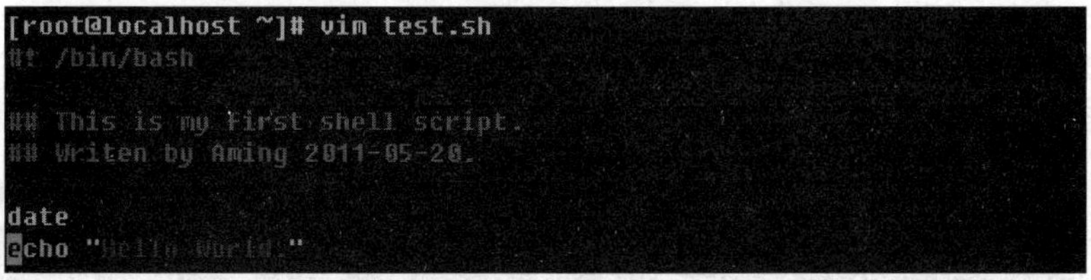

```
[root@localhost ~]# vim test.sh
#! /bin/bash

## This is my first shell script.
## Writen by Aming 2011-05-20.

date
echo "Hello World."
```

图 14-100　Shell 脚本样例

Shell 脚本通常都是以.sh 为后缀名的，这个并不是说不带.sh 这个脚本就不能执行，只是大家的一个习惯而已。test.sh 中第一行一定是“#! /bin/bash”，它代表的意思是该文件使用的是 bash 语法。如果不设置该行，那么 Shell 脚本就不能被执行。‘#’表示注释，在前面讲过的，后面跟一些该脚本的相关注释内容以及作者和创建日期或者版本等。当然这些注释并非必须的，可以省略掉，但是不建议省略。因为随着工作时间的增加，编写的 Shell 脚本也会越来越多，如果有一天查看某个脚本时，很有可能忘记该脚本是用来干什么的以及什么时候写的。所以写上注释是有必要的。另外系统管理员也可能并非一个，如果是其他管理员查看脚本，他看不懂，岂不是很郁闷？该脚本再往下面则为要运行的命令了。

```
[root@localhost ~]# sh test.sh
Fri May 20 11:20:03 CST 2011
Hello World.
```

图 14-101　执行脚本

Shell 脚本的执行很简单，直接“sh filename”即可，另外还可以这样执行：

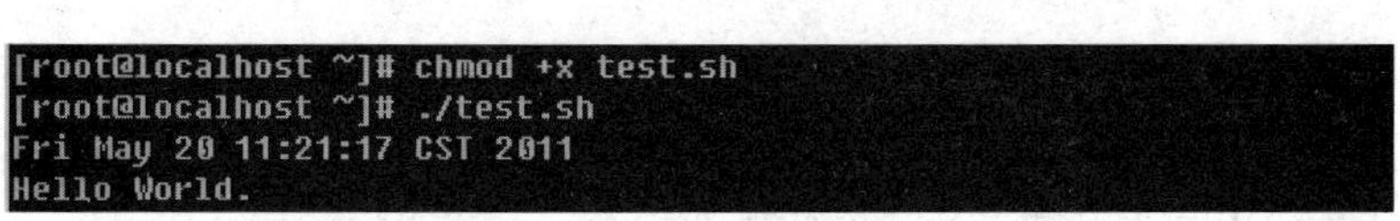

```
[root@localhost ~]# chmod +x test.sh
[root@localhost ~]# ./test.sh
Fri May 20 11:21:17 CST 2011
Hello World.
```

图 14-102　修改脚本权限

默认我们用 vim 编辑的文档是不带有执行权限的，所以需要加一个执行权限，那样就可以直接使用'./filename'执行这个脚本了。另外使用 sh 命令去执行一个 Shell 脚本的时候是可以加-x 选项来查看这个脚本执行过程的，这样有利于我们调试这个脚本哪里出了问题。

```
[root@localhost ~]# sh -x test.sh
+ date
Fri May 20 11:24:53 CST 2011
+ echo 'Hello World.'
Hello World.
```

图 14-103　查看脚本执行过程

该 Shell 脚本中用到了'date'这个命令，它的作用就是用来打印当前系统时间的。其实在 Shell 脚本中 date 使用率非常高。有几个选项经常在 Shell 脚本中用到。

```
[root@localhost ~]# date "+%Y%m%d %H:%M:%S"
20110520 11:59:51
```

图 14-104　显示系统时间

%Y 表示年，%m 表示月，%d 表示日期，%H 表示小时，%M 表示分钟，%S 表示秒。

```
[root@localhost ~]# date "+%y%m%d"
110520
```

图 14-105　系统时间格式

注意%y 和%Y 的区别。

```
[root@localhost ~]# date -d "-1 day" "+%Y%m%d"
20110519
[root@localhost ~]# date -d "+1 day" "+%Y%m%d"
20110521
```

图 14-106　四位年和两位年的区别

-d 选项也是经常要用到的，它可以打印 n 天前或者 n 天后的日期，当然也可以打印 n 个月/年前或者后的日期。

```
[root@localhost ~]# date -d "-1 month" "+%Y%m%d"
20110420
[root@localhost ~]# date -d "-1 year" "+%Y%m%d"
20100520
```

图 14-107　打印指定日期

另外星期几也是常用的。

```
[root@localhost ~]# date +%w
5
```

图 14-108　星期格式

14.4.2　Shell 脚本中的变量

如果一个长达 1000 行的 Shell 脚本中出现了某一个命令或者路径几百次，那么更换路径就需要更改几百次。我们虽然可以使用批量替换的命令，但也很麻烦，并且脚本显得臃肿了很多。在 Shell 脚本中变量的作用就是用来解决这个问题的。

```
[root@localhost ~]# vim test2.sh
#! /bin/bash

# In this script we will use variables.
# Writen by Aming 2011-05-20.

d=`date +%H:%M:%S`
echo "the script begin at $d"
echo "now we will sleep 2 seconds."
sleep 2
d1=`date +%H:%M:%S`
echo "The script end at $d1"
~
```

图 14-109　脚本变量样例

在 test2.sh 中使用到了反引号，'d' 和 'd1' 在脚本中作为变量出现，定义变量的格式为“变量名=变量的值”。当在脚本中引用变量时需要加上 '$' 符号，这跟前面讲的在 Shell 中自定义变量是一致的。下面看看脚本执行结果吧。

```
[root@localhost ~]# sh test2.sh
the script begin at 12:10:41
now we will sleep 2 seconds.
the script end at 12:10:43
```

图 14-110　带变量脚本执行

下面我们用 Shell 计算两个数的和。

```
[root@localhost ~]# vim test3.sh
#! /bin/bash

# Sheell script - test3.sh
# For get tow numbers' sum
# Aming  2011-05-20

a=1
b=2
sum=$[$a+$b]

echo "sum is $sum"
~
```

图 14-111　求和脚本

数学计算要用 '[ ]' 括起来并且外头要带一个 '$'。脚本结果为：

```
[root@localhost ~]# sh test3.sh
sum is 3
```

图 14-112　执行求和脚本

Shell 脚本还可以和用户交互。

```
[root@localhost ~]# vim test4.sh
#! /bin/bash

# Shell script test4.sh
# Using "read" in the script
# Aming  2011-05-20

echo "Please input a number:"
read x
echo "Please input another number:"
read y
sum=$[$x+$y]
echo "The sum of tow numbers is: $sum."
~
```

图 14-113　运行时输入变量值

这就用到了 read 命令了，它可以从标准输入获得变量的值，后跟变量名。“read x”表示 x 变量的值需要用户通过键盘输入得到。脚本执行过程如下：

```
[root@localhost ~]# sh test4.sh
Please input a number:
1
Please input another number:
10
The sum of tow numbers is: 11.
```

图 14-114 输入变量值执行效果

我们不妨加上-x 选项再来看看这个执行过程。

```
[root@localhost ~]# sh -x !$
sh -x test4.sh
+ echo 'Please input a number:'
Please input a number:
+ read x
2
+ echo 'Please input another number:'
Please input another number:
+ read y
3
+ sum=5
+ echo 'The sum of tow numbers is: 5.'
The sum of tow numbers is: 5.
```

图 14-115 查看脚本内容

在 test4.sh 中还有更加简洁的方式。

```
[root@localhost ~]# vim test5.sh
#! /bin/bash

# Shell script test5.sh
# Using "read" in the script
# Aming  2011-05-20

read -p "Please input a number: " x
read -p "Please input another number: " y
sum=$[$x+$y]
echo "The sum of tow numbers is: $sum."
~
```

图 14-116 编辑查看脚本内容

read -p 选项类似 echo 的作用。执行如下：

```
[root@localhost ~]# sh test5.sh
Please input a number: 1
Please input another number: 2
The sum of tow numbers is: 3.
```

图 14-117 执行脚本

有时候在使用 Linux 时会用到这样的命令："/etc/init.d/iptables restart"，命令前面的/etc/init.d/iptables 文件其实就是一个 Shell 脚本，后面的"restart"就是 shell 脚本的预设变量。实际上，Shell 脚本在执行的时候后边是可以跟变量的，而且还可以跟多个。

```
[root@localhost ~]# vim test6.sh
#! /bin/bash

## test6.sh
## ............
## Aming 2011-05-20

sum=$[$1+$2]
echo $sum
```

图 14-118 带执行时变量的脚本

执行过程如下：

```
[root@localhost ~]# sh -x test6.sh 1 2
+ sum=3
+ echo 3
3
```

图 14-119　执行脚本时带变量

在脚本中，$1 和$2 就是 Shell 脚本的预设变量，其中$1 的值就是在执行的时候输入的 1，而$2 的值就是执行的时候输入的$2，当然一个 Shell 脚本的预设变量是没有限制的。另外还有一个$0，不过它代表的是脚本本身的名字。不妨把脚本修改一下。

```
[root@localhost ~]# vim test6.sh
#! /bin/bash

## test6.sh
## ............
## Aming 2011-05-20

echo "$0 $1 $2"
```

图 14-120　带$n 的脚本

执行结果想必读者也推测到了。

```
[root@localhost ~]# sh test6.sh 1 2
test6.sh 1 2
```

图 14-121　执行带$n 的脚本

14.4.3　Shell 脚本中的逻辑判断

如果读者学过 C 或者其他语言，相信不会对 if 陌生，在 Shell 脚本中我们同样可以使用 if 逻辑判断。在 Shell 中 if 判断的基本语法为：

1. 不带 else

```
if 判断语句; then
    command
  fi
```

```
[root@localhost ~]# vim if1.sh
#! /bin/bash
# Shell script if1.sh
# Using "if" in script.
# Aming 2011-05-20

read -p "Please input your score: " a
if ((a<60)) ; then
        echo "You didn't pass the exam."
fi
```

图 14-122　带判断语句的脚本

在 if1.sh 中出现了 ((a<60))这样的形式，这是 Shell 脚本中特有的格式，用一个小括号或者不用都会报错，请记住这个格式即可。执行结果为：

```
[root@localhost ~]# sh if1.sh
Please input your score: 30
You didn't pass the exam.
```

图 14-123　执行带判断语句的脚本

2. 带有 else

```
if 判断语句 ; then
   command
else
   command
fi
```

```
[root@localhost ~]# vim if2.sh
#! /bin/bash
# Shell script if2.sh
# Using "if" in script.
# Aming 2011-05-20

read -p "Please input your score: " a
if ((a<60)) ; then
        echo "You didn't pass the exam."
else
        echo "Good! You passed the exam."
fi
```

图 14-124　二分之判断脚本

执行结果为:

```
[root@localhost ~]# sh if2.sh
Please input your score: 90
Good! You passed the exam.
```

图 14-125　执行二分支判断

3. 带有 elif

```
if 判断语句一 ; then
   command
elif 判断语句二; then
   command
else
   command
fi
```

```
[root@localhost ~]# vim if3.sh
#! /bin/bash
# Shell script if3.sh
# Using "if" in script.
# Aming 2011-05-20

read -p "Please input your score: " a
if ((a<60)) ; then
        echo "You didn't pass the exam."
elif ((a>60)) && ((a<85)); then
        echo "Good! You passed the exam."
else
        echo "Very good! Your Score is very high!"
fi
```

图 14-126　带多分支判断的脚本

这里的‘&&’表示“并且”的意思，当然也可以使用‘||’表示“或者”，执行结果:

```
[root@localhost ~]# sh if3.sh
Please input your score: 99
Very good! Your Score is very high!
[root@localhost ~]# sh if3.sh
Please input your score: 50
You didn't pass the exam.
[root@localhost ~]# sh if3.sh
Please input your score: 70
Good! You passed the exam.
```

图 14-127　执行多分支判断

以上只是简单地介绍了 if 语句的结构。判断数值大小除了可以用“(( ))”的形式外，还可以使用“[ ]”，但是就不能使用>，<，= 这样的符号了，要使用 -lt（小于），-gt（大于），-le（小于等于），-ge（大于等于），-eq（等于），-ne（不等于）。

```
[root@localhost ~]# a=10; if [ $a -lt 5 ]; then echo ok; fi
[root@localhost ~]# a=10; if [ $a -gt 5 ]; then echo ok; fi
ok
[root@localhost ~]# a=10; if [ $a -ge 10 ]; then echo ok; fi
ok
[root@localhost ~]# a=10; if [ $a -le 10 ]; then echo ok; fi
ok
[root@localhost ~]# a=10; if [ $a -eq 10 ]; then echo ok; fi
ok
[root@localhost ~]# a=10; if [ $a -ne 10 ]; then echo ok; fi
```

图 14-128　在判断条件中比较大小

再看看 if 中使用 && 和 || 的情况。

```
[root@localhost ~]# a=10; if [ $a -lt 1 ] || [ $a -gt 5 ]; then echo ok; fi
ok
[root@localhost ~]# a=8; if [ $a -gt 1 ] && [ $a -lt 10 ]; then echo ok; fi
ok
```

图 14-129　判断条件中带逻辑符

Shell 脚本中 if 还经常判断档案属性，比如判断是普通文件，还是目录，判断文件是否有读写执行权限等。常用的也就几个选项。

-e：判断文件或目录是否存在。

-d：判断是不是目录，并是否存在。

-f：判断是否是普通文件，并存在。

-r：判断文档是否有读权限。

-w：判断是否有写权限。

-x：判断是否可执行。

使用 if 判断时，具体格式为： if [-e filename] ; then。

```
[root@localhost ~]# if [ -d /home ] ; then echo ok; fi
ok
[root@localhost ~]# if [ -f /home ] ; then echo ok; fi
[root@localhost ~]# if [ -f test.txt ] ; then echo ok; fi
ok
[root@localhost ~]# if [ -e test.txt ] ; then echo ok; fi
ok
[root@localhost ~]# if [ -e test.txt1 ] ; then echo ok; fi
[root@localhost ~]# if [ -r test.txt ] ; then echo ok; fi
ok
[root@localhost ~]# if [ -w test.txt ] ; then echo ok; fi
ok
[root@localhost ~]# if [ -x test.txt ] ; then echo ok; fi
```

图 14-130　其他判断条件

在 Shell 脚本中，除了用 if 来判断逻辑外，还有一种常用的方式，那就是 case 了。具体格式为：

```
case 变量 in
value1)
   command
;;
value2)
   command
;;
```

```
value3)
   command
;;
*)
   command
;;
esac
```

上面的结构中，不限制 value 的个数，*则代表除了上面的 value 外的其他值。下面是一个判断输入数值是奇数或者偶数的脚本。

```
[root@localhost ~]# vim case.sh
#! /bin/bash

# Using "case" in shell script.
# Aming 2011-05-20

read -p "Please input a number: " n
a=$[$n%2]
case $a in

1)
        echo "The number is odd"
        ;;
0)
        echo "The number is even"
        ;;
esac
```

图 14-131　判断奇偶的脚本

$a 的值或为 1，或为 0，执行结果为：

```
[root@localhost ~]# sh case.sh
Please input a number: 100
The number is even
[root@localhost ~]# sh case.sh
Please input a number: 101
The number is odd
```

图 14-132　执行判断奇偶脚本

也可以看一下执行过程。

```
[root@localhost ~]# sh -x case.sh
+ read -p 'Please input a number: ' n
Please input a number: 100
+ a=0
+ case $a in
+ echo 'The number is even'
The number is even
```

图 14-133　查看执行过程

case 脚本常用于编写系统服务的启动脚本，例如/etc/init.d/iptables 中就用到了。

14.4.4　Shell 脚本中的循环

Shell 脚本也算是一门简易的编程语言了，当然循环是不能缺少的。常用到的循环有 for 循环和 while 循环。下面就分别介绍一下两种循环的结构。

```
[root@localhost ~]# vim for.sh
#! /bin/bash
# Shell script for.sh.
# Using "For"
# Aming 2011-05-20
for i in `seq 1 5`; do
        echo $i
done
```

图 14-134　带 for 循环的脚本

脚本中的 seq 1 5 表示从 1 到 5 的一个序列。可以直接运行这个命令试一下。脚本执行结果为：

```
[root@localhost ~]# sh for.sh
1
2
3
4
5
```

图 14-135　执行带 for 循环的脚本

通过这个脚本就可以看到 for 循环的基本结构如下。

```
for 变量名 in 循环的条件; do
    command
  done
```

```
[root@localhost ~]# for i in 1 2 3 4 5; do echo $i; done
1
2
3
4
5
```

图 14-136　for 循环的枚举用法

循环的条件那一部分也可以写成这样的形式，中间用空格隔开即可。读者也可以尝试下列两种写法，for i in' ls'; do echo $i; done 和 for i in 'cat test.txt'；do echo $i; done。

```
[root@localhost ~]# vim while.sh
#! /bin/bash
# while.sh
# Using while
# Aming 2011-05-20
a=10
while [ $a -ge 1 ]; do
        echo "$a"
        a=$[$a-1]
done
```

图 14-137　带 while 循环的脚本

再来看看这个 while 循环，基本格式为：

```
while 条件; do
    command
done
```

脚本的执行结果为：

```
[root@localhost ~]# sh while.sh
10
9
8
7
6
5
4
3
2
1
```

图 14-138　执行带 while 循环的脚本

另外可以把循环条件忽略掉，监控脚本常常这样写。

```
while :; do
   command
done
```

14.4.5 Shell 脚本中的函数

如果读者学过软件开发，肯定知道函数的作用。如果是刚刚接触到这个概念的话，也没有关系，其实很好理解。函数就是把一段代码整理到了一个小单元中，并给这个小单元起一个名字，当用到这段代码时直接调用这个小单元的名字即可。有时候脚本中的某段代总是重复使用，如果写成函数，每次用到时直接用函数名代替即可，这样不仅节省了时间，还节省了空间。

```
[root@localhost ~]# vim fun.sh
#! /bin/bash
#Aming 2011-05-20, for using function.
function sum(){
        sum=$[$1+$2]
        echo $sum
}

sum $1 $2
```

图 14-139　带函数的脚本

```
fun.sh 中的 sum() 为自定义的函数，在 shell 脚本中要用
function 函数名() {
    command
}
```

这样的格式去定义函数。

上个脚本执行过程如下：

```
[root@localhost ~]# sh fun.sh 1 4
5
```

图 14-140　执行带函数的脚本

有一点需要注意一下，在 Shell 脚本中，函数一定要写在最前面，不能出现在中间或者最后，因为函数是要被调用的，如果还没有出现就被调用，肯定是会出错的。

本章小结

在 Linux 下很多工作通过脚本来做会非常方便，因为 Linux 本身就提供了强大的命令行功能，而 Shell 语法简洁，很像是命令行的堆叠，学习成本低，还可以在 C 程序里调用 Shell 脚本。对于任何想精通系统管理的人来说，了解 Shell 脚本的工作机制是必要的，即使他们从来没打算要去写一个脚本。在 Linux 系统启动的时候，会运行目录/etc/rc.d 下的脚本来恢复系统的配置，并对各种系统服务进行设置。理解这些启动脚本的细节，对分析和修改系统的动作是很有帮助的。

思考与练习

一、填空题

1. Shell 是用户和 Linux 内核之间的________。

2. 常见的 Linux 发布版本（如 Redhat、CentOS 等）系统默认安装的 shell 叫作________，它是 sh（Bourne Shell）的增强版本。

3. 正则表达式是指一个用来描述或者匹配一系列符合某个句法规则的字符串的________。

4. 在 Linux 中，变量被存储在了________、/etc/bashrc、~/.bash_profile、________等文件中。

二、编程题

1. 求 1+2+3+…+100 的和。

2. 在根目录下有四个文件 m1.txt，m2.txt，m3.txt，m4.txt，用 Shell 编程，实现自动创建 m1,m2,m3,m4 四个目录，并将 m1.txt,m2.txt,m3.txt,m4.txt 四个文件分别拷贝到各自相应的目录下。

3. 批量创建 100 个用户，用户名为：班级+学号；每个班为一个用户组，每成功创建一个用户，在屏幕上显示用户名。

4. 创建目录和文件，目录名为：dir1, dir2, …, dir10。每个目录下分别新建 10 个文本文件，文件名为：目录名+file1~10。设置每个文件的权限，文件所有者：读+写+执行，同组用户：读+执行，其他用户：读+执行。

5. 按照运行结果编写 Shell 程序。

```
0
101
21012
3210123
432101234
54321012345
6543210123456
765432101234567
87654321012345678
9876543210123456789
```

6. 逆序输出一个字符串。

7. 显示当前的日期和时间。

8. 通过 ping 命令测试 192.168.0.151 到 192.168.0.254 之间的所有主机是否在线，如果在线，就显示“ip is up”，否则就显示“ip is down”。

第15章 Linux 下的软件开发环境配置

15.1 Java 开发环境配置

Java 是由 Sun Microsystems 公司推出的 Java 面向对象程序设计语言（以下简称 Java 语言）和 Java 平台的总称。由 James Gosling 和同事们共同研发，并在 1995 年正式推出。Java 最初被称为 Oak，是 1991 年为消费类电子产品的嵌入式芯片而设计的。1995 年更名为 Java，并重新设计用于开发 Internet 应用程序。用 Java 实现的 HotJava 浏览器（支持 Java applet）显示了 Java 的魅力：跨平台、动态 Web、Internet 计算。从此，Java 被广泛接受并推动了 Web 的迅速发展，常用的浏览器均支持 Java applet。另一方面，Java 技术也在不断更新。Java 自面世后就非常流行，发展迅速，对 C++语言形成有力冲击。在全球云计算和移动互联网的产业环境下，Java 更具备了显著优势和广阔前景。2010 年 Oracle 公司收购 Sun Microsystems。

与传统程序不同，Sun 公司在推出 Java 之际就将其作为一种开放的技术。全球数以万计的 Java 开发公司被要求所设计的 Java 软件必须相互兼容。“Java 语言靠群体的力量而非公司的力量”是 Sun 公司的口号之一，并获得了广大软件开发商的认同。

Sun 公司对 Java 编程语言的解释是：Java 编程语言是个简单、面向对象、分布式、解释性、健壮、安全与系统无关、可移植、高性能、多线程和静态的语言。

Java 平台是基于 Java 语言的平台。这样的平台非常流行。Java 是功能完善的通用程序设计语言，可以用来开发可靠的、要求严格的应用程序。

15.1.1 JDK 的安装

从 www.oracle.com 网站可以下载 Java 及其相应开发工具，本课程将使用 Eclipse 作为开发平台，故此只需下载 Java SE 的 JDK（不含 Java 或 NetBeans）。JDK 中已经包含 JRE，因此也不必单独下载 JRE。下载时选择一个稳定的版本（如 JDK 8 Update 65），下面讲述的是下载并安装 JDK 8.0，选择点击“JDK 8 Update 65”的下载链接后，选择 Linux 操作系统平台，并且要同意 JDK 的用户许可协议，Linux 操作系统的下载页面中有两个选择：非 RPM 格式和 tar.gz 格式，前者用于一般的 Linux 操作系统，后者用于支持 RPM 格式安装程序的 Linux，如 Red Hat Linux。本书使用 RHEL 7，因此下载文件 jdk-8u65-linux-x64.rpm，这是一个 RPM 文件，通过 RPM 命令正常方式安装。一般来说，双击该文件，或者在终端中运行该文件都能实现安装（注意：如果该文件没有执行权限，必须为其设置执行权限），例如终端下的执行过程如下：

```
[root@localhost ~]# rpm -ivh jdk-8u65-linux-x64.rpm
```

在阅读完使用许可协议后，回答“yes”，Java 将被安装到默认的/usr/目录下。

```
/usr/java/jdk1.8.0_65
```

通过命令 java -version 和命令 javac -version 证实 Java 已成功安装。

安装结束后还需要配置/etc/profile 文件，主要是设置 PATH 和 CLASSPATH，方法是用文本编辑器（vi 工具或图形化的工具）在/etc/profile 文件的最后加入下述内容。

```
export JAVA_HOME=/usr/java/jdk1.8.0_65
export CLASSPATH=$JAVA_HOME/lib:$JAVA_HOME/lib/dt.jar:$JAVA_HOME/lib/tools.jar
export PATH=$PATH:$JAVA_HOME/bin
```

等号前后不能有空格，配置后需要注销重新登录（不必重新启动）。

许多 Linux 发行版在默认安装时已经安装了 Java，例如 RHEL 7 默认安装了 Java 1.7.2，这给后面将要安装的软件造成了版本兼容问题，因为后面将要安装的 Eclipse 和 Tomcat 都需要 Java 1.8 的版本，而上述步骤安装的 Java 版本并不能被系统正确识别。

这时需要使用 update-alternatives 命令在两个 Java 版本中选择一个作为当前的默认 Java。

```
update-alternatives --install /usr/bin/java java /usr/java/jdk1.8.0_65/jre/bin/java
1500 \
--slave /usr/share/man/man1/java.1.gz \
java.1.gz /usr/java/jdk1.8.0_65/man/man1/java.1
```

其中第一行末尾的反斜杠“\”表示下面的一行是续行，这三行应该是一个命令，“1500”是优先级。

设置以后，可以用命令 update-alternatives --display java 查看所有 Java 的版本，用命令 update-alternatives --config java 选择当前使用的版本，如果没有手工选择，系统自动使用优先级高的版本。

注：要查看 Linux 命令的使用说明，可以使用 man 工具，如查看 chmod 的用法，在命令行输入下述命令：

```
mam chmod
```

这时，用上下光标、上下翻页来浏览，按 q 键退出。

15.1.2　Tomcat 的安装

Tomcat 是 Apache 软件基金会（Apache Software Foundation）的 Jakarta 项目中的一个核心项目，由 Apache、Sun 和其他一些公司及个人共同开发而成。由于有了 Sun 的参与和支持，最新的 Servlet 和 JSP 规范总是能在 Tomcat 中得到体现。Tomcat 技术先进，性能稳定，而且免费，因而其深受 Java 爱好者的喜爱并得到了部分软件开发商的认可，成为目前比较流行的 Web 应用服务器。

Tomcat 服务器是一个免费的开放源代码的 Web 应用服务器，属于轻量级应用服务器，在中小型系统和并发访问用户不是很多的场合下被普遍使用，是开发和调试 JSP 程序的首选。对于一个初学者来说，可以这样认为，在一台机器上配置好 Apache 服务器，可利用它响应 HTML（标准通用标记语言下的一个应用）页面的访问请求。

Java 应用程序的运行首先必须要有 Java 运行时环境（Java Run-time Environment, JRE）的支持，如果是基于 Web 的应用，则还需要一个 Web 容器（Web 服务器）的支持。

从 http://tomcat.apache.org/下载 tomcat 6.0，选择下载 tar 格式的文件，文件名是：apache-tomcat-6.0.16.tar.gz。

将文件解压并移到/usr/local/目录下，改目录名为 tomcat6。

```
[root@localhost java]# tar zxvf apache-tomcat-6.0.16.tar.gz
mv apache-tomcat-6.0.16 /usr/local/tomcat6
```

安装完成。这时可以使用命令/usr/local/tomcat6/startup.sh 启动 Tomcat，用命令/usr/local/tomcat6/shutdown.sh 关闭 Tomcat。

启动 Tomcat 后，可以在浏览器中用 http://localhost:8080/来测试 Tomcat 是否正常运行，这时应该看到 Tomcat 的默认主页，如图 15-1 所示。

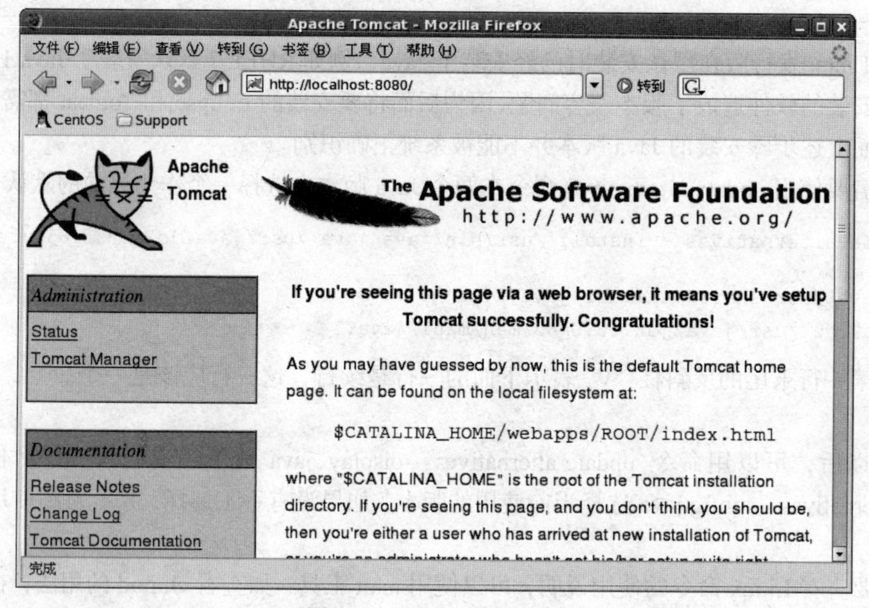

图 15-1　Tomcat 默认主页

如果想将 Tomcat 在系统启动时自动启动，则需要再做一些配置。

1. 创建启动文件 Tomcat，保存在/etc/rc.d/init.d 目录下

```
#!/bin/sh

# chkconfig: 345 88 14
# description: tomcat daemon

export JAVA_HOME=/usr/java/jdk1.8.0_65
#set tomcat directory
export CATALINA_HOME=/usr/local/tomcat5_80

case "$1" in
start)
echo "Starting down Tomcat..."
$CATALINA_HOME/bin/startup.sh
```

```
;;
stop)
echo "Shutting down Tomcat..."
$CATALINA_HOME/bin/shutdown.sh
sleep 2
;;
status)
ps ax --width=1000 | grep "[o]rg.apache.catalina.startup.Bootstrap start" \
| awk '{printf $1 " "}' | wc | awk '{print $2}' > /tmp/tomcat_process_count.txt
read line < /tmp/tomcat_process_count.txt
if [ $line -gt 0 ]; then
echo -n "tomcat ( pid "
ps ax --width=1000 | grep "org.apache.catalina.startup.Bootstrap start" | awk '{printf
$1 " "}'
echo -n ") is running..."
echo
else
echo "Tomcat is stopped"
fi
;;
*)
echo "Usage: $1 {start|stop}"
;;
esac
exit 0
```

其中以下两行必须要出现在文件中。

```
# chkconfig: 345 88 14 ---表示该脚本应该在运行级 3, 4, 5 启动，启动优先权为 88，停止优先权为 14
# description: Tomcat Daemon                    ---不能没有说明
```

2. 配置文件 tomcat 为可执行文件

```
chmod 755 /etc/rc.d/init.d/tomcat
```

3. 在命令行输入以下命令以测试服务可以正常启动

```
service tomcat start
servive tomcat stop
```

4. 然后将 tomcat 加入到系统服务中，以便可以自动启动

```
cd /etc/rc.d/init.d/
chkconfig --add tomcat
```

现在还可以在服务中对 tomcat 进行管理。

15.1.3　下载和安装集成开发环境

1. 下载和安装 Eclipse

从 www.eclipse.org 网站下载 Eclipse，当前版本是 Eclipse 3.3（代号 Europa），该版本有多种下载，其中 Eclipse IDE for Java Developers 是用于 Java 开发的，下载的文件是 eclipse-jee-europa-winter-linux-gtk.tar.gz，这是一个压缩文件，用下述命令解压即可。

```
tar -zxvf eclipse-jee-europa-winter-linux-gtk.tar.gz
```

建议将 eclipse 的安装目录移到/usr/local/eclipse 中。

```
mv eclipse /usr/local/
```

运行其中的 eclipse 即可打开，为了方便今后的使用，可以将其添加到面板中。为提高运行时的性能，应该使用下述参数来运行它。

```
eclipse.exe -vmargs -Xms128M -Xmx512M -XX:PermSize=64M -XX:MaxPermSize=128M
```

2. 下载和安装 MyEclipse

从 www.myeclipseide.com 网站上下载 MyEclipse，这是一个商业软件，但是可以使用其 30 天试用版。

MyEclipse 是 Eclipse 的一个插件，因此它的版本与 Eclipse 的版本有严格的对应关系，否则不能正常运行。当前的 MyEclipse 6.0 应与 Eclipse 3.3 版配合使用。同样 MyEclipse 也有多种下载，建议下载它的“MyEclipse Archived Update Site”版本，这个版本可以用于所有平台的 Eclipse（包括 Windows 和 Linux），下载的文件名是 MyEclipse_6.0.1GA_UpdateSite.zip。

下面的安装步骤是在 Eclipse 里进行的，因此对同一个下载文件适用于所有平台下的 Eclipse。打开 Eclipse 的“Eclipse update manager”，方法是从【Help】→【Software updates】→【Find and Install...】打开“Install/Update”窗口，选择【Search for new features to install】，在接下来的窗口中选择【New Archived site】按钮，接下来在文件浏览窗口中选择下载的文件 MyEclipse_6.0.1GA_UpdateSite.zip，这时文件名将出现在“Sites to include in search”列表框中，选中该文件，然后选择“Finish”，如图 15-2 所示。

接着 Eclipse 将打开一个安装 MyEclipse 的窗口，选中该软件，在下一步中同意用户许可协议，再选择所有组件，开始安装。安装需要一段时间，结束时提示需要重新启动 Eclipse。重启 Eclipse 后可以发现 MyEclipse 已安装完成，并且提示安装更多的插件。

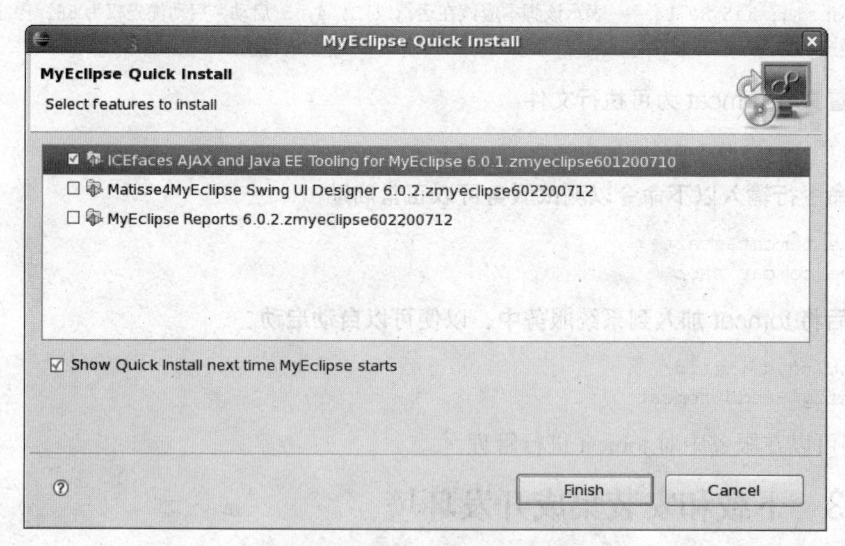

图 15-2　MyEclipse 插件安装

需要时可安装其中的 ICEfaces AJAS and Java Tooling，这时的安装是通过网络直接下载的，需要网络连接。

MyEclipse 是 Eclipse 的插件，不能单独运行，而是在运行 Eclipse 时使用 MyEclipse 提供的功能。由于 MyEclipse 是商业软件，这时提示输入软件的注册码，需要注册才能使用其全部的功能

（试用版在 30 天内可以使用所有功能，本书的某些部分将使用这些功能）。

15.2　C/C++开发环境配置

C 是一种在 UNIX 操作系统的早期就被广泛使用的通用编程语言。它最早是由贝尔实验室的 Dennis Ritchie 为了 UNIX 的辅助开发而写的，开始时 UNIX 是用汇编语言和一种叫 B 的语言编写的。从那时候起，C 就成为世界上使用最广泛的计算机语言。

C 能在编程领域里得到如此广泛支持的原因有以下一些。

它是一种非常通用的语言。几乎你所能想到的任何一种计算机上都有至少一种能用的 C 编译器。并且它的语法和函数库在不同的平台上都是统一的，这个特性对开发者来说很有吸引力。

用 C 写的程序执行速度很快。

C 是所有版本的 UNIX 上的系统语言。

C 在过去的三十年中有了很大的发展。在 20 世纪 80 年代末期美国国家标准协会（American National Standards Institute）发布了一个被称为 ANSI C 的 C 语言标准。这更加保证了将来在不同平台上的 C 的一致性。在 20 世纪 80 年代还出现了一种 C 的面向对象的扩展，称为 C++。

Linux 上可用的 C 编译器是 GNU C 编译器，它建立在自由软件基金会的编程许可证的基础上，因此可以自由发布。

15.2.1　GNU C 编译器

随 Slackware Linux 发行的 GNU C 编译器（GCC）是一个全功能的 ANSI C 兼容编译器。如果你熟悉其他操作系统或硬件平台上的一种 C 编译器，你将能很快地掌握 GCC。本节将介绍如何使用 GCC 和一些 GCC 编译器最常用的选项。

gcc 通常后跟一些选项和文件名来使用，其命令的基本用法如下：

```
gcc  [options] [filenames]
```

命令行选项指定的操作将在命令行上每个给出的文件上执行。下一小节将叙述一些你会最常用到的选项。

GCC 有超过 100 个的编译选项可用。这些选项中的许多你可能永远都不会用到，但一些主要的选项将会频繁用到。很多的 GCC 选项包括一个以上的字符。因此你必须为每个选项指定各自的连字符，并且就像大多数 Linux 命令一样，你不能在一个单独的连字符后面跟一组选项。例如下面的两个命令是不同的。

```
gcc -p -g test.c
gcc -pg test.c
```

第一条命令告诉 GCC 编译 test.c 时为 prof 命令建立剖析（profile）信息并且把调试信息加入到可执行的文件里。第二条命令只告诉 GCC 为 gprof 命令建立剖析信息。

15.2.2　用 GDB 调试 GCC 程序

Linux 包含了一个叫 gdb 的 GNU 调试程序。gdb 是一个用来调试 C 和 C++程序的强力调试器。它使你能在程序运行时观察程序的内部结构和内存的使用情况。以下是 gdb 所提供的一些功能：

- 监视程序中变量的值。
- 设置断点以使程序在指定的代码行上停止执行。
- 逐行执行代码。

gdb 的使用也很简单，在命令行上键入 gdb fname 并按回车键就可以运行了，其中 fname 是可执行程序，如果一切正常的话，gdb 将被启动并且在屏幕上输出版权信息，但如果使用了-q 或--quiet 选项则不会显示它们。启动 gdb 时另外一个有用的命令行选项是“-d dirname”，其中 dirname 是一个目录名。该目录名告诉 gdb 应该到什么路径去寻找源代码。

当启动 gdb 后，就会出现 gdb 的命令提示符（gdb），就表明 gdb 已经准备好接收来自用户的各种调试命令了。如果想在调试环境下运行这个程序，可以使用 gdb 提供的“run”命令，而程序在正常运行时所需的各种参数可以作为“run”命令的参数传入，或者使用单独的“set args”命令进行设置。如果在执行“run”命令时没有给出任何参数，gdb 将使用上一次“run”或“set args”命令指定的参数。如果想取消上次设置的参数，可以执行不带任何参数的“set args”命令。下面就是 gdb 的三种常用用法：

1. 设置断点

在调试有问题的代码时，在某一点停止运行往往很管用。这样程序运行到此外时会暂时挂起，等待用户的进一步输入。gdb 允许在几种不同的代码结构上设置断点，包括行号和函数名等，并且还允许设置条件断点，让程序只有在满足一定的条件时才停止执行。要根据行号设置断点，可以使用“break linenum”命令。要根据函数名设置断点，则应该使用“break funcname”命令。

在以上两种情况中，gdb 将在执行指定的行号或进入指定的函数之前停止执行程序。此时可以使用“print”显示变量的值，或者使用“list”查看将要执行的代码。对于由多个源文件组成的项目，如果想在执行到非当前源文件的某行或某个函数时停止执行，可以使用如下形式的命令：

```
# break 20041126110727.htm:linenum
# break 20041126110727.htm:funcname
```

条件断点允许当一定条件满足时暂时停止程序的执行。它对于调试来讲非常有用。设置条件断点的命令如下：

```
break linenum if expr
break funcname if expr
```

其中 expr 是一个逻辑表达式。当该表达式的值为真时，程序将在该断点处暂时挂起。例如，下面的命令将在 fname 程序的第 38 行设置一个条件断点。当程序运行到该行时，如果 count 的值等于 3，就将暂时停止执行。

```
(gdb) break 38 if count==3
```

设置断点是调试程序时最常用到的一种手段。它可以中断程序的运行，给程序员一个单步跟踪的机会。使用命令“ break main”在 main 函数上设置断点可以在程序启动时就开始进行跟踪。

接下去使用“continue”命令继续执行程序，直到遇到下一个断点。如果在调试时设置了很多断点，可以随时使用“info breakpoints”命令来查看设置的断点。此外，开发人员还可以使用“delete”命令删除断点，或者使用“disable”命令来使设置的断点暂时无效。被设置为无效的断点在需要的时候可以用“enable”命令使其重新生效。

2. 观察变量

gdb 最有用的特性之一是能够显示被调试程序中几乎任何表达式、变量或数组的类型和值，并且能够用编写程序所用的语言打印出任何合法表达式的值。查看数据最简单 的办法是使用“print”命令，只需在“print”命令后面加上变量表达式，就可以打印出此变量表达式的当前值，示例如下：

```
(gdb) print str
$1 = 0x40015360 "Happy new year!/n"
```

从输出信息中可以看出，输入字符串被正确地存储在了字符指针 str 所指向的内存缓冲区中。除了给出变量表达式的值外，“print”命令的输出信息中还包含变量标号（$1）和对应的内存地址（0x40015360）。变量标号保存着被检查数值的历史记录，如果此后还想访问这些值，就可以直接使用别名而不用重新输入变量表达式。

如果想知道变量的类型，可以使用“whatis”命令，示例如下：

```
(gdb) whatis str
type = char *
```

对于第一次调试别人的代码，或者面对的是一个异常复杂的系统时，“whatis”命令的作用不容忽视。

3. 逐行执行

为了单步跟踪代码，可以使用单步跟踪命令“step”，它每次执行源代码中的一行。在 gdb 中可以使用许多方法来简化操作，除了可以将“step”命令简化为“s”之外，还可以直接输入回车键来重复执行前面一条命令。

除了可以用“step”命令来单步运行程序之外，gdb 还提供了另外一条单步调试命令“next”。两者功能非常相似，差别在于如果将要被执行的代码行中包含函数调用，使用 step 命令将跟踪进入函数体内，而使用 next 命令则不进入函数体内。

若想退出程序调试，可以使用下面的命令退出 gdb，示例如下：

```
(gdb) quit
```

15.2.3　Linux 下 C/C++开发工具

在 Linux 下进行 C/C++开发有很多工具可以选择，其中大多数都是开源免费的，下面就分类介绍一些被广泛使用的开发工具。

1. 编辑器

vi：最基本的编辑器，功能比较弱，但是比较容易使用。不需要 XWindows。

emacs：没有 XWindow 的前提下，功能比较强大的一个编辑器，比较难用。

gedit：XWindow 下比较好的一个编辑器。

2. 编译器

gcc / g++：C 和 C++编译器。

3. 调试工具

gdb：最基本的调试工具，不需要 XWindow。

xxgdb：XWindow 下对 gdb 的图形化封装。

4. 界面制作

Glade：可以使用控件快速搭建软件界面。

5．集成工具

Eclipse + CDT：一款开源的 C++ 集成开发环境。

KDevelope：比较好用的集成开发环境，基于 KDE 的。

Netbeans：oracle 公司出品的集成开发环境。

15.2.4　Linux 下 C/C++开发环境配置

1．GCC 环境（含 gdb）

刚装好的系统中已经有 GCC 了，但是这个 GCC 什么文件都不能编译，因为没有一些必须的头文件，所以要安装 build-essential 这个软件包，安装了这个包会自动安装上 g++，libc6-dev，linux libc-dev，libstdc++6-4.1-dev 等一些必须的软件和头文件的库。

2．GTK 环境（含 Glade）

安装 GTK 环境只要安装一个 gnome-core-devel 就可以了，里面集成了很多其他的包。除此之外还要转一些其他的东西，如 libglib2.0-doc. libgtk2.0-doc 帮助文档，devhelp 帮助文档查看，glade-gnome . glade-common . glade-doc 图形界面设计等。

3．GTKmm（C++）

安装 GUI 开发包：图形接口和本地化等开发包。

4．安装 API 文档

安装开发中常用的 API 文档，及查看器 DevHelp（因 libdevhelp 的问题，Anjuta 的 API 帮助插件不能工作）。通常，这些文档都安装在/usr/share/doc/目录下。

5．Qt4（C++）

安装 Qt4：

#yum install qt4-dev-tools python-qt4 qt4-designer

6．C/C++开发文档

在编程的过程中有时会记不得某个函数的用法，通常这时查 man 手册是比较快的，所以把这个 manpages-dev 软件包安装上。想要看某个函数的用法时就 man 它。

7．安装 IDE

一般写程序控制台下使用 vim，X-Windows 中 GVIM/Gedit 都可作编辑器，但 IDE 在处理项目，尤其是 GTK/Qt 这种 GUI 项目时还是比较方便的。

geany：比较小巧的一个工具，功能不强，基本只是 GCC 的一个 GUI 界面，适合写少量源文件的程序。

KDevelop：比较全面且较大的一个 IDE，囊括 GTKmm/Qt 及 script（python / ruby...) 语言等，类似 Windows 下的 VS，缺点是庞大，优点是全面。

QDevelop：配合 Qt 使用的 IDE（C++），较专业，只适用 Qt 编程。

Anjuta：结合 GTK+/GTKmm/python/java...的 IDE 工具，功能较全面且精巧，但不支持 Qt，主要结合 GCC/GTK+/GTKmm/Glade(GUI)。

本章小结

本章主要介绍了 Java 开发环境和 C/C++开发环境的搭建。Java 开发环境除了 JDK 本身外，为了便于程序开发，本章还介绍了开发工具和 Web 服务器软件的安装及配置过程。除本章介绍的工具外，Java 还有众多的开源工具可供选择，受篇幅所限，本文不一一介绍。C/C++开发环境则相对来说比较固定，编译器一般都会选择 GCC，调试工具则首选 GDB，编辑器 vim 则比较好用，集成开发环境则选择比较多，eclipse、netbeans 等皆可。

思考与练习

一、填空题

1. Java 编程语言是个简单、________、分布式、解释性、健壮、安全、________、________、高性能、多线程和静态的语言。

2. GCC 的全称是________。

3. MyEclipse 是 Eclipse 的一个________，是一个商业软件，它的版本与 Eclipse 的版本有严格的对应关系。

4. Tomcat 服务器是一个免费的开放源代码的________，属于轻量级应用服务器，在中小型系统和并发访问用户不是很多的场合下被普遍使用，是开发和调试 JSP 程序的首选。

5. Linux 下的 C 语言编辑器主要有________、emacs、________等。

二、简答题

1. JAVA 语言的特点是什么？
2. 简述 JDK 的安装步骤。
3. 简述 Tomcat 的安装步骤。
4. GCC 的优点有哪些？
5. 常用的 C/C++开发工具有哪些？

第16章 作业控制和任务计划

在 Linux 操作系统中，为了更加灵活的控制进程的行为，引入了作业控制和任务计划。作业控制就是指控制正在运行的进程，用户可以同时运行多个作业，并在需要时在作业之间进行切换；任务计划就是指控制进程的自动启动和关闭，用户可以让进程定时启动或在满足某种条件下启动，从而达到让系统自动工作的目的。

16.1 作业控制

Linux 是一个多用户多任务的操作系统。多用户是指多个用户可以在同一时间使用计算机系统；多任务是指 Linux 可以同时执行几个任务，它可以在还未执行完一个任务时又执行另一项任务。由于操作系统管理多个用户的请求和多个任务，所以系统上同时运行着多个进程，正在执行的一个或多个相关进程称为一个作业。如一个正在执行的进程称为一个作业，而多个相关进程也可以称为作业，尤其是使用了管道和重定向命令时。例如"nroff -man ps.1|grep kill|more"这个作业就同时启动了三个进程。所以说进程和作业的概念是有区别的。

作业控制指的是控制正在运行的进程的行为。比如，用户可以挂起一个进程，等一会儿再继续执行该进程。Shell 将记录所有启动的进程情况，在每个进程过程中，用户可以任意地挂起进程或重新启动进程。作业控制是许多 Shell（包括 bash 和 tcsh）的一个特性，使用户能在多个独立作业间进行切换。

一般而言，进程与作业控制相关联时，才被称为作业。

在大多数情况下，用户在同一时间只运行一个作业，即它们最后向 Shell 键入的命令。但是使用作业控制，用户可以同时运行多个作业，并在需要时在这些作业间进行切换。这会有什么用途呢？例如，当用户编辑一个文本文件，并需要中止编辑做其他事情时，利用作业控制，用户可以让编辑器暂时挂起，返回 Shell 提示符开始做其他的事情。其他事情做完以后，用户可以重新启动挂起的编辑器，返回到刚才中止的地方，就象用户从来没有离开编辑器一样。这只是一个例子，作业控制还有许多其他实际的用途。

16.1.1 进程启动方式

键入需要运行的程序的名字、执行一个程序，其实也就是启动了一个进程。在 Linux 系统中每个进程都具有一个进程号，用于系统识别和调度进程。启动一个进程有两个主要途径：手工启动和调度启动，后者是事先进行设置，根据用户要求自行启动。

1. 手工启动

由用户输入命令，直接启动一个进程便是手工启动进程。但手工启动进程又可以分为很多种，根据启动的进程类型不同。性质不同，实际结果也不一样，下面分别介绍。

（1）前台启动

这或许是手工启动一个进程的最常用的方式。一般地，用户键入一个命令“ls-l”，这就已经启动了一个进程，而且是一个前台的进程。这时候系统其实已经处于一个多进程状态。或许有些用户会疑惑：我只启动了一个进程而已。但实际上有许多运行在后台的系统，在启动时就已经自动启动的进程正在悄悄运行着。还有的用户在键入“ls -l”命令以后赶紧使用“ps -x”查看，却没有看到 ls 进程，也觉得很奇怪。其实这是因为 ls 这个进程结束太快，使用 ps 查看时该进程已经执行结束了。如果启动一个比较耗时的进程，例如：find / -name fox.jpg。然后再把该进程挂起，使用 ps 查看，就会看到一个 find 进程在里面。

（2）后台启动

直接从后台手工启动一个进程用得比较少一些，除非是该进程甚为耗时，且用户也不急着需要结果的时候。假设用户要启动一个需要长时间运行的格式化文本文件的进程。为了不使整个 Shell 在格式化过程中都处于“瘫痪”状态，从后台启动这个进程是明智的选择。例如：

```
$ troff -me notes > note_form &
[1] 4513
$
```

由上例可见，从后台启动进程其实就是在命令结尾加上一个&号。键入命令以后，出现一个数字，这个数字就是该进程的编号，也称为 PID，然后就出现了提示符。用户可以继续其他工作。

上面介绍了前. 后台启动的两种情况。实际上这两种启动方式有个共同的特点，就是新进程都是由当前 Shell 这个进程产生的。也就是说，是 Shell 创建了新进程，于是就称这种关系为进程间的父子关系。这里 Shell 是父进程，而新进程是子进程。一个父进程可以有多个子进程，一般地，子进程结束后才能继续父进程；当然如果是从后台启动，那就不用等待子进程结束了。

一种比较特殊的情况是在使用管道符的时候。例如：

```
nroff -man ps.1|grep kill|more
```

这时候实际上是同时启动了三个进程。请注意是同时启动的，所有放在管道两边的进程都将被同时启动，它们都是当前 Shell 的子程序，互相之间可以称为兄弟进程。

以上介绍的是手工启动进程的一些内容，作为一名系统管理员，很多时候都需要把事情安排好以后让其自动运行。因为管理员不是机器，也有离开的时候，所以有些必须要做的工作而恰好管理员不能亲自操作，这时候就需要使用调度启动进程了。

2. 调度启动

有时候需要对系统进行一些比较费时而且占用资源的维护工作，这些工作适合在深夜进行，这时候用户就可以事先进行调度安排，指定任务运行的时间或者场合，到时候系统会利用守护进程自动完成这些工作。

守护进程的启动方式主要有以下五种。

（1）在系统期间通过系统的初始化脚本启动守护进程。这些脚本通常在目录 etc/rc.d 下，通过它们所启动的守护进程具有超级用户的权限。系统的一些基本服务程序通常都是通过这种方式启动的。

（2）由 inetd 守护程序启动的，很多网络服务程序都是以这种方式启动的。它监听各种网络请求，如 telnet、ftp 等，在请求到达时启动相应的服务器程序（telnet server、ftp server 等）。

（3）由 cron 定时启动的处理程序。这些程序在运行时实际上也是一个守护进程。

（4）由 at 启动的处理程序。

（5）守护程序也可以从终端启动，通常这种方式只用于守护进程的测试，或者是重启因某种原因而停止的进程。

而我们平时常用的自动启动进程的功能，主要是以下几个启动命令来完成。

- cron 命令
- crontab 命令
- at 命令
- batch 命令
- 进程的挂起及恢复命令 bg、fg

16.1.2 进程的挂起及恢复

一个大型程序在前台运行的过程中，可能会让用户等待较长的时间，在这段时间里，用户的控制台是不可用的，也就是我们前文所说的“瘫痪”状态。为了避免这种情况的出现，可以把程序放到后台去执行，而只在执行完毕后返回运行的结果。

1. 进程的挂起

对于前台的执行程序，我们可以使用“ctrl+z”使其转入后台，但这样转入后台的程序并不会执行，而是暂停状态的，所以“ctrl+z”命令也叫作进程挂起命令。在程序被挂起后，我们可以使用“jobs -l”命令来查看被挂起的程序 PID。

2. 进程的恢复

由于“ctrl+z”命令会导致程序运行的暂停，那么有没有命令能够使进程在后台继续运行呢？答案是有的，这就是“bg”命令。我们可以使用“bg PID”命令让进程在后台执行，其效果与我们在 16.1.1 中讲的利用&后台启动是一样的。如果想让后台执行的程序转到前台执行，可以用“fg”命令来实现，其用法与“bg”命令一样。由于“bg”命令和“fg”命令都能够恢复进程执行，所以这两个命令也叫作进程恢复命令。

16.2 任务计划

Linux 任务计划的主要作用是做定时任务。例如，定时备份、定时重启等。Linux 任务计划主要分为一次性计划任务和周期性计划任务两类，本节介绍了 Linux 中执行计划任务的几种主要命令。

16.2.1 cron 的使用及配置

实现 Linux 定时任务有:cron、anacron、at 等，本节先介绍 cron 服务。

在介绍前，首先要了解一些名词的含义：cron 是服务名称，crond 是后台进程，crontab 则是定制好的计划任务表。

要使用 cron 服务，先要安装 vixie-cron 软件包和 crontabs 软件包，两个软件包作用如下。

vixie-cron 软件包是 cron 的主程序。

crontabs 软件包是用来安装、卸装、或列举用来驱动 cron 守护进程的表格的程序。

查看是否安装了 cron 软件包: rpm -qa|grep vixie-cron

查看是否安装了 crontabs 软件包:rpm -qa|grep crontabs

如果没有安装，可以通过执行如下命令安装软件包（软件包必须存在）。

```
rpm -ivh vixie-cron-4.1-54.FC5*
rpm -ivh crontabs*
```

如果本地没有安装包，在能够联网的情况下也可以使用如下命令在线安装。

```
yum install vixie-cron
yum install crontabs
```

查看 crond 服务是否运行: pgrep crond，/sbin/service crond status 或 ps -elf|grep crond|grep -v "grep"

crond 服务操作命令：

```
/sbin/service crond start //启动服务
/sbin/service crond stop //关闭服务
/sbin/service crond restart //重启服务
/sbin/service crond reload //重新载入配置
```

配置定时任务：

cron 有两个配置文件。一个是全局配置文件（/etc/crontab），是针对系统任务的；一个是 crontab 命令生成的配置文件（/var/spool/cron 下的文件），是针对某个用户的。定时任务配置到任意一个中都可以。

查看全局配置文件配置情况: cat /etc/crontab

```
--------------------------------------------
SHELL=/bin/bash
PATH=/sbin:/bin:/usr/sbin:/usr/bin
MAILTO=root
HOME=/

# run-parts
01 * * * * root run-parts /etc/cron.hourly
02 4 * * * root run-parts /etc/cron.daily
22 4 * * 0 root run-parts /etc/cron.weekly
42 4 1 * * root run-parts /etc/cron.monthly
--------------------------------------------
```

查看用户下的定时任务:crontab -l 或 cat /var/spool/cron/用户名

crontab 任务配置基本格式：

```
*     *     *     *     *     command
分钟(0-59)  小时(0-23)  日期(1-31)  月份(1-12)  星期(0-6,0 代表星期天)  命令
```

第 1 列表示分钟 1～59（每分钟用*或者 */1 表示）

第 2 列表示小时 1～23（0 表示 0 点）

第 3 列表示日期 1～31

第 4 列表示月份 1～12

第 5 列标识号星期 0～6（0 表示星期天）

第 6 列要运行的命令

在以上任何值中，星号（*）可以用来代表所有有效的值。譬如，月份值中的星号意味着在满足其他制约条件后每月都执行该命令。

整数间的短线（-）指定一个整数范围。譬如：1-4 意味着整数 1，2，3，4。

用逗号（,）隔开的一系列值指定一个列表。譬如，3，4，6，8 标明这四个指定的整数。

正斜线（/）可以用来指定间隔频率。在范围后加上 /<integer> 意味着在范围内可以跳过 integer。譬如，0-59/2 可以用来在分钟字段定义每两分钟。间隔频率值还可以和星号一起使用。例如，*/3 的值可以用在月份字段中表示每三个月运行一次任务。

开头为井号（#）的行是注释，不会被处理。

例如：

```
0 1 * * * /home/testuser/test.sh。
```

每天晚上 1 点调用/home/testuser/test.sh。

```
*/10 * * * * /home/testuser/test.sh
```

每 10 钟调用一次/home/testuser/test.sh。

```
30 21 * * * /usr/local/etc/rc.d/lighttpd restart
```

上面的例子表示每晚的 21:30 重启 apache。

```
45 4 1,10,22 * * /usr/local/etc/rc.d/lighttpd restart
```

上面的例子表示每月 1，10，22 日的 4 : 45 重启 apache。

```
10 1 * * 6,0 /usr/local/etc/rc.d/lighttpd restart
```

上面的例子表示每周六、日的 1 : 10 重启 apache。

```
0,30 18-23 * * * /usr/local/etc/rc.d/lighttpd restart
```

上面的例子表示在每天 18 : 00 至 23 : 00 之间每隔 30 分钟重启一次 apache。

```
0 23 * * 6 /usr/local/etc/rc.d/lighttpd restart
```

上面的例子表示每星期六的 11 : 00 pm 重启 apache。

```
* */1 * * * /usr/local/etc/rc.d/lighttpd restart
```

每一小时重启 apache。

```
* 23-7/1 * * * /usr/local/etc/rc.d/lighttpd restart
```

晚上 11 点到早上 7 点之间，每隔一小时重启 apache。

```
0 11 4 * mon-wed /usr/local/etc/rc.d/lighttpd restart
```

每月的 4 号与每周一到周三的 11 点重启 apache。

```
0 4 1 jan * /usr/local/etc/rc.d/lighttpd restart
```

一月一号的 4 点重启 apache。

```
*/30 * * * * /usr/sbin/ntpdate 210.72.145.44
```

每半小时同步一下时间。

配置用户定时任务的语法：

```
crontab [-u user]file
crontab [-u user] [-l| -r | -e][-i]
```

参数与说明：

```
crontab -u//设定某个用户的 cron 服务
crontab -l//列出某个用户 cron 服务的详细内容
crontab -r//删除某个用户的 cron 服务
crontab -e//编辑某个用户的 cron 服务
```

例如：

当前用户是 root，要建立 root 用户的定时任务。

```
crontab -e
```

选择编辑器，编辑定时任务（这里假设编辑器是 vi）。

按 i 进入编辑模式。

```
0 1 * * * /root/test.sh
```

按 esc 退出编辑模式，进入普通模式，输入:x 或:wq 保存退出。

查看刚刚输入的定时任务。

```
crontab -l 或 cat /var/spool/cron/root
```

根用户以外的用户可以使用 crontab 工具来配置 cron 任务。所有用户定义的 crontab 都被保存在/var/spool/cron 目录中，并使用创建它们的用户身份来执行。要以某用户身份创建一个 crontab 项目，登录为该用户，然后键入 crontab -e 命令，使用由 VISUAL 或 EDITOR 环境变量指定的编辑器来编辑该用户的 crontab。该文件使用的格式和/etc/crontab 相同。当对 crontab 所做的改变被保存后，该 crontab 文件就会根据该用户名被保存，并写入文件 /var/spool/cron/username 中。

cron 守护进程每分钟都检查/etc/crontab 文件、etc/cron.d/目录以及/var/spool/cron 目录中的改变。如果发现了改变，它们就会被载入内存。这样，当某个 crontab 文件改变后就不必重新启动守护进程了。

重启 crond：

```
/sbin/service crond restart
```

查看 cron 服务是否起作用：

如果我们要查看定时任务是否准时调用了，可以查看/var/log/cron 中的运行信息。

```
cat /var/log/cron 或 grep .*\.sh /var/log/cron
```

搜索.sh 类型文件信息：

```
sed -n '/back.*\.sh/p' /var/log/cron
```

格式：sed -n '/字符或正则表达式/p' 文件名

我们在日志中查看在约定的时间是否有相应的调用信息，调用信息类似：

```
Sep 19 1:00:01 localhost crond[25437]: (root) CMD (/root/test.sh)
```

查看 shell 脚本是否报错：

如果/var/log/cron 中准时调用了 shell 脚本，而又没有达到预期结果，我们就要怀疑 Shell 脚本是否出错。

```
cat /var/spool/mail/用户名
```

例如：

```
cat /var/spool/mail/root
```

```
test.sh
--------------------------
#!/bin/sh
echo "$(date '+%Y-%m-%d %H:%M:%S') hello world!" >> /root/test.log
--------------------------
```

要追踪 Shell 调用的全过程：

```
bash -xv test.sh 2>test.log
test.sh 的调用过程都会写到 test.log 中
```

或

```
改写 test.sh
--------------------------
#!/bin/sh
set -xv
echo "$(date '+%Y-%m-%d %H:%M:%S') hello world!" >> /root/test.log
--------------------------
sh ./test.sh 2>tt.log
```

还有一点要注意的是：

crond 计划任务里面的命令有时候可能不会执行，因为这个文件里的环境变量 PATH 跟系统 PATH 不太一样，它的 PATH 的默认值为 PATH=/sbin:/bin:/usr/sbin:/usr/bin，这就造成很多命令不能使用，所以解决的办法有两个，可以自己设定 PATH 环境变量，也可以用命令的绝对路径，比如 ls 我们可以使用：

```
/bin/ls  -l  /etc/
```

16.2.2 crontab 命令的使用

crontab 命令用于安装、删除或者列出用于驱动 cron 后台进程的表格。也就是说，用户把需要执行的命令序列放到 crontab 文件中以获得执行。每个用户都可以有自己的 crontab 文件。下面就来看看如何创建一个 crontab 文件。

在/var/spool/cron 下的 crontab 文件不可以直接创建或者直接修改。crontab 文件是通过 crontab 命令得到的。现在假设有个用户名为 foxy，需要创建自己的一个 crontab 文件。首先可以使用任何文本编辑器建立一个新文件，然后向其中写入需要运行的命令和要定期执行的时间。

然后存盘退出。假设该文件为/tmp/test.cron。再后就是使用 crontab 命令来安装这个文件，使之成为该用户的 crontab 文件。键入：

```
crontab test.cron
```

这样一个 crontab 文件就建立好了。可以转到/var/spool/cron 目录下面查看，发现多了一个 foxy 文件。这个文件就是所需的 crontab 文件。用 more 命令查看该文件的内容可以发现文件头有三行信息：

```
#DO NOT EDIT THIS FILE -edit the master and reinstall.
#(test.cron installed on Mon Feb 22 14:20:20 1999)
#(cron version --$Id:crontab.c, v 2.13 1994/01/17 03:20:37 vivie Exp $)
```

大概意思是：

#切勿编辑此文件——如果需要改变，请编辑源文件，然后重新安装。

#test.cron 文件安装时间：14:20:20 02/22/1999

如果需要改变其中的命令内容时，还是需要重新编辑原来的文件，然后再使用 crontab 命令安装。

可以使用 crontab 命令的用户是有限制的。如果/etc/cron.allow 文件存在，那么只有其中列出的用户才能使用该命令；如果该文件不存在，但 cron.deny 文件存在，那么只有未列在该文件中的用户才能使用 crontab 命令；如果两个文件都不存在，那就取决于一些参数的设置，可能是只允许超级用户使用该命令，也可能是所有用户都可以使用该命令。

crontab 命令的语法格式如下：

```
crontab [-u user] file
crontab [-u user]{-l|-r|-e}
```

第一种格式用于安装一个新的 crontab 文件，安装来源就是 file 所指的文件，如果使用“-”符号作为文件名，那就意味着使用标准输入作为安装来源。

-u 如果使用该选项，也就是指定了是哪个具体用户的 crontab 文件将被修改。如果不指定该选项，crontab 将默认是操作者本人的 crontab，也就是执行该 crontab 命令的用户的 crontab 文件将被修改。但是请注意，如果使用了 su 命令，再使用 crontab 命令很可能就会出现混乱的情况。所以如果是使用了 su 命令，最好使用-u 选项来指定究竟是哪个用户的 crontab 文件。

-l 在标准输出上显示当前的 crontab。

-r 删除当前的 crontab 文件。

-e 使用 VISUAL 或者 EDITOR 环境变量所指的编辑器编辑当前的 crontab 文件。当结束编辑离开时，编辑后的文件将自动安装。

实例 16-1

crontab -l #列出用户目前的 crontab。

```
10 6 * * * date
0 */2 * * * date
0 23-7/2, 8 * * * date
#
```

在 crontab 文件中如何输入需要执行的命令和时间？该文件中每行都包括六个域，其中前五个域是指定命令被执行的时间，最后一个域是要被执行的命令。每个域之间使用空格或者制表符分隔。格式如下：

```
minute hour day-of-month month-of-year day-of-week commands
```

第一项是分钟，第二项是小时，第三项是一个月的第几天，第四项是一年的第几个月，第五项是一周的星期几，第六项是要执行的命令。这些项都不能为空，必须填入。如果用户不需要指定其中的几项，那么可以使用*代替。因为*是统配符，可以代替任何字符，所以就可以认为是任何时间，也就是该项被忽略了。在表 16-1 中给出了每项的合法范围。

表 16-1 指定时间的合法范围

时 间	合 法 值
minute	00～59
hour	00～23，其中 00 点就是晚上 12 点
day-of-month	01～31
month-of-year	01～12
day-of-week	0～6，其中周日是 0

这样用户就可以往 crontab 文件中写入无限多的行以完成无限多的命令。命令域中可以写入所有可以在命令行写入的命令和符号，其他所有时间域都支持列举，也就是域中可以写入很多的时间值，只要满足这些时间值中的任何一个都执行命令，每两个时间值中间使用逗号分隔。

实例 16-2

```
5, 15, 25, 35, 45, 55 16, 17, 18 * * * command
```

这就是表示任意天任意月，其实就是每天的下午 4 点、5 点、6 点的 5 min，15 min，25 min，35 min，45 min，55 min 时执行命令。

实例 16-3

在每周一、三、五的下午 3：00 系统进入维护状态，重新启动系统。那么在 crontab 文件中就应该写入如下字段：

```
00 15 * * 1, 3, 5 shutdown -r +5
```

然后将该文件存盘为 foxy.cron，再键入 crontab foxy.cron 安装该文件。

实例 16-4

每小时的 10 分、40 分执行用户目录下的 innd/bbslin 这个指令：

```
10, 40 * * * * innd/bbslink
```

实例 16-5

每小时的 1 分执行用户目录下的 bin/account 这个指令：

```
1 * * * * bin/account
```

实例 16-6

每天早晨 3：20 执行用户目录下如下所示的两个指令（每个指令以;分隔）：

```
20 3 * * * (/bin/rm -f expire.ls logins.bad;bin/expire>expire.1st)
```

实例 16-7

每年的 1 月和 4 月，4 号到 9 号的 3：12 和 3：55 执行/bin/rm -f expire.1st 这个指令，并把结果添加在 mm.txt 这个文件之后（mm.txt 文件位于用户自己的目录位置）。

```
12,55 3 4-9 1,4 * /bin/rm -f expire.1st>> m.txt
```

实例 16-8

下面是一个超级用户的 crontab 文件：

```
#Run the 'atrun' program every minutes
#This runs anything that's due to run from 'at'.See man 'at' or 'atrun'.
0,5,10,15,20,25,30,35,40,45,50,55 * * * * /usr/lib/atrun
40 7 * * * updatedb
8,10,22,30,39,46,54,58 * * * * /bin/sync
```

16.2.3 at 命令的使用

该命令在一个指定的时间执行一个指定任务，只能执行一次，且需要开启 atd 进程。

```
(ps -ef | grep atd 查看， 开启用/etc/init.d/atd start or restart； 开机即启动则需要执行 chkconfig --level 2345 atd on)
```

命令参数：

-m 当指定的任务被完成之后，将给用户发送邮件，即使没有标准输出

-I atq 的别名

-d atrm 的别名

-v 显示任务将被执行的时间

-c 打印任务的内容到标准输出

-V 显示版本信息

-q<列队> 使用指定的列队

-f<文件> 从指定文件读入任务，而不是从标准输入读入

-t<时间参数> 以时间参数的形式提交要运行的任务

at 允许使用一套相当复杂的指定时间的方法。它能够接受在当天的 hh:mm（小时:分钟）式的时间指定。假如该时间已过去，那么就放在第二天执行。

当然也能够使用 midnight（深夜），noon（中午），teatime（饮茶时间，一般是下午 4 点）等比较模糊的词语来指定时间。

用户还能够采用 12 小时计时制，即在时间后面加上 AM（上午）或 PM（下午）来说明是上午，还是下午。

也能够指定命令执行的具体日期，指定格式为 month day（月 日）或 mm/dd/yy（月/日/年）或 dd.mm.yy（日.月.年）。指定的日期必须跟在指定时间的后面。

上面介绍的都是绝对计时法，其实还能够使用相对计时法，这对于安排不久就要执行的命令是很有好处的。指定格式为：now + count time-units，now 就是当前时间，time-units 是时间单位，这里能够是 minutes（分钟）、hours（小时）、days（天）、weeks（星期）。count 是时间的数量，究竟是几天，还是几小时等。更有一种计时方法就是直接使用 today（今天）、tomorrow（明天）来指定完成命令的时间。

TIME：时间格式，这里可以定义出什么时候要进行 at 这项任务的时间，格式有：

```
HH:MM
ex> 04:00
```

在今日的 HH:MM 时刻进行，若该时刻已超过，则明天的 HH:MM 进行此任务。

```
HH:MM YYYY-MM-DD
ex> 04:00 2009-03-17
```

强制规定在某年某月的某一天的特殊时刻进行该项任务。

```
HH:MM[am|pm] [Month] [Date]
ex> 04pm March 17
```

也是一样，强制在某年某月某日的某时刻进行该项任务。

```
HH:MM[am|pm] + number [minutes|hours|days|weeks]
ex> now + 5 minutes
ex> 04pm + 3 days
```

就是说，在某个时间点再加几个时间后才进行该项任务。

实例 16-9

三天后的下午 5 点执行/bin/ls。

命令：

```
at 5pm+3 days
```

输出：

```
[root@localhost ~]# at 5pm+3 days
at> /bin/ls
at> <EOT>
job 7 at 2015-09-08 17:00
[root@localhost ~]#
```

实例 16-10

明天 17 时 20 分，输出时间到指定文件内。

命令：

```
at 17:20 tomorrow
```

输出：

```
[root@localhost ~]# at 17:20 tomorrow
at> date >/root/2013.log
at> <EOT>
job 8 at 2015-09-06 17:20
[root@localhost ~]#
```

实例 16-11

计划任务设定后，在没有执行之前我们可以用 atq 命令来查看系统有没有执行工作任务。

命令：

```
atq
```

输出：

```
[root@localhost ~]# atq
8       2015-09-06 17:20 a root
7       2015-09-08 17:00 a root
[root@localhost ~]#
```

实例 16-12

删除已经设置的任务。

命令：

```
atrm 7
```

输出：

```
[root@localhost ~]# atq
8       2015-09-06 17:20 a root
7       2015-09-08 17:00 a root
[root@localhost ~]# atrm 7
[root@localhost ~]# atq
8       2015-09-06 17:20 a root
[root@localhost ~]#
```

实例 16-13

显示已经设置的任务内容。

命令：

```
at -c 8
```

输出：

```
[root@localhost ~]# at -c 8
#!/bin/sh
# atrun uid=0 gid=0
# mail     root 0
umask 22
……
date >/root/2013.log
[root@localhost ~]#
```

atd 的启动与 at 运行的方式：

atd 的启动

要使用一次性计划任务，Linux 系统上面必须要有负责这个计划任务的服务，那就是 atd 服务。

/etc/init.d/atd start 没有启动的时候，直接启动 atd 服务

/etc/init.d/atd restart 服务已经启动后，重启 atd 服务

备注：也可以用命令 chkconfig atd on 设置开机时就启动这个服务，以免每次重新启动都需要手动启动该服务。

既然是计划任务，那么应该会有任务执行的方式，并且将这些任务排进行程表中。那么产生计划任务的方式是怎么进行的？事实上，我们使用 at 这个命令来产生所要运行的计划任务，并将这个计划任务以文字档的方式写入/var/spool/at/目录内，该工作便能等待 atd 这个服务的取用与运行了。就这么简单。

不过，并不是所有的人都可以进行 at 计划任务。为什么？因为系统安全的原因。很多主机被所谓的攻击破解后，最常发现的就是他们的系统当中多了很多的黑客程序，这些程序非常可能运用一些计划任务来运行或搜集你的系统运行信息,并定时的发送给黑客。所以，除非是你认可的账号，否则先不要让它们使用 at 命令。那怎么达到使用 at 的可控呢?

我们可以利用/etc/at.allow 与/etc/at.deny 这两个文件来进行 at 的使用限制。加上这两个文件后，at 的工作情况是这样的：

先找寻/etc/at.allow 这个文件，写在这个文件中的使用者才能使用 at，没有在这个文件中的使用者则不能使用 at（即使没有写在 at.deny 当中）。

如果/etc/at.allow 不存在，就寻找/etc/at.deny 这个文件，若是写在这个 at.deny 文件中的使用者，则不能使用 at，而没有在这个 at.deny 文件中的使用者，就可以使用 at 命令了。

如果两个文件都不存在，那么只有 root 可以使用 at 这个命令。

通过这个说明，我们知道/etc/at.allow 是管理较为严格的方式，而/etc/at.deny 则较为松散（因为账号没有在该文件中，就能够运行 at 了）。在一般的 distributions 当中，假设系统上的所有用户都是可信任的，因此系统通常会保留一个空的/etc/at.deny 文件，意思是允许所有人使用 at 命令的意思（您可以自行检查一下该文件）。不过，万一你不希望有某些使用者使用 at 的话，将那个使用者的账号写入/etc/at.deny 即可。一个账号写一行。

16.2.4　batch 命令的使用

batch 用低优先级运行作业，该命令几乎和 at 命令的功能完全相同，唯一的区别在于 at 命令是在指定时间，很精确的时刻执行指定命令，而 batch 却是在系统负载较低，资源比较空闲的时候执行命令（平均负载小于 0.8 的时候）。该命令适合于执行占用资源较多的命令。

batch 命令的语法格式也和 at 命令十分相似，即

```
batch [-V] [-q 队列] [-f 文件名] [-mv] [时间]
```

具体的参数解释请参考 at 命令。一般地说，不用为 batch 命令指定时间参数，因为 batch 本身的特点就是由系统决定执行任务的时间，如果用户再指定一个时间，就失去了本来的意义。

例如：使用实例 16-12，键入

```
$ batch
at> find / -name *.txt|lpr
at> echo "foxy: All texts have been printed.You can take them over.Good day!River"
|mail -s "job done" foxy
```

现在这个命令就会在合适的时间进行了，进行完后会发回一个信息。

仍然使用组合键来结束命令输入。而且 batch 和 at 命令都将自动转入后台，所以启动的时候也不需要加上&符号。

每天 18:00 归档/etc 目录下的所有文件，归档文件名为如下形式：etc-YYYY-MM-DD；保存在/home/user/backup 目录下，其中 user 为当前登录用户名。

本章小结

本章详细介绍了作业控制以及任务计划各个命令使用，为更深入地使用 Linux 日常作业提供了新的方法。作业控制就是对进程的控制，本章详细讲述了进程的启动、挂起与恢复，为同学们将来灵活地控制程序的运行打下良好基础。任务计划则可以让 Linux 定时执行程序，本章详细讲述了 cron、crontab、at 和 batch 四个命令，灵活运用这四个命令可以应对不同的工作场合。

思考与练习

一、填空题

1. Linux 是一个多任务的操作系统，系统上同时运行着多个进程，正在执行的________相关进程称为一个作业。
2. Linux 操作系统包括三种不同类型的进程，________、________和________。
3. Linux 系统启动时启动的进程，并在后台运行的是________进程。
4. Linux 系统中的守护进程分为：________守护进程和________守护进程。
5. 作业控制指的是________的行为。
6. 一般而言，进程与作业控制________时，才被称为作业。
7. 独立守护进程由相应的进程独立启动，而被动守护进程由________服务监听启动。

二、简答题

1. 在 Linux 的任务计划中 crontab 命令的适用场合是什么？
2. Linux 下进程的挂起命令是什么？
3. 在 Linux 下如何恢复已挂起的命令？
4. at 命令的语法格式是什么？